城乡建设领域国际标准现状报告

Urban and Rural Construction ISO Status Report

住房和城乡建设部标准定额研究所　编著

中国建筑工业出版社

图书在版编目（CIP）数据

城乡建设领域国际标准现状报告 ＝ Urban and Rural
Construction ISO Status Report / 住房和城乡建设部
标准定额研究所编著. — 北京：中国建筑工业出版社，
2022.11

ISBN 978-7-112-28145-9

Ⅰ. ①城… Ⅱ. ①住… Ⅲ. ①城乡建设—国际标准—
标准化—研究报告 Ⅳ. ①TU984-65

中国版本图书馆 CIP 数据核字（2022）第 209575 号

责任编辑：郑　琳　石枫华
责任校对：党　蕾

城乡建设领域国际标准现状报告
Urban and Rural Construction ISO Status Report
住房和城乡建设部标准定额研究所　编著
*
中国建筑工业出版社出版、发行（北京海淀三里河路 9 号）
各地新华书店、建筑书店经销
北京红光制版公司制版
北京建筑工业印刷厂印刷
*
开本：787 毫米×1092 毫米　1/16　印张：15¾　字数：388 千字
2022 年 11 月第一版　　2022 年 11 月第一次印刷
定价：**69.00** 元
ISBN 978-7-112-28145-9
（40001）

《城乡建设领域国际标准现状报告》
编 委 会

顾　　问：姚天玮　胡传海　施　鹏　李大伟　展　磊　刘春卉

主　　编：张惠锋

副 主 编：姚　涛　高雅春　宋　婕

编写委员：黄小坤　李　正　何更新　朱　霞　程小珂　渠艳红
　　　　　李玲玲　王书晓　陈　凯　刘　双　李广庆　刘　璐
　　　　　欧加加　黄　慧　严小青　李　冰　王　欢　曲　径
　　　　　罗　珲

编 制 单 位

住房和城乡建设部标准定额研究所

中国建筑标准设计研究院有限公司

中国建筑科学研究院有限公司

建科环能科技有限公司

建研科技股份有限公司

中国市政工程华北设计研究总院有限公司

北京建筑机械化研究院有限公司

天津工程机械研究院有限公司

中城智慧（北京）城市规划设计研究院有限公司

深圳市海川实业股份有限公司

建研科技股份有限公司

中国建筑西南设计研究院有限公司

上海市环境工程设计科学研究院有限公司

中国恩菲工程技术有限公司

中国城市建设研究院有限公司

前　言

2021 年中共中央、国务院印发了《国家标准化发展纲要》(简称"纲要")。纲要中对标准国际化工作提出了"积极参与国际标准化活动""提高我国标准与国际标准的一致性程度"等相关要求。党的十八大以来,党和国家高度重视标准化工作,习近平总书记指出,中国将积极实施标准化战略,以标准助力创新发展、协调发展、绿色发展、开放发展、共享发展。总书记强调,以高标准助力高技术创新、促进高水平开放、引领高质量发展。标准决定质量,有什么样的标准就有什么样的质量,只有高标准才有高质量。谁制定标准,谁就拥有话语权;谁掌握标准,谁就占据制高点。标准是国际经济科技竞争的"制高点",是企业、产业、装备走出去的"先手棋"。既要着力提高中国标准水平,增强中国标准硬实力,又要全面谋划和参与国际标准化战略、政策和规则的制定,提高我国在全球经济治理中的制度性话语权。在住房和城乡建设领域,构建国际化的中国工程建设标准体系是我国工程建设领域标准走出去最重要的基础,是标准国际化的步骤、内容、途径的总协调;是标准国际化的总体规划和具体实施方案;是面向全球竞争的国际标准化发展战略规划的总体布局。

本书在《城乡建设领域国际标准申报指南》和《城乡建设领域国际标准化工作指南》的基础上,对城乡建设领域归口管理的国际标准化技术机构的国际标准进行全面梳理,对相关技术机构的基本情况、标准化工作情况和未来重点工作等进行介绍,为开展国际标准化工作的人员提供参考。为此,作为住房和城乡建设领域标准技术管理机构,住房和城乡建设部标准定额研究所组织长期以来参与国际标准化工作的专家编制了《城乡建设领域国际标准现状报告》(以下简称《报告》)。本书立足于城乡建设领域 ISO 国际标准的梳理和相关技术机构的研究,主要包括以下内容:

第 1 章　概述。主要介绍《报告》的目的意义和编制要求。

第 2～第 19 章　ISO 技术机构情况。主要对城乡建设领域 ISO 各技术委员会和分技术委员会的标准化工作情况进行介绍,并对该技术机构的国际标准及相关标准进行梳理。

《报告》提供的数据截至 2022 年 6 月,读者参与国际标准化工作时请参照最新信息进行。

本书在编写过程中,我们得到了国内外标准化专家和标准化出版机构专家的大力支持和帮助,在此谨向他们表示衷心的感谢。

由于时间仓促,本书难免有疏漏和不足之处,敬请广大读者和标准化同行提出宝贵意见。

目　　录

1 概 述

1.1 城乡建设领域国际标准现状报告的编制目的、意义

随着党中央"一带一路"倡议的实施，我国在国外工程投资量越来越大，中国工程已遍布全球，数量迅速增长。然而，中国企业在国外工程中仍面临使用标准的问题，这也是国外工程实施的最大困难之一。不同国家、地区使用的标准不同，而对于国际标准（ISO、IEC等标准），我国主导编制数量更是偏少且缺乏相应技术领域国际标准的研究。新形势下，为了更好地推动和服务我国企业"走出去"，如何顺应当前国际标准化趋势，积极推进我国标准"走出去"，提高我国国际标准话语权，成为当前面临的重大挑战和紧迫任务。针对上述情况，通过研究和借鉴一些成功的经验，探寻出我国城乡建设领域标准走出国门，被世界所认可的有效途径，建立标准国际化体系迫在眉睫。

城乡建设领域 ISO 国际标准现状报告的编制是构建国际化的中国工程建设标准体系的重要组成部分，是对国际标准化组织机制和国际标准化工作的继续研究。ISO 国际标准现状报告在对城乡建设领域归口管理的 ISO 国际标准化组织技术机构现有国际标准梳理的基础上，从行业层面以不同的技术领域为切入点研究国际标准，分析总结各技术领域国际标准的现状，并提出未来的重点发展方向。国际标准现状报告为标准化管理部门提供数据支持和依据，为构建国际化工程建设标准体系研究提供理论基础。

1.2 城乡建设领域国际标准现状报告的编制内容

国际标准现状报告的适用范围在城乡建设领域，报告内容包括已发布 ISO 国际标准目录、在编 ISO 国际标准目录、相关技术机构国际标准目录、ISO 国际标准转化为中国标准目录以及我国拟制定 ISO 国际标准目录。此外，为帮助读者了解 ISO 各个技术机构，本书对城乡建设领域 ISO 各技术机构的国际标准化工作情况进行了介绍。具体内容如下：

（1）本书按照技术机构分别统计 ISO 国际标准编制现状，以技术机构名称（技术委员会和分技术委员会）为一级标题（章标题）和二级标题（节标题），以各技术机构的具体国际标准化工作情况及对应的 ISO 国际标准目录为三级。章节设置规则如下：技术委员会及下设多个分技术委员会对应的国内行业主管部门为住房和城乡建设部时，以技术委员会名称为章标题，分技术委员会名称为节标题；技术委员会下未设置分技术委员会时，不设置节标题；技术委员会中仅有 1 个分技术委员会对应的国内行业主管部门为住房和城乡建设部时，以分技术委员会名称为章标题，不设置节标题。

各技术机构国际标准化工作情况的主要内容包括：

1）基本情况；

2）工作范围；

3）组织架构；

4）相关技术机构；

5）工作开展情况；

6）ISO国际标准目录。

（2）工作开展情况分别包括ISO技术机构和国内技术对口单位的工作开展情况以及未来工作的重点。

（3）城乡建设领域国际标准包括已发布国际标准目录（参见表1-1）、在编国际标准目录（参见表1-2）、相关技术机构国际标准目录（参见表1-3）、ISO国际标准转化为中国标准目录（参见表1-4）、拟制定ISO国际标准目录（参见表1-5）。对于中国提案的ISO国际标准，在目录表格标准号前加"＊"进行标识。

ISO已发布国际标准目录   表1-1

序号	技术机构	国际标准号	标准名称（英文）	标准名称（中文）	出版物类型	发布日期

已发布国际标准目录包括技术机构、国际标准号、标准名称（英文）、标准名称（中文）、出版物类型和发布日期共6项。其中ISO的主要出版物类型包括国际标准（IS，International Standard）、可公开获取的规范（PAS，Public Available Specification）、技术规范（TS，Technical Specification）、技术报告（TR，Technical Report）等，详细介绍见附录。

ISO在编国际标准目录   表1-2

序号	技术机构	国际标准号	标准名称（英文）	标准名称（中文）	出版物类型

在编国际标准目录包括技术机构、国际标准号、标准名称（英文）、标准名称（中文）和出版物类型共5项，标准编制阶段体现在国际标准号中。

相关技术机构国际标准目录   表1-3

序号	技术机构	国际标准号	标准名称（英文）	标准名称（中文）	出版物类型	发布日期

相关技术机构国际标准目录包括技术机构、国际标准号、标准名称（英文）、标准名称（中文）、出版物类型和发布日期共6项。相关技术机构及相关技术机构国际标准目录的范围为与相关技术机构业务范围及技术内容相关联的国际技术机构和国际标准。

ISO国际标准转化为中国标准目录   表1-4

序号	国际标准信息			中国标准信息				备注
	技术机构	标准名称（中英文）	发布日期	标准号	标准名称	采标程度	状态	

ISO国际标准转化为中国标准目录包括国际标准信息、中国标准信息和备注共3大项，其中国际标准信息包括技术机构、标准名称（中英文）和发布日期共3项，中国标准

信息包括标准号、标准名称、采标程度和状态共 4 项。

拟制定 ISO 国际标准目录　　　　　　　　　　　表 1-5

序号	技术机构	拟制定标准名称（英文）	拟制定标准名称（中文）	备注

拟制定 ISO 国际标准目录包括技术机构、拟制定标准名称（英文）、拟制定标准名称（中文）和备注共 4 项。对于拟制定 ISO 国际标准目录，包括国内标准转化为 ISO 国际标准项目以及新制定 ISO 国际标准项目。

1.3　城乡建设领域国际标准编制情况统计情况

本课题涉及的已发布城乡建设领域国际标准统计结果如表 1-6 所示。

已发布城乡建设领域国际标准统计结果（截至 2022 年 6 月）　　表 1-6

序号	技术机构	城乡建设领域国际标准数量				
		已发布	在编	相关技术机构	转化为中国标准	拟制定
1	建筑文件（ISO/TC10/SC 8）	16	3	0	1	0
2	建筑和土木工程（ISO/TC 59）	95	18	101	4	0
3	混凝土、钢筋混凝土和预应力混凝土（ISO/TC 71）	70	20	16	0	0
4	空调器和热泵的试验和评定（ISO/TC 86/SC 6）	26	5	3	0	5
5	结构设计基础技术委员会（ISO/TC 98）	21	1	2	0	0
6	土方机械（ISO/TC 127）	155	11	38	131	1
7	空气和其他气体的净化设备（ISO/TC 142）	23	20	11	0	1
8	燃气和/或燃油控制和保护装置（ISO/TC 161）	16	6	29	16	5
9	门、窗和幕墙（ISO/TC 162）	21	5	0	12	6
10	木结构（ISO/TC 165）	49	7	52	3	1
11	建筑施工机械与设备（ISO/TC 195）	18	8	1	17	1
12	建筑环境设计（ISO/TC 205）	40	14	54	5	1
13	升降工作平台（ISO/TC 214）	9	1	1	8	0
14	饮用水、污水和雨水系统及服务（ISO/TC 224）	21	18	33	0	2
15	智慧城市基础设施计量（ISO/TC 268/SC 1）	22	14	11	1	2
16	固体回收燃料（ISO/TC 300）	12	4	79	0	0
17	可持续无排水管道环境卫生系统（ISO/PC 305）	1	0	0	0	0
18	社区规模的资源型卫生处理系统（ISO/PC 318）	1	0	0	0	0
	合计	613	154	454	199	25

注：进行技术委员会国际标准统计时，涵盖其下设分技术委员会。

1.4 国际标准化组织（ISO）基本情况介绍

国际标准化组织（ISO）是世界上规模最大、最具影响力的国际标准化机构，成立于1947年，管理机构设在瑞士日内瓦。ISO还是联合国经济和社会理事会的综合性咨询机构，是世界贸易组织技术性贸易壁垒（WTO/TBT）委员会的观察员。截至2021年年底，拥有167个成员国，ISO下设255个技术委员会，503个分技术委员会，2896个工作组和97个特别工作组，共3751个技术组织，拥有3万余名技术专家。主席由成员团体在全体大会上选举或通信投票方式产生，考虑地理位置平衡等各种因素，由欧洲、北美、亚洲、大洋洲等地区的代表轮流担任。秘书长是中央秘书处的首席执行官，是代表本组织的签署人，有参加各种会议并发表意见的特权，截至2021年年底，ISO共发布了24121项国际标准。ISO与国际电工委员会（IEC）和国际电信联盟（ITU）形成了全世界范围标准化工作的核心。其中，ISO主要负责除电工标准以外的各个技术领域的标准化活动。

ISO组织机构包括：全体大会、主要官员、成员团体、通信成员、捐助成员、政策发展委员会、合格评定委员会、消费者政策委员会、发展中国家事务委员会、特别咨询小组、技术管理局、技术委员会、理事会、中央秘书处等。其中，全体大会为该组织的最高权力机构，属非常设机构。技术管理局（TMB）是ISO技术工作的最高管理和协调机构。TMB的主要任务是：就ISO全部技术工作的战略计划、协调、运作和管理问题向理事会报告，并在需要时向理事会提供咨询；负责技术委员会机构的全面管理；审查ISO新工作领域的建议；批准成立或解散技术委员会（TC）；修改技术委员会工作的导则；代表ISO复审ISO/IEC技术工作导则，检查和协调所有的修改意见并批准有关的修订文本；TMB的日常工作由ISO中央秘书处承担。ISO中央秘书处（CS）负责ISO日常行政事务，编辑出版ISO标准及各种出版物，代表ISO与其他国际组织联系。CS由秘书长和所需成员组成。

ISO的技术活动是制定并出版国际标准。通过技术委员会（TC）和分委员会（SC）来开展。成立一个技术委员会或分委员会需由技术管理局批准。根据工作需要，每个TC可以设立若干SC，TC和SC下面还可设立若干工作组（WG）。每个TC和SC都设有秘书处，由ISO成员团体担任。TC的秘书处由TMB指定，SC的秘书处由TC指定。WG不设秘书处，但由上级TC或SC指定一名召集人。

2 建筑文件（TC 10 / SC 8）

技术产品文件（Technical product documentation）技术委员会（ISO/TC 10）主要开展技术产品文件的标准化和协调工作，涉及技术制图，包括技术图纸、基于模型（3D）、基于计算机（2D）或在整个产品生命周期中为技术目的人工制作的技术文档，以方便文件的准备、管理、存储、检索、复制、交换和使用。目前包括 4 个分技术委员会（SC），其中 SC 8 名称为"建筑文件（Construction documentation）"，SC 8 是关于建筑工程在建设过程中技术文件如何组织和表述的技术机构，行业主管部门为住房和城乡建设部。

2.0.1 基本情况

分技术委员会名称：建筑文件（Construction documentation）
分技术委员会编号：ISO/TC 10/SC 8
成立时间：1982 年
秘书处：瑞典标准协会（SIS）
主席：Mr Christer Johansson（任期至 2023 年）
委员会经理：Ms Annika Stenmark
国内技术对口单位：中国建筑标准设计研究院有限公司
网站链接：https：//www.iso.org/committee/46086.html

2.0.2 工作范围

TC 10/SC 8 主要的领域是建筑制图的符号、简化画法、标识系统、公差限制表示方法、计算机 CAD 中的图层、设备和建筑管理元数据文件等方面的内容。

2.0.3 组织架构

TC 10/SC 8 目前由 2 个工作组组成，组织架构如图 2.1 所示。

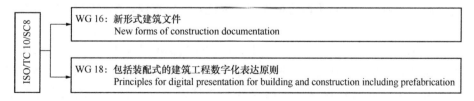

图 2.1　TC 10/SC 8 组织架构

2.0.4 相关技术机构

TC 10/SC 8 相关技术机构信息如表 2-1 所示。

ISO/TC 10/SC 8 相关技术机构 表 2-1

序号	技术机构	技术机构名称	工作范围
1	ISO/TC 59	建筑和土木工程（Buildings and civil engineering works）	见第 3.1 节
2	ISO/TC 59/SC 2	术语和语言的协调（Terminology and harmonization of languages）	见第 3.2 节
3	ISO/TC 59/SC 13	建筑和土木工程的信息组织和数字化，包含建筑信息模型（BIM）分委会（Organization and digitization of information about buildings and civil engineering works，including building information modelling（BIM））	见第 3.3 节

2.0.5　工作开展情况

TC 10/SC 8 是 ISO 中唯一的关于建筑工程在建设过程中，其技术文件如何组织和表述的技术机构，当前发布了 18 项标准，从最基本的建筑工程表达总则（例如 ISO 128-33）到图层等专项表达方法（例如 ISO 13567）等，使全球工程建设行业能够在同一表达语境下进行技术交流。

中国建筑标准设计研究院有限公司（以下简称"标准院"）作为 TC 10/SC 8（建筑文件）的国内技术对口单位，长期以来，在标准化主管部门的大力支持和指导下，充分发挥行业技术优势，积极推进标准国际化工作。标准院专家团队密切关注相关领域国际标准化动态，通过积极跟踪发现，在 ISO/TC 10/SC 8 管理的 18 项现行标准中，部分标准发布时间比较早，已经无法适应快速发展的工程技术的需要，特别是随着建筑信息化的发展，BIM、大数据等技术的兴起，需要工程文件的表达体现出数字化、数据化的特点。同时，装配式设计建造生产一体化等理念，也推动建筑工程向制造业学习更加先进和灵活的表达方式。经研究，选取 ISO 4172、ISO 6284、ISO 7519 这 3 项标准拟进行修编。3 项修编标准分部是：

（1）ISO 4172 技术制图—建筑制图—预制结构装配图；

（2）ISO 6284 建筑制图—极限偏差表示法；

（3）ISO 7519 技术制图—建筑制图—总布置图和组装图基本表示原则。

发布于 20 世纪 90 年代的 3 项标准，其所制定的基于二维图纸的表达方法已经无法适应新技术的要求和特点。有鉴于此，中国建筑标准设计研究院有限公司在国际会议上率先提出 3 项标准的修编应充分考虑 BIM 等数字化表达特点和优势，体现装配式建筑的产品化特征，对标准内容进行技术升级，使工程文件的信息表达更加完善，组织方法更加科学，表达方法更加明确，表达手段更加先进。因此，一经提议，就得到了相关国家的积极响应和支持。

2019 年 5 月，在 TC 10/SC 8 的年会上，中国建筑标准设计研究院有限公司对 3 项标准修编的工作计划、技术路线的要点进行了报告，得到了瑞典、日本、哥斯达黎加等与会成员国的支持，会议同时建议成立新的 WG 负责修编工作，标准院提议工作组名称为 Principles for digital presentation for building and construction including prefabrication（包括装配式的建筑工程数字化表达原则）。2020 年 1 月，TC 10/SC 8 秘书处宣布由中国申请修编的 3 项建筑制图标准经过分委员会立项投票全部通过，并通过新工作组和召集人等事项。此外，近年来 TC 10/SC 8 正在编制关于库对象的标准项目 ISO 22014 建筑、工程和施工的库对象，该标准拟对符号库的结构和相应模型对象的表达给出框架。为改进虚拟建筑对象的交互和利用，通过结合属性、形状和符号，为对象提供更大范围的准确性。对于虚拟建设对象的交付或其视觉描述或属性，对象和相应的图形符号通常由 CAD 和 BIM 软件提供的数字格式。基于传统纸质的标准符号已经变得不那么有用，在某些情况下甚至有些过时了。由于缺乏维护且与国际标准冲突，几个国家标准甚至被废止。然而，记录建筑和土木工程中复杂实体的文件需要明确和统一的表示，以便更加清晰和易于理解。

2.0.6 ISO/TC 10/SC 8 国际标准目录

ISO/TC 10/SC 8 目前已发布国际标准 16 项，在编国际标准 3 项，已有 1 项国际标准转化为中国标准，标准详细信息如表 2-2～表 2-4 所示。

ISO/TC 10/SC 8 已发布国际标准目录　　　　　表 2-2

序号	技术机构	国际标准号	标准名称（英文）	标准名称（中文）	出版物类型	发布日期
1	ISO/TC 10/SC 8	ISO 128-43：2015	Technical product documentation (TPD) – General principles of presentation – Part 43：Projection methods in building drawings	技术产品文件（TPD）画法的总体原则　第 43 部分：建筑制图投影法	IS	2015.07
2	ISO/TC 10/SC 8	ISO 3766：2003	Construction drawings – Simplified representation of concrete reinforcement	建筑制图　钢筋混凝土简化画法	IS	2003.12
3	ISO/TC 10/SC 8	ISO 4157-1：1998	Construction drawings – Designation systems – Part 1：Buildings and parts of buildings	建筑制图　标识体系　第 1 部分：建筑物和建筑物组成部分	IS	1998.12
4	ISO/TC 10/SC 8	ISO 4157-2：1998	Construction drawings – Designation systems – Part 2：Room names and numbers	建筑制图　标识体系　第 2 部分：房间命名与编号	IS	1998.12
5	ISO/TC 10/SC 8	ISO 4157-3：1998	Construction drawings – Designation systems – Part 3：Room identifiers	建筑制图　标识体系　第 3 部分：房间标识	IS	1998.12
6	ISO/TC 10/SC 8	ISO 4172：1991	Technical drawings – Construction drawings – Drawings for the assembly of prefabricated structures	技术制图　建筑制图　预制结构装配图	IS	1991.03
7	ISO/TC 10/SC 8	ISO 6284：1996	Construction drawings – Indication of limit deviations	建筑制图　偏差极限表示	IS	1996.12
8	ISO/TC 10/SC 8	ISO 7437：1990	Technical drawings – Construction drawings – General rules for execution of production drawings for prefabricated structural components	技术制图　建筑制图　预制结构件加工图加工通则	IS	1990.09
9	ISO/TC 10/SC 8	ISO 7518：1983	Technical drawings – Construction drawings – Simplified representation of demolition and rebuilding	技术制图　建筑制图　拆除和重建的简化画法	IS	1983.11

cenário.

续表

序号	技术机构	国际标准号	标准名称（英文）	标准名称（中文）	出版物类型	发布日期
10	ISO/TC 10/SC 8	ISO 7519：1991	Technical drawings – Construction drawings – General principles of presentation for general arrangement and assembly drawings	技术制图 建筑制图 总装和构配件图纸表达总则	IS	1991.11
11	ISO/TC 10/SC 8	ISO 8560：2019	Technical drawings – Construction drawings – Representation of modular sizes, lines and grids	技术制图 建筑制图 模数尺寸、图线和轴网的画法	IS	2019.04
12	ISO/TC 10/SC 8	ISO 9431：1990	Construction drawings – Spaces for drawing and for text, and title blocks on drawing sheets	建筑制图-图纸上的图、图样说明和标题栏的位置	IS	1990.12
13	ISO/TC 10/SC 8	ISO 11091：1994	Construction drawings – Landscape drawing practice	建筑制图 景观制图实用规程	IS	1994.12
14	ISO/TC 10/SC 8	ISO 13567-1：2017	Technical product documentation – Organization and naming of layers for CAD – Part 1：Overview and principles	技术产品文件 计算机辅助设计（CAD）图层的编排和命名 第1部分：综述和原则	IS	2017.09
15	ISO/TC 10/SC 8	ISO 13567-2：2017	Technical product documentation – Organization and naming of layers for CAD – Part 2：Concepts, format and codes used in construction documentation	技术产品文件 计算机辅助设计（CAD）图层的编排和命名 第2部分：用于建筑文件的概念、格式和代码	IS	2017.09
16	ISO/TC 10/SC 8	ISO/TR 16310：2014	Symbol libraries for construction and facilities management	建筑和设施管理用符号库	TR	2014.12

ISO/TC 10/SC 8 在编国际标准目录　　　　　　表 2-3

序号	技术机构	国际标准号	标准名称（英文）	标准名称（中文）	出版物类型
1	ISO/TC 10/SC 8	ISO /CD 4172	Technical drawings – Construction drawings – Drawings for the assembly of prefabricated structures	技术制图 建筑制图 预制结构装配图	IS
2	ISO/TC 10/SC 8	ISO/DIS 6284	Construction drawings – Indication of limit deviations	建筑制图—偏差极限表示	IS
3	ISO/TC 10/SC 8	ISO/CD 7519	Technical drawings – Construction drawings – General principles of presentation for general arrangement and assembly drawings	技术制图 建筑制图 总装和构配件图纸表达总则	IS

ISO/TC 10/SC 8 国际标准转化为中国标准目录　　　　表 2-4

序号	国际标准信息				中国标准信息				备注
	技术机构	标准名称（英文）	发布日期	标准号	标准名称	采标程度	状态		
1	ISO/TC 10/SC 8	Technical product documentation – Organization and naming of layers for CAD – Part 1：Overview and principles	1998-2-26	GB/T 18617.1-2002	技术产品文件 CAD 图层的组织和命名　第 1 部分：概述与原则	IDT	已发布		

注：采标程度包括等同采用（IDT）、修改采用（MOD）、非等效采用（NEQ）。

3　建筑和土木工程（TC 59）

建筑和土木工程技术委员会（TC 59）主要开展建筑和土木工程领域的标准化工作，目前包括 9 个分技术委员会（SC），除 SC 8 密封胶分委员会，TC 59 及 8 个分委员会行业主管部门均为住房和城乡建设部，详细情况见本章各节。

3.1　建筑和土木工程（TC 59）

3.1.1　基本情况

技术委员会名称：建筑和土木工程（Buildings and civil engineering works）
技术委员会编号：ISO/TC 59
成立时间：1947 年
秘书处：挪威标准协会（SN）
主席：Mr Jøns Sjøgren（任期至 2027 年）
委员会经理：Ms Kari Synnøve Borgos
国内技术对口单位：中国建筑标准设计研究院有限公司
委员会/分委会网站链接：
https：//www.iso.org/committee/49070.html

3.1.2　工作范围

TC 59 主要开展建筑和土木工程领域的标准化，包括：
（1）一般术语；
（2）设计、生产和建造过程的信息组织；
（3）建筑、建筑部件和构件的一般几何要求，包含模数协调及其一般原则，连接的一般规定，公差及配合；密封剂的性能和测试标准；
（4）其他性能要求规定，包括服务寿命相关的功能和用户要求，可持续性、可达性和可使用性；
（5）处理经济、环境、社会影响方面和可持续发展方面的一般规定和指导方针；
（6）不在 ISO 其他技术委员会范围内的构件的几何和性能要求；
（7）采购流程，方法和规程。
不包括：
（8）技术产品文件编制的规格化和整合（ISO/TC 10）；
（9）声学要求（ISO/TC 43）；
（10）混凝土结构设计基础（ISO/TC 71/SC 4）；
（11）有关建筑材料、构件和构筑物的火灾检测和消防安全工程（ISO/TC 92）；

（12）结构设计基础（ISO / TC 98）；

（13）建筑机械/施工机械（ISO/TC 127 and ISO/TC 195）；

（14）建筑中玻璃的性能要求（ISO/TC 160）；

（15）门、门组件和窗的性能要求（ISO/TC 162）；

（16）热性能的计算（ISO / TC 163）；

（17）木结构的设计基础（ISO/TC 165）；

（18）钢和铝结构设计基础（ISO/TC 167）；

（19）岩土技术方面和土质（ISO/TC 182 and ISO/TC 190）；

（20）考虑可接受的室内环境和符合实际的能源使用的建筑设计和改造的标准化（ISO/TC 205）。

3.1.3 组织架构

TC 59 目前由 9 个分技术委员会和 1 个工作组组成，组织架构如图 3.1 所示。

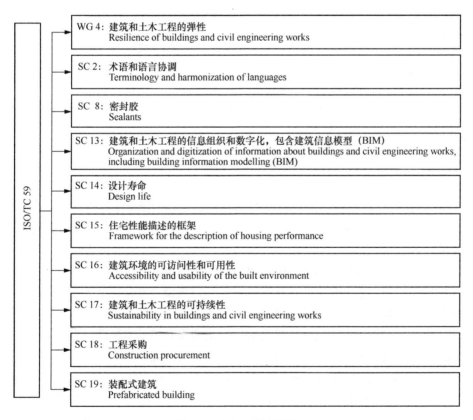

图 3.1 TC 59 组织架构

3.1.4 相关技术机构

TC 59 相关技术机构信息如表 3-1 所示。

ISO/TC 59 相关技术机构 表 3-1

序号	技术机构	技术机构名称	工作范围
1	ISO/TC 10	技术产品文档（Technical product documentation）	主要开展负责技术产品文件（TPD）的标准化和协调工作，包括整个产品生命周期的基于计算机和手工的技术画法，以促进产品的准备、管理、储存、回收、再生产、交换和使用
2	ISO/TC 92	防火安全（Fire safety）	主要开展评估方法的标准化，包括火灾危险以及对生命和财产的火灾风险，设计、材料、建筑材料、产品和部件对消防安全的贡献等
3	ISO/TC 136	家具（Furniture）	主要开展家具领域的标准化，包括：术语和定义；性能、安全和尺寸要求；对特定部件（如五金件）的要求；测试方法
4	ISO/TC 173	残疾人用的技术装置和辅助器（Assistive products）	主要开展辅助产品和相关服务领域的标准化，以帮助行动能力下降的人
5	ISO/TC 178	电梯、自动扶梯和旅客运送机（Lifts, escalators and moving walks）	主要开展电梯、自动扶梯和旅客运送机的标准化
6	ISO/TC 180	太阳能（Solar energy）	主要开展在空间太阳能领域和水加热、冷却、工业过程加热和空调的标准化
7	ISO/TC 184/SC 4	工业数据（Industrial data）	暂无
8	ISO/TC 205	建筑物环境设计（Building environment design）	见第 13 章

3.1.5 工作开展情况

TC 59 负责起草编制一些诸如术语、模数协调、基本功能标准等难于用量化的市场和贸易要求来表达的基础性标准。因此，TC 59 专注于最基本的标准，常常被其他技术委员会用作基本引用文件。

TC 59 初期重点从事房屋接缝、模数协调、尺寸协调，逐步转向量测方法、公差和配合、房屋功能、用户要求等标准，近年来的重点是建筑设计寿命、耐久性、建筑环境的无障碍和可用性、建筑信息组织和建筑可持续发展等方面的标准编制。TC 59 的宗旨是力求提供国际一致，保证全世界能接受的综合解决方案和整套的基本标准。重要的是要让房屋管理机构理解标准化的重要性和以标准作为房屋法规的补充。

从 1978 年我国恢复参加 ISO 活动以来，中国建筑标准设计研究院有限公司（以下简称"标准院"）一直代表我国在国际标准的信息跟踪、研究转化，以及组织国内专家参与 ISO 的各项活动等方面做了大量工作。目前，在 TC 59 委员会中，标准院作为牵头单位，是 ISO/TC 59/WG 3 模数协调、ISO/TC 59/WG 4 建筑和土木工程弹性 2 个工作组召集人和秘书处单位，负责编制了 ISO 21723：2019《建筑和土木工程 模数协调模数》、ISO/TR 22845：2020《建筑和土木工程弹性》技术报告的编制工作。目前正在进行 2 项国际标准的编制工作，分别是 ISO/WD TR 建筑和土木工程—与突发公共卫生事件相关的建筑弹性策略—相关信息汇编、ISO/AWI 4931-1 建筑物和土木工程——弹性设计的原则、框架和指南——第 1 部分：气候变化适应。

模数协调标准是对建筑工程理论与实践全面总结的产物，是为了提高建筑业的经济效益和社会效益而作出的规定。模数协调标准不仅可满足建筑构配件和部品在工业化生产模式下的标准化、装配化问题，也承担了住宅建筑工业化体系、系列化设计的任务。近年来我国的模数协调也不断进行修改和完善。新发布的 ISO 21723：2019 将我国近年来模数协调方面的发展与 ISO 标准进行融合，为今后我国参加 ISO 的其他标准编制积累了宝贵的经验。

建筑弹性技术报告是 ISO 在建筑弹性领域标准框架和系列标准编制的正式启动和第一阶段编制工作，通过广泛调研和资料梳理，在国际范围内对建筑弹性的定义、术语、框架、原则、评估等进行基础性概念建立工作，发挥国际标准的媒介作用，促进建筑弹性理念在技术层面的实施。技术报告以中国专家组的研究和组织编制工作为基础，联络工作组国外专家，在世界范围内广泛收集国际组织、国家机构、学术机构等的相关研究和工作资料，确保技术报告广泛性、代表性、体系化。

标准院还积极承办了 TC 59 在 2018 年的全体会议，会议的圆满召开得到 TC 59 主席和各国代表的一致好评。会议期间，到访的外国专家来自 19 个国家，超过 60 人，30 场次工作会议。为了加强中外专家在相关领域的沟通交流，同时举办 3 场论坛，内容涉及国际标准化工作经验交流、BIM 领域国际标准介绍和讨论，以及 ISO 建筑弹性、气候变化与可持续发展等领域学术交流等。会议周各项准备工作受到与会专家的一致赞扬。

3.1.6 ISO/TC 59 国际标准目录

ISO/TC 59 目前已发布国际标准（包含 SC）共 133 项，其中直接管理 33 项，在编国际标准（包含 SC）共 18 项，其中直接管理 2 项，相关技术机构国际标准 23 项，直接管理的国际标准中已有 4 项国际标准转化为中国标准，标准详细信息如表 3-2～表 3-5 所示。

ISO/TC 59 已发布国际标准目录　　　　　　　　　表 3-2

序号	技术机构	国际标准号	标准名称（英文）	标准名称（中文）	出版物类型	发布日期
1	ISO/TC 59	ISO 2445：1972	Joints in building – Fundamental principles for design	建筑连接　设计的基础性原则	IS	1972.10
2	ISO/TC 59	ISO 2848：1984	Building construction – Modular coordination – Principles and rules	房屋建筑　模数协调　原则和规定	IS	1984.04
3	ISO/TC 59	ISO 3443-1：1979	Tolerances for building – Part 1: Basic principles for evaluation and specification	建筑公差　第 1 部分：评价与规定公差的基本原则	IS	1979.06
4	ISO/TC 59	ISO 3443-2：1979	Tolerances for building – Part 2: Statistical basis for predicting fit between components having a normal distribution of sizes	建筑公差　第 2 部分：预测具有正态分布尺寸的组合体之间配合的统计基础	IS	1979.07
5	ISO/TC 59	ISO 3443-3：1987	Tolerances for building – Part 3: Procedures for selecting target size and predicting fit	建筑公差　第 3 部分：选择目标尺寸和预测公差的程序	IS	1987.02

序号	技术机构	国际标准号	标准名称（英文）	标准名称（中文）	出版物类型	发布日期
6	ISO/TC 59	ISO 3443-4：1986	Tolerances for building – Part 4：Method for predicting deviations of assemblies and for allocation of tolerances	建筑公差 第4部分：预测安装偏差和分配公差的方法	IS	1986.12
7	ISO/TC 59	ISO 3443-5：1982	Building construction – Tolerances for building – Part 5：Series of values to be used for specification of tolerances	建筑结构 建筑公差 第5部分：用于公差规范的数值系列	IS	1982.12
8	ISO/TC 59	ISO 3443-6：1986	Tolerances for building – Part 6：General principles for approval criteria，control of conformity with dimensional tolerance specifications and statistical control – Method 1	建筑公差 第6部分：验收标准及根据尺度公差规定和统计控制进行验收的一般原则 方法1	IS	1986.11
9	ISO/TC 59	ISO 3443-7：1988	Tolerances for building – Part 7：General principles for approval criteria，control of conformity with dimensional tolerance specifications and statistical control – Method 2（Statistical control method）	建筑公差 第7部分：验收标准及根据尺度公差规定和统计控制进行验收的一般原则 方法2（统计控制方法）	IS	1988.05
10	ISO/TC 59	ISO 3443-8：1989	Tolerances for building – Part 8：Dimensional inspection and control of construction work	建筑公差 第8部分：尺寸检验和施工控制	IS	1989.06
11	ISO/TC 59	ISO 3447：1975	Joints in building – General check-list of joint functions	建筑接缝 连接功能的通用检验表	IS	1975.11
12	ISO/TC 59	ISO 3881：1977	Building construction – Modular co-ordination – Stairs and stair openings – Co-ordinating dimensions	房屋建筑 模数协调 楼梯和楼梯通道 协调尺寸	IS	1977.08
13	ISO/TC 59	ISO 4463-1：1989	Measurement methods for building – Setting-out and measurement – Part 1：Planning and organization，measuring procedures，acceptance criteria	建筑物测量方法 放线和测量 第1部分：计划和组织、测量程序、验收标准	IS	1989.06
14	ISO/TC 59	ISO 4463-2：1995	Measurement methods for building – Setting-out and measurement – Part 2：Measuring stations and targets	建筑物测量方法 放线和测量 第2部分：测站和目标	IS	1995.12
15	ISO/TC 59	ISO 4463-3：1995	Measurement methods for building – Setting-out and measurement – Part 3：Check-lists for the procurement of surveys and measurement services	建筑物测量方法 放线和测量 第3部分：观测和测量作业所获资料的检查目录	IS	1995.12

序号	技术机构	国际标准号	标准名称（英文）	标准名称（中文）	出版物类型	发布日期
16	ISO/TC 59	ISO 6511：1982	Building construction – Modular coordination – Modular floor plane for vertical dimensions	房屋建筑 模数协调 垂直尺寸的模式化楼层平面	IS	1982.02
17	ISO/TC 59	ISO 6589：1983	Joints in building – Laboratory method of test for air permeability of joints	建筑接缝 接缝透气性试验的实验室方法	IS	1983.11
18	ISO/TC 59	ISO 7077：1981	Measuring methods for building – General principles and procedures for the verification of dimensional compliance	建筑物测量方法 确定尺寸配合的一般原则和步骤	IS	1981.10
19	ISO/TC 59	ISO 7361：1986	Performance standards in building – Presentation of performance levels of facades made of same-source components	建筑物的性能标准。由同一来源部件组成的外墙性能标准的表示方法	IS	1986.12
20	ISO/TC 59	ISO 7727：1984	Joints in building – Principles for jointing of building components – Accommodation of dimensional deviations during construction	建筑接缝 建筑构件的连接原则 施工阶段尺度偏差的调节	IS	1984.11
21	ISO/TC 59	ISO 7728：1985	Typical horizontal joints between an external wall of prefabricated ordinary concrete components and a concrete floor – Properties. characteristics and classification criteria	预制普通混凝土构件的外墙和混凝土楼板之间的典型水平接缝 性能、特征和分类准则	IS	1985.11
22	ISO/TC 59	ISO 7729：1985	Typical vertical joints between two prefabricated ordinary concrete external wall components- Properties，characteristics and classification criteria	预制普通混凝土构件的外墙和混凝土楼板之间的典型垂直接缝 性能、特征和分类准则	IS	1985.11
23	ISO/TC 59	ISO 7737：1986	Tolerances for building – Presentation of dimensional accuracy data	建筑公差 尺寸准确度数据的表示法	IS	1986.12
24	ISO/TC 59	ISO 7844：1985	Grooved vertical joints with connecting bars and concrete infill between large reinforced concrete panels – Laboratory mechanical tests – Effect of tangential loading	钢筋混凝土大板间，有连接筋并用混凝土浇灌的键槽式垂直接缝 实验室力学试验 切向荷载的影响	IS	1985.11
25	ISO/TC 59	ISO 7845：1985	Horizontal joints between load-bearing walls and concrete floors – Laboratory mechanical tests – Effect of vertical loading and of moments transmitted by the floors	承重墙和混凝土楼板之间的水平接缝 实验室力学试验 由楼板传来的垂直荷载和弯矩的影响	IS	1985.11

续表

序号	技术机构	国际标准号	标准名称（英文）	标准名称（中文）	出版物类型	发布日期
26	ISO/TC 59	ISO 7892：1988	Vertical building elements – Impact resistance tests – Impact bodies and general test procedures	竖向建筑构件　抗撞击试验　撞击物和一般试验程序	IS	1988.07
27	ISO/TC 59	ISO 7976-1：1989	Tolerances for building – Methods of measurement of buildings and building products – Part 1: Methods and instruments	建筑公差　建筑物和建筑产品测量方法　第1部分：方法和仪器	IS	1989.03
28	ISO/TC 59	ISO 7976-2：1989	Tolerances for building – Methods of measurement of buildings and building products – Part 2: Position of measuring points	建筑公差　建筑物和建筑产品测量方法　第2部分：测点的位置	IS	1989.02
29	ISO/TC 59	ISO 9882：1993	Performance standards in building – Performance test for precast concrete floors – Behaviour under non-concentrated load	建筑性能标准　预制混凝土楼板的性能试验　在非集中荷载下的工况	IS	1993.12
30	ISO/TC 59	ISO 9883：1993	Performance standards in building – Performance test for precast concrete floors – Behaviour under concentrated load	建筑性能标准　预制混凝土楼板的性能试验　在集中荷载下的工况	IS	1993.12
31	ISO/TC 59	＊ISO 21723：2019	Buildings and civil engineering works – Modular coordination – Module	建筑和土木工程　模数协调　模数	IS	2019.08
32	ISO/TC 59	＊ISO/TR 22845：2020	Resilience of buildings and civil engineering works	建筑和土木工程的弹性	IS	2020.08
33	ISO/TC 59	ISO 23234：2021	Buildings and civil engineering works – Security – Planning of security measures in the built environment	建筑物和土木工程　安全　建筑环境安全措施规划	IS	2021.02

注：＊表示该标准由中国提案。

ISO/TC 59 在编国际标准目录 表 3-3

序号	技术机构	国际标准号	标准名称（英文）	标准名称（中文）	出版物类型
1	ISO/TC 59	＊ISO/WD TR 5202	Buildings and civil engineering works – Building resilience strategies related to public health emergencies. – Compilation of relevant information	建筑物和土木工程　与突发公共卫生事件有关的建筑弹性策略　相关信息的汇编	TR
2	ISO/TC 59	＊ISO/AWI 4931-1	Buildings and civil engineering works – Principles, framework and guidance for resilience design – Part 1: Adaptation to climate change	建筑物和土木工程　弹性设计的原则、框架和指南　第1部分：气候变化适应	IS

注：＊表示该标准由中国提案。

ISO/TC 59 相关技术机构国际标准目录   表 3-4

序号	技术机构	国际标准号	标准名称（英文）	标准名称（中文）	出版物类型	发布日期
1	ISO/TC 10/SC1	ISO 128-1：2003	Technical drawings – General principles of presentation – Part 1：Introduction and index	技术制图　画法的一般原则　第 1 部分：导论和索引	IS	2003.2
2	ISO/TC 10/SC1	ISO 128-20：1996	Technical drawings – General principles of presentation – Part 20：Basic conventions for lines	技术制图　画法的一般原则　第 20 部分：线条的基本约定	IS	1996.11
3	ISO/TC 10/SC1	ISO 128-21：1997	Technical drawings – General principles of presentation – Part 21：Preparation of lines by CAD systems	技术制图　画法的一般原则　第 21 部分：用 CAD 系统制备线条	IS	1997.02
4	ISO/TC 10/SC1	ISO 128-22：1999	Technical drawings – General principles of presentation – Part 22：Basic conventions and applications for leader lines and reference lines	技术制图　画法的一般原则　第 22 部分：导示线和参考线的基本规定和应用	IS	1999.05
5	ISO/TC 10/SC1	ISO 128-30：2001	Technical drawings – General principles of presentation – Part 30：Basic conventions for views	技术制图　画法的一般原则　第 30 部分：视图的基本规定	IS	2001.04
6	ISO/TC 10/SC1	ISO 128-40：2001	Technical drawings – General principles of presentation – Part 40：Basic conventions for cuts and sections	技术制图　画法的一般原则　第 40 部分：截面和剖面的基本规定	IS	2001.06
7	ISO/TC 10/SC1	ISO 128-50：2001	Technical drawings – General principles of presentation – Part 50：Basic conventions for representing areas on cuts and sections	技术制图　画法的一般原则　第 50 部分：在截面和剖面上表示区域的基本规定	IS	2001.04
8	ISO/TC 10/SC1	ISO 5261：1995	Technical drawings – Simplified representation of bars and profile sections	技术制图　钢筋的简单表示与剖面	IS	1995.1
9	ISO/TC 10/SC1	ISO 5455：1979	Technical drawings – Scales	技术制图　比例尺	IS	1979.02
10	ISO/TC 10/SC1	ISO 5456-1：1996	Technical drawings – Projection methods – Part 1：Synopsis	技术制图　投影方法　第 1 部分：概要	IS	1996.06
11	ISO/TC 10/SC1	ISO 5456-2：1996	Technical drawings – Projection methods – Part 2：Orthographic representations	技术制图　投影方法　第 2 部分：正投影表示法	IS	1996.06
12	ISO/TC 10/SC1	ISO 5456-3：1996	Technical drawings – Projection methods – Part 3：Axonometric representations	技术制图　投影方法　第 3 部分：轴测表示法	IS	1996.06
13	ISO/TC 10/SC1	ISO 5456-4：1996	Technical drawings – Projection methods – Part 4：Central projection	技术制图　投影方法　第 4 部分：中心投影	IS	1996.06

序号	技术机构	国际标准号	标准名称（英文）	标准名称（中文）	出版物类型	发布日期
14	ISO/TC 10/SC 1	ISO 5457：1999	Technical product documentation – Sizes and layout of drawing sheets	技术产品文件 图纸的尺寸和布局	IS	1999.02
15	ISO/TC 10/SC 1	ISO 11442：2006	Technical product documentation – Document management	技术产品文件 文件管理	IS	2006.03
16	ISO/TC 10/SC 1	ISO 15226：1999	Technical product documentation – Life cycle model and allocation of documents	技术产品文件 生命周期模型和文件分配	IS	1999.04
17	ISO/TC 10/SC 1	ISO 16016：2016	Technical product documentation – Protection notices for restricting the use of documents and products	技术产品文件 限制文件和产品使用的保护通知	IS	2016.04
18	ISO/TC 10/SC 1	ISO 29845：2011	Technical product documentation – Document types	技术产品文件 文件类型	IS	2011.09
19	ISO/TC 92	ISO 13943：2017	Fire safety – Vocabulary	防火安全 术语	IS	2017.07
20	ISO/TC 136	ISO 3055：1985	Kitchen equipment – Coordinating sizes	厨房设备 尺寸协调	IS	1985.05
21	ISO/TC 173	ISO 16201：2006	Technical aids for persons with disability – Environmental control systems for daily living	残疾人技术辅助 日常生活环境控制系统	IS	2016.10
22	ISO/TC 178	ISO 9589：1994	Escalators – Building dimensions	自动扶梯 建筑尺寸	IS	1994.11
23	ISO/TC 180	ISO 9488：1999	Solar energy – Vocabulary	太阳能 词汇	IS	1999.10

ISO/TC 59 国际标准转化为中国标准目录　　　　　表 3-5

序号	国际标准信息				中国标准信息				备注
	技术机构	国际标准号	标准名称（英文）	发布日期	标准号	标准名称（中文）	采标程度	状态	
1	TC 59	ISO 7844：1985	Grooved vertical joints with connecting bars and concrete infill between large reinforced concrete panels – Laboratory mechanical tests – Effect of tangential loading	1985.11	GB/T 24496-2009	钢筋混凝土大板间有连接筋并用混凝土浇灌的键槽式竖向接缝 实验室力学试验 平面内切向荷载的影响	IDT	已发布	

续表

序号	国际标准信息				中国标准信息				备注
	技术机构	国际标准号	标准名称（英文）	发布日期	标准号	标准名称（中文）	采标程度	状态	
2	TC 59	ISO 7845：1985	Horizontal joints between load-bearing walls and concrete floors – Laboratory mechanical tests – Effect of vertical loading and of moments transmitted by the floors	1985.11	GB/T 24495-2009	承重墙与混凝土楼板间的水平接缝 实验室力学试验 由楼板传来的垂直荷载和弯矩的影响	IDT	已发布	
3	TC 59	ISO 7892：1988	Vertical building elements – Impact resistance tests – Impact bodies and general test procedures	1988.07	GB/T 22631-2008	建筑物垂直部件抗冲击试验 冲击物及通用试验程序	IDT	已发布	
4	TC 59	ISO 9883：1993	Performance standards in building – Performance test for precast concrete floors – Behaviour under concentrated load	1993.12	GB/T 24497-2009	建筑物的性能标准 预制混凝土楼板的性能试验 在集中荷载下的工况	IDT	已发布	

注：采标程度包括等同采用（IDT）、修改采用（MOD）、非等效采用（NEQ）。

3.2 术语和语言协调（TC 59/SC 2）

3.2.1 基本情况

分技术委员会名称：术语和语言协调（Terminology and harmonization of languages）
分技术委员会编号：ISO/ TC 59/SC 2
成立时间：1982 年
秘书处：英国标准协会（BSI）
主席：Mr Andrey Kharitonov（俄罗斯：任期至 2023 年）
委员会经理：Mr Mike Roberts
国内技术对口单位：中国建筑标准设计研究院有限公司
网址：https：//www. iso. org/committee/49076. html

3.2.2 工作范围

TC 59/SC 2 主要开展建筑和土木工程领域术语的标准化，包括 TC 59 或其他相关且不属于任何其他技术委员会的范围内的通用术语和特定主题术语。
TC 59/SC 2 将致力于：
• 鼓励编制 ISO/TC 59/SC 2 词汇表的国家版本；

• 建立公共术语集，以支持公共语言，并使用清晰简洁的概念方便交流；

• 在 ISO/TC 59 中，术语的协调和统一工作的重点是加强在 ISO/TC 59 下制定的标准中语言的一致性；

• 根据需要，与其他 ISO 技术委员会和分委员会在建筑和土木工程相关标准中的术语信息的编制工作中建立联系和协调；

• 根据需要，与建造方面建立概念数据库的外部机构建立联络和协调；

• 推广 ISO/TC 37 制定的术语工作一般规则，并为 ISO/TC 59 小组委员会提供指引。

3.2.3 组织架构

TC 59/SC 2 目前由 2 个工作组组成，组织架构如图 3.2 所示。

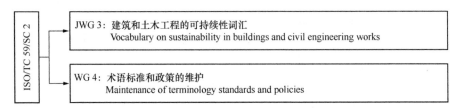

图 3.2 TC 59/SC 2 组织架构

3.2.4 相关技术机构

TC 59/SC 2 相关技术机构信息如表 3-6 所示。

ISO/TC 59/SC 2 相关技术机构　　　　　　　　　　　　　　　表 3-6

序号	技术机构	技术机构名称	工作范围
1	ISO/TC 176/SC 1	概念和术语（Concepts and terminology）	主要开展质量管理领域的概念和术语标准化
2	ISO/TC 218	木材（Timber）	主要开展圆木、锯材和加工木材以及木材应用的标准化，包括术语、规范和测试方法
3	ISO/TC 267	设施管理（Facility management）	主要开展设施管理的标准化
4	ISO/TC 268	社区可持续发展（Sustainable cities and communities）	主要开展可持续城市和社区领域的标准化，将包括制定与实现可持续发展有关的要求，框架，指导和支持技术和工具，同时考虑到智能性和韧性，以帮助所有城市和社区及其在农村和城镇地区的相关利益团体变得更加可持续

注：TC 268 将通过其标准化工作为联合国可持续发展目标作出贡献。
　　拟定的一系列国际标准将鼓励开发和实施可持续发展和可持续性的整体和综合方法。

3.2.5 工作开展情况

TC 59/SC 2 是协调 ISO 在建筑领域各机构术语和定义的组织，重点是使得术语信息准确、简介方便交流。已制定的术语标准包括一般术语、可持续术语和合同术语，目前正在制定设施管理相关的术语标准。

术语系列标准编号为 ISO 6707，其中第 1 部分：一般术语规定了适用于建筑和土木工程的基本术语和专业术语，基本术语可作为其他的更专业的或定义的基础；专业术语用于建筑领域，并常用在标准、规范和合同中。主要包含几个术语部分：（1）与建筑和土木工程相关的术语；（2）空间术语；（3）建筑物和土木工程的各部分构件；（4）材料；（5）施工、文件编制和设备；（6）项目中涉及的人员及用户；（7）特征和性能；（8）环境和实体规划。

第 2 部分：合同术语适用于建筑物和土木工程合同和沟通交流。术语按类别分为：（1）一般术语；（2）信息和数据相关术语；（3）交流和协同工作相关术语；（4）合同类型和各部分相关术语；（5）投标和合同管理相关术语；（6）金融相关术语；（7）项目参与各方相关术语等部分。

第 3 部分：可持续性术语，是为保证建筑与土木工程中有关可持续概念术语的一致性而编制。主要分为：（1）基础术语；（2）实体，如太阳能发电场、风力涡轮机、风力发电场等；（3）产品、组件，如空气源热泵、地源热泵、太阳能集热器等；（4）活动、过程、方法、人员，如环境评估、环境产品声明、生命周期影响评价等；（5）资源；（6）条件、现象，如受污染土地、视觉舒适度等。

中国专家在 SC 2 的参与度过去不是很高，主要是因为我们作为非英语母语国家，语言问题是最大的障碍。但标准院近年来持续派代表参加了该委员会于马德里、柏林、南非、挪威等地的全体会议，并于 2018 年成功组织 SC 2 北京全体会议，通过这些交流活动加强了与该委员会的联系。同时，标准院在编制行业内术语标准时积极研究和学习该系列标准，一方面为我国标准中的术语在英文用词的准确性上开展了相关工作，另一方面积极研究其定义和用法，降低我国与国际上的用词用语差异，这一工作将为我国的技术人员与外方人员的沟通交流提供技术支撑。

3.2.6　ISO/TC 59/SC 2 国际标准目录

ISO/TC 59/SC 2 目前已发布国际标准 5 项，在编国际标准 1 项，相关技术机构国际标准 9 项，标准详细信息如表 3-7～表 3-9 所示。

ISO/TC 59/ SC 2 已发布国际标准目录 表 3-7

序号	技术机构	国际标准号	标准名称（英文）	标准名称（中文）	出版物类型	发布日期
1	TC 59/ SC 2	ISO 6707-1： 2017	Buildings and civil engineering works - Vocabulary - Part 1: General terms	建筑和土木工程　词汇　第 1 部分：一般术语	IS	2017.11
2	TC 59/ SC 2	ISO 6707-2： 2017	Buildings and civil engineering works - Vocabulary - Part 2: Contract terms	建筑和土木工程　词汇　第 2 部分：合同术语	IS	2017.11
3	TC 59/ SC 2	ISO 6707-3： 2017	Buildings and civil engineering works - Vocabulary - Part 3: Sustainability terms	建筑和土木工程　词汇　第 3 部分：可持续性术语	IS	2017.08

续表

序号	技术机构	国际标准号	标准名称（英文）	标准名称（中文）	出版物类型	发布日期
4	TC 59/SC 2	ISO 7078：2020	Building construction – Procedures for setting out，measurement and surveying – Vocabulary and guidance notes	房屋建筑 放线、测量和观测程序 词汇和指导性注释	IS	2020.04
5	TC 59/SC 2	ISO/DIS 6707-4	Buildings and civil engineering works – Vocabulary – Part 4：Facility management terms	建筑和土木工程 词汇 第4部分：设施管理术语	IS	2021.05

ISO/TC 59/SC 2 在编国际标准目录　　　　表 3-8

序号	技术机构	国际标准号	标准名称（英文）	标准名称（中文）	出版物类型
1	TC 59/SC 2	ISO/DIS 6707-3	Buildings and civil engineering works – Vocabulary – Part 3：Sustainability terms	建筑和土木工程 词汇 第3部分：可持续性术语	IS

ISO/TC 59/SC 2 相关技术机构国际标准目录　　　　表 3-9

序号	技术机构	国际标准号	标准名称（英文）	标准名称（中文）	出版物类型	发布日期
1	TC 176/SC 1	ISO 9000：2015	Quality management systems – Fundamentals and vocabulary	质量管理体系 基础和词汇	IS	2015.09
2	TC 218	ISO 2300：1973	Sawn timber of broadleaved species – Defects – Terms and definitions	阔叶种锯材 缺陷 术语和定义	IS	1973.12
3	TC 218	ISO 5323：2019	Wood flooring and parquet – Vocabulary	木地板和拼花地板 词汇	IS	2019.07
4	TC 218	ISO 5329：1978	Solid wood paving blocks – Vocabulary	实木铺路砖 词汇	IS	1978.05
5	TC 218	ISO 8965：2013	Logging industry – Technology – Terms and definitions	伐木业 技术 术语和定义	IS	2013.10
6	TC 218	ISO 9086-1：1987	Wood – Methods of physical and mechanical testing – Vocabulary – Part 1：General concepts and macrostructure	木材 物理和机械试验方法 词汇 第1部分：一般概念和宏观结构	IS	1987.11
7	TC 218	ISO 24294：2013	Timber – Round and sawn timber – Vocabulary	木材 圆木和锯材 词汇	IS	2013.09
8	TC 267	ISO 41011：2017	Facility management – Vocabulary	设施管理 词汇	IS	2017.04
9	TC 268	ISO 37100：2016	Sustainable cities and communities – Vocabulary	可持续发展的城市和社区词汇	IS	2016.12

3.3　建筑和土木工程的信息组织和数字化（TC 59/SC 13）

3.3.1　基本情况

分技术委员会名称：建筑和土木工程的信息组织和数字化，包含建筑信息模型

（BIM）（Organization and digitization of information about buildings and civil engineering works，including building information modelling（BIM））

分技术委员会编号：ISO/ TC 59/SC 13

成立时间：1987 年

秘书处：挪威标准协会（SN）

主席：Mr Øivind Rooth（任期至 2027 年）

委员会经理：Ms Lisbet Landfald

国内技术对口单位：中国建筑标准设计研究院有限公司

网址：https：//www. iso. org/committee/49180. html

3.3.2 工作范围

TC 59/SC 13 主要开展建筑环境中贯穿整个建筑和基础设施生命周期的信息的国际标准的编制工作，包括：

（1）促进信息的交互性；

（2）提供一套成体系的标准、规程及报告，用于定义、描述、交换、监管、记录及安全地处理信息、语意及过程，并与地理空间及其他相关的建筑环境信息相连；

（3）实现面向对象的数字信息交换。

3.3.3 组织架构

TC 59/SC 13 目前由 8 个工作组组成，组织架构如图 3-3 所示。

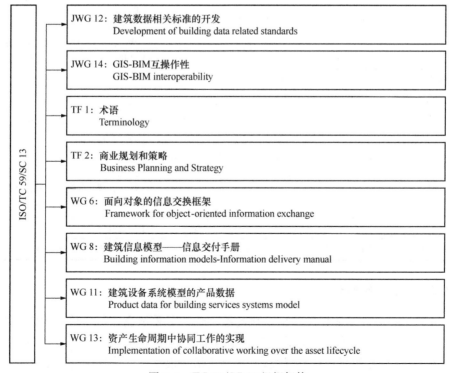

图 3.3 TC 59/SC 13 组织架构

3.3.4 相关技术机构

TC 59/SC 13 相关技术机构信息如表 3-10 所示。

ISO/TC 59/SC 13 相关技术机构　　　　　　　　　　表 3-10

序号	技术机构	技术机构名称	工作范围
1	ISO/TC 10/SC 8	建筑文件（Construction documentation）	见第 2 章
2	ISO/TC 10/SC 10	加工厂文件（Process plant documentation）	暂无
3	ISO/TC 59/SC 2	术语和语言协调（Terminology and harmonization of languages）	见第 3.2 节
4	ISO/TC 59/SC 17	建筑和土木工程的可持续性（Sustainability in buildings and civil engineering works）	见第 3.7 节
5	ISO/TC 59/SC 18	建筑采购（Construction procurement）	见第 3.8 节
6	ISO/TC 153	阀门（Valves）	主要开展工业阀门、阀门制动器和蒸汽疏水阀领域的标准化。标准化参数包括互换性、制动器安装的阀门配合细节、测试、标记、质量要求、术语和其他相关参数
7	ISO/TC 178	电梯、自动扶梯和旅客运送机（Lifts, escalators and moving walks）	主要开展升降机、服务升降机、自动扶梯、客运送机及类似设备的所有方面的标准化，以及安全
8	ISO/TC 184	自动化系统与集成（Automation systems and integration）	主要开展自动化系统，其在设计、采购、制造、生产和交付、支持、维护和产品处理及其相关服务方面的标准化。标准化的领域包括信息系统、自动化和控制系统以及集成技术
9	ISO/TC 184/SC 4	工业数据（Industrial data）	暂无
10	ISO/TC 205	建筑环境设计（Building environment design）	见第 13 章
11	ISO/TC 211	地理信息/数字地理（Geographic information/Geomatics）	主要开展数字地理信息领域的标准化。包括地理信息、数据管理（包括定义和描述）的方法、在不同用户、系统和地点之间以数字/电子形式获取、处理、分析、访问、呈现和传输此类数据的方法
12	ISO/TC 251	资产管理（Asset management）	主要开展资产管理领域的标准化
13	ISO/TC 267	设施管理（Facility management）	主要开展设施管理领域的标准化

3.3.5 工作开展情况

SC 13 是 ISO 在建筑领域关注信息化与数字化的分委员会，与全球性 BIM 领域标准机构 buildingSMART 紧密合作，目前的主要工作包含以下几个方面：1）标准相关的建筑数据的发展；2）建筑行业信息分类；3）建筑信息模型——信息交付手册；4）建筑服务系统模型的产品数据；5）资产生命周期中协同工作的实现。

SC 13 有众多 BIM 领域重要的国际标准。例如新发布的 ISO 23386。

ISO 23386 关注的是数据字典（Data dictionary），数据字典代表在一定范围内所形成的 BIM 语义的共识。然而数据字典天然具有领域性。从一个企业，到一个行业，乃至一个国家，都可能会存在与众不同的数据字典。这导致了跨领域沟通时，由于字典的不同，数据无法进行必要的相互识别，遑论共享和互操作。如何解决这一问题？逐步建立字典之间的映射是当前普遍采取的步骤。buildingSMART 筹划和搭建了 bSDD（buildingSMART Data Dictionary）链接网址：http：//bsdd.buildingsmart.org/，是依据 ISO 12006-3 的本体论范畴的工程对象语义规则库，旨在以百科全书式的方式积累各国或地区的工程对象语义映射关系。显然映射工作是一个长期而烦琐的工作，若是缺乏一个记录、审核和追溯机制，恐怕会乱成一锅粥。此时元数据派上了用场：元数据做成一个标准，就是 ISO 23386，即工程中 BIM 和其他数字化的使用-互通数据字典属性的描述、编制和维护的方法（Building information modelling and other digital processes used in construction—Methodology to describe，author and maintain properties in interconnected data dictionaries），毋庸赘述 ISO 23386 的重要性。

ISO 19650 系列标准是 SC 13 另外值得一提的主要标准，第 1 部分：概念和原则提供了管理信息的架构建议，包括所有参与者的交流、记录、版本管理和组织。该文件适用于建筑资产的整个生命周期，包括战略规划、初始设计、工程、开发、记录和施工、日常运行、维护、整修、维修和生命周期终止。第 2 部分：资产的交付阶段对信息管理的要求进行了规定，使用建筑信息建模（BIM）对信息交换的要点和资产交付阶段文本以管理过程和程序的形式进行规定，可用于所有类型和规模的资产。

中国建筑标准设计研究院有限公司同时也作为 buildingSMART 中国分部秘书处承担单位和多项 BIM 领域国家标准的主编单位，依托自身技术优势，多年来积极参与 ISO 在 BIM 领域各项标准的制修订工作。2018 年，标准院成功举办了 SC 13 全体会议，并同时举办了国际 BIM 标准高端论坛，与会中外专家超过 50 人次，通过中方、外方专家深度交流，了解 ISO 国际标准的相关情况；了解中国 BIM 标准体系，促进我国标准走出去、外国先进标准引进来；探讨加入 ISO 国际标准编制、立项的可能性；成立 ISO TC 59 中国专家委员会，为今后更好的对接、参与 ISO 标准奠定基础。

3.3.6 ISO/ TC 59/SC 13 国际标准目录

ISO/TC 59/SC 13 目前已发布国际标准 19 项，在编国际标准 8 项，相关技术机构国际标准 13 项，标准详细信息如表 3-11～表 3-13 所示。

ISO/ TC 59/SC 13 已发布国际标准目录　　　　　　表 3-11

序号	技术机构	国际标准号	标准名称（英文）	标准名称（中文）	出版物类型	发布日期
1	TC 59 / SC 13	ISO 12006-2：2015	Building construction – Organization of information about construction works – Part 2: Framework for classification of information	房屋建筑　建筑工程信息组织　第 2 部分：信息分类框架	IS	2015.05

序号	技术机构	国际标准号	标准名称（英文）	标准名称（中文）	出版物类型	发布日期
2	TC 59 / SC 13	ISO 12006-3：2007	Building construction – Organization of information about construction works – Part 3：Framework for object-oriented information	房屋建筑　建筑工程信息组织　第3部分：面向对象的信息框架	IS	2007.04
3	TC 59 / SC 13	ISO/TS 12911：2012	Framework for building information modelling (BIM) guidance	建筑信息模型（BIM）指导框架	TS	2012.09
4	TC 59 / SC 13	ISO 16354：2013	Guidelines for knowledge libraries and object libraries	知识库和对象库指南	IS	2013.03
5	TC 59 / SC 13	ISO 16739-1：2018	Industry Foundation Classes (IFC) for data sharing in the construction and facility management industries –Part 1：Data schema	建设和设施管理行业中数据共享工业基础类 IFC　第1部分：数据模式	IS	2018.11
6	TC 59 / SC 13	ISO 16757-1：2015	Data structures for electronic product catalogues for building services – Part 1：Concepts，architecture and model	建筑设施电子产品目录的数据结构　第1部分：概念、体系结构和模型	IS	2015.02
7	TC 59 / SC 13	ISO 16757-2：2016	Data structures for electronic product catalogues for building services – Part 2：Geometry	建筑设施电子产品目录的数据结构　第2部分：几何	IS	2016.11
8	TC 59 / SC 13	ISO 19650-1：2018	Organization and digitization of information about buildings and civil engineering works，including building information modelling (BIM) – Information management using building information modelling – Part 1：Concepts and principles	建筑物和土木工程信息组织和数字化，包括建筑信息模型（BIM）　使用建筑信息模型的信息管理　第1部分：概念和原则	IS	2018.12
9	TC 59 / SC 13	ISO19650-2：2018	Organization and digitization of information about buildings and civil engineering works，including building information modelling (BIM) – Information management using building information modelling – Part 2：Delivery phase of the assets	建筑物和土木工程信息组织和数字化，包括建筑信息模型（BIM）　使用建筑信息模型的信息管理　第2部分：资产交付阶段	IS	2018.12
10	TC 59 / SC 13	ISO 19650-3：2020	Organization and digitization of information about buildings and civil engineering works，including building information modelling (BIM) – Information management using building information modelling – Part 3：Operational phase of the assets	建筑物和土木工程信息组织和数字化，包括建筑信息模型（BIM）　使用建筑物信息模型的信息管理　第3部分：资产运行阶段	IS	2020.07

序号	技术机构	国际标准号	标准名称（英文）	标准名称（中文）	出版物类型	发布日期
11	TC 59 / SC 13	ISO 19650-5	Organization and digitization of information about buildings and civil engineering works，including building information modelling（BIM）- Information management using building information modelling - Part 5：Security-minded approach to information management	建筑物和土木工程信息组织和数字化，包括建筑信息模型（BIM）使用建筑物信息模型的信息管理 第5部分：具有安全意识的信息管理方法	IS	2020.06
12	TC 59 / SC 13	ISO 21597-1：2020	Information container for linked document delivery - Exchange specification - Part 1：Container	链接文档交付的信息容器交换规范 第1部分：容器	IS	2020.04
13	TC 59 / SC 13	ISO 22263：2008	Organization of information about construction works - Framework for management of project information	建筑工程信息组织 项目信息管理框架	IS	2008.01
14	TC 59 / SC 13	ISO 23386：2020	Building information modelling and other digital processes used in construction - Methodology to describe，author and maintain properties in interconnected data dictionaries	建筑信息建模和其他用于建筑的数字过程 在互连数据字典中描述、编写和维护属性的方法	IS	2020.03
15	TC 59 / SC 13	ISO 23387：2020	Building Information Modelling（BIM）- Data templates for construction objects used in the life cycle of any built asset - Concepts and principles	建筑信息模型（BIM）任何建筑资产生命周期使用的建设对象的数据模板 概念和原则	IS	2020.07
16	TC 59 / SC 13	ISO 29481-1：2016	Building information modelling - Information delivery manual - Part 1：Methodology andf ormat	建筑信息模型（BIM）信息交付手册 第1部分：方法和模板	IS	2016.05
17	TC 59 / SC 13	ISO 29481-2：2012	Building information models - Information delivery manual - Part 2：Interaction framework	建筑信息模型（BIM）信息交付手册 第2部分：交互框架	IS	2012.02
18	TC 59 / SC 13	ISO/DTR 23262	GIS（Geospatial）/BIM interoperability	GIS（地理空间）/BIM互操作性	TR	2021.05
19	TC 59 / SC 13	ISO/FDIS 21597-2	Information container for linked document delivery - Exchange specification - Part 2：Dynamic semantics	链接文档交付的信息容器交换规范 第2部分：动态语义	IS	2020.11

ISO/ TC 59 /SC 13 在编国际标准目录   表 3-12

序号	技术机构	国际标准号	标准名称（英文）	标准名称（中文）	出版物类型	发布日期
1	TC 59 /SC 13	ISO/DIS 7817	Building information modelling – Level of information need – Concepts and principles	建筑信息模型 信息需求分层 概念和原则	IS	
2	TC 59 /SC 13	ISO/FDIS 12006-3	Building construction – Organization of information about construction works – Part 3：Framework for object-oriented information	房屋建筑 建筑工程信息组织 第3部分：面向对象的信息框架	IS	
3	TC 59 /SC 13	ISO/DIS 12911	Framework for building information modelling (BIM) guidance	建筑信息模型（BIM）指导框架	IS	
4	TC 59 /SC 13	ISO/AWI TR 16214	Geospatial and BIM review of vocabularies	地理空间和 BIM 词汇审查	TR	
5	TC 59 /SC 13	ISO/WD 16739-1	Industry Foundation Classes (IFC) for data sharing in the construction and facility management industries – Part 1：Data schema	建设和设施管理行业中数据共享工业基础类 IFC 第1部分：数据模式	IS	
6	TC 59 /SC 13	ISO/FDIS 19650-4	Organization and digitization of information about buildings and civil engineering works，including building information modelling（BIM）– Information management using building information modelling – Part 4：Information exchange	建筑物和土木工程信息的组织和数字化，包括建筑信息模型（BIM） 使用建筑信息模型的信息管理 第4部分：信息交互	IS	
7	TC 59 /SC 13	ISO/AWI 19650-6	Organization and digitization of information about buildings and civil engineering works，including building information modelling（BIM）– Information management using building information modelling – Part 6：Health and Safety	建筑物和土木工程信息组织和数字化，包括建筑信息模型（BIM） 使用建筑物信息模型的信息管理 第6部分：健康和安全	IS	
8	TC 59 /SC 13	ISO/FDIS 29481-3	Building information modelling – Information delivery manual – Part 3：Data schema and classification	建筑信息模型（BIM） 信息交付手册 第3部分：数据模式和分类	IS	

ISO/ TC 59 /SC 13 相关技术机构国际标准目录   表 3-13

序号	技术机构	国际标准号	标准名称（英文）	标准名称（中文）	出版物类型	发布日期
1	TC 10/SC 10	ISO 3511-1：1977	Process measurement control functions and instrumentation – Symbolic representation – Part 1：Basic requirements	过程测量控制功能和仪器符号表示 第1部分：基本要求	IS	1977.07

序号	技术机构	国际标准号	标准名称（英文）	标准名称（中文）	出版物类型	发布日期
2	TC 10/SC 10	ISO 6412-1：2017	Technical product documentation - Simplified representation of pipelines - Part 1：General rules and orthogonal representation	技术产品文件　管道的简化表示　第1部分：一般规则和正交表示	IS	2017.12
3	TC 178	ISO 9589：1994	Escalators - Building dimensions	自动扶梯　建筑尺寸	IS	1994.11
4	TC 211	ISO 6709：2008	Standard representation of geographic point location by coordinates	用坐标表示地理点位置的标准表示	IS	2008.07
5	TC 211	ISO 19101-2：2018	Geographic information - Reference model - Part 2：Imagery	地理信息　参考模型　第2部分：图像	IS	2018.05
6	TC 211	ISO 19103：2015	Geographic information - Conceptual schema language	地理信息　概念模式语言	IS	2015.12
7	TC 251	ISO 55000：2014	Asset management - Overview，principles and terminology	资产管理　概述，原则和术语	IS	2014.01
8	TC 251	ISO 55001：2014	Asset management - Management systems - Requirements	资产管理　管理系统　要求	IS	2014.01
9	TC 251	ISO 55002：2018	Asset management - Management systems - Guidelines for the application of ISO 55001	资产管理　管理系统　ISO 55001应用指南	IS	2018.11
10	TC 267	ISO 41001：2018	Facility management - Management systems - Requirements with guidance for use	设施管理　管理系统　使用指南的要求	IS	2018.04
11	TC 267	ISO 41011：2017	Facility management - Vocabulary	设施管理　词汇	IS	2017.04
12	TC 267	ISO 41012：2017	Facility management - Guidance on strategic sourcing and the development of agreements	设备管理　战略采购和协议开发的指导	IS	2017.04
13	TC 267	ISO/TR 41013：2017	Facility management - Scope，key concepts and benefits	设备管理　范围，主要概念和好处	IS	2017.07

3.4 设计寿命 (TC 59/SC 14)

3.4.1 基本情况

分技术委员会名称：设计寿命（Design life）
分技术委员会编号：TC 59/SC 14
成立时间：1997 年
秘书处：英国标准协会（BSI）
主席：Michael Lacasse（加拿大，任期至 2022 年）
委员会经理：Mrs Nyomee Hla-Shwe Tun
国内技术对口单位：中国建筑标准设计研究院有限公司
网址：https：//www.iso.org/committee/49192.html

3.4.2 工作范围

TC 59/SC 14 致力于服务寿命规划系列标准的编制，服务寿命规划的宗旨是降低业主的成本。

3.4.3 组织架构

TC 59/SC 14 目前由 3 个工作组组成，组织架构如图 3.4 所示。

图 3.4　TC 59/SC 14 组织架构

3.4.4 相关技术机构

TC 59/SC 14 分技术委员会相关技术机构信息如表 3-14 所示。

ISO/TC 59/SC 14 相关技术机构　　　　　　　　　　　　表 3-14

序号	技术机构	技术机构名称	工作范围
1	ISO/TC 71	混凝土，钢筋混凝土和预应力混凝土（Concrete, reinforced concrete and pre-stressed concrete）	见本书第 4 章
2	ISO/TC 156	金属及合金的腐蚀（Corrosion of metals and alloys）	主要开展金属和合金腐蚀领域的标准化，包括腐蚀试验方法、腐蚀预防方法和腐蚀控制工程寿命周期

序号	技术机构	技术机构名称	工作范围
3	ISO/TC 207	环境管理（Environmental management）	主要开展环境管理领域的标准化，以处理环境和气候影响，包括有关的社会和经济方面，以支持可持续发展。不包括污染物的测试方法，设定环境性能限值和等级，以及产品的标准化
4	ISO/TC 251	资产管理（Asset management）	主要开展资产管理领域的标准化

3.4.5 工作开展情况

TC 59/SC 14 致力于服务寿命规划系列标准的编制，服务寿命规划可为不同建筑类型的服务寿命规划提供了一个方法。在项目交付阶段，确保设计满足功能需求层次，通过考虑不同的概念设计解决方案，评价其对设计寿命产生的影响。服务寿命规划的宗旨是降低业主的成本。评估建筑物的每一部分的服务寿命，将最终决定适合的技术条件和细部设计。当已经预测建筑物及其各部分的服务寿命时，可以应用维护规划和评估的技术，这将提高使用的可靠性和适用性，并减少报废的可能性。未来一段时间该委员会将继续维护服务寿命规划系列标准。

服务寿命规划是一个设计编制过程，以保证建筑物进行寿命周期成本和环境影响计算时，其服务寿命等于或超过其设计年限。服务寿命规划可为不同建筑类型的服务寿命规划提供了一个方法。在项目交付阶段，确保设计满足功能需求层次，通过考虑不同的概念设计解决方案，评价其对设计寿命产生的影响。

编制 ISO 15686 的一个主要动力是与生产范围内需要预报和需要控制建筑成本有关，因为一栋建筑物寿命周期成本的高低分摊比例可能是在该建筑物建成时已经确定。一个旧建筑物的一笔很大的固定资本，有一半以上的费用花费在维护阶段。对于一些目前正在编制建筑物固定资产的国家来说，如果一开始没有考虑长期性能，就会发生类似模式的风险。

服务寿命规划的宗旨是降低业主的成本。评估建筑物的每一部分的服务寿命，将最终决定适合的技术条件和细部设计。当已经预测建筑物及其各部分的服务寿命时，可以应用维护规划和评估的技术，这将提高使用的可靠性和适用性，并减少报废的可能性。

第一部分：一般原则和框架；

第二部分：服务寿命预测程序；

第三部分：性能审查与评估；

第四部分：使用 BIM 的使用期限规划；

第五部分：生命周期成本计算；

第六部分：考虑环境影响的步骤；

第七部分：实际服务寿命数据反馈的性能评价；

第八部分：参考服务寿命和服务寿命评价；

第九部分：使用期限数据评价导则；

第十部分：功能性能评定时机；

第十一部分：术语。

未来一段时间，该分委员会将更多地关注如何在气候变化的背景下进行全生命周期的规划和设计。

3.4.6 ISO/TC 59/SC 14 国际标准目录

ISO/TC 59/SC 14 目前已发布国际标准 10 项，在编国际标准 1 项，相关技术机构国际标准 3 项，标准详细信息如表 3-15～表 3-17 所示。

ISO/TC 59/SC 14 已发布国际标准目录 表 3-15

序号	技术机构	国际标准号	标准名称（英文）	标准名称（中文）	出版物类型	发布日期
1	TC 59/SC 14	ISO 15686-1：2011	Buildings and constructed assets – Service life planning – Part 1：General principles and framework	建筑物和建筑资产 服务寿命计划 第 1 部分：一般原则和框架	IS	2011.05
2	TC 59/SC 14	ISO 15686-2：2012	Buildings and constructed assets – Service life planning – Part 2：Service life prediction procedures	建筑物和建筑资产 服务寿命计划 第 2 部分：服务寿命预期程序	IS	2012.06
3	TC 59/SC 14	ISO 15686-3：2002	Buildings and constructed assets – Service life planning – Part 3：Performance audits and reviews	建筑物和建筑资产 服务寿命计划 第 3 部分：性能审计和评审	IS	2002.08
4	TC 59/SC 14	ISO 15686-4：2014	Building Construction – Service Life Planning – Part 4：Service Life Planning using Building Information Modelling	建筑物和建筑资产 服务寿命计划 第 4 部分：使用 BIM 的使用期限规划	IS	2014.01
5	TC 59/SC 14	ISO 15686-5：2017	Buildings and constructed assets – Service-life planning – Part 5：Life-cycle costing	建筑物和建筑资产 服务寿命计划 第 5 部分：生命周期成本计算	IS	2017.07
6	TC 59/SC 14	ISO 15686-7：2017	Buildings and constructed assets – Service life planning – Part 7：Performance evaluation for feedback of service life data from practice	建筑物和建筑资产 服务寿命计划 第 7 部分：实际服务寿命数据反馈性能评估	IS	2017.04
7	TC 59/SC 14	ISO 15686-8：2008	Buildings and constructed assets – Service-life planning – Part 8：Reference service life and service-life estimation	建筑物和建筑资产 服务寿命计划 第 8 部分：参考使用期限和使用期限评价	IS	2008.06
8	TC 59/SC 14	ISO/TS 15686-9：2008	Buildings and constructed assets – Service-life planning – Part 9：Guidance on assessment of service-life data	建筑物和建筑资产 服务寿命计划 第 9 部分：使用期限数据评价指南	TS	2008.12
9	TC 59/SC 14	ISO15686-10：2010	Buildings and constructed assets – Service life planning – Part 10：When to assess functional performance	建筑物和建筑资产 服务寿命计划 第 10 部分：功能性能评估节点	IS	2010.06
10	TC 59/SC 14	ISO/TR 15686-11：2014	Buildings and constructed assets – Service life planning – Part 11：Terminology	建筑物和建筑资产 服务寿命计划 第 11 部分：术语	TR	2014.08

ISO/TC 59/SC 14 在编国际标准目录   表 3-16

序号	技术机构	国际标准号	标准名称（英文）	标准名称（中文）	出版物类型
1	TC 59/SC 14	ISO/WD 15686-10	Buildings and constructed assets – Service life planning – Part 10: When to assess functional performance	建筑物和建筑资产 服务寿命计划 第10部分：功能性能评估节点	IS

ISO/TC 59/SC 14 相关技术机构国际标准目录   表 3-17

序号	技术机构	国际标准号	标准名称（英文）	标准名称（中文）	出版物类型	发布日期
1	ISO/TC 251	ISO 55000：2014	Asset management – Overview, principles and terminology	资产管理 概述，原则和术语	IS	2014.01
2	ISO/TC 251	ISO 55001：2014	Asset management – Management systems – Requirements	资产管理 管理系统 要求	IS	2014.01
3	ISO/TC 251	ISO 55002：2018	Asset management – Management systems – Guidelines for the application of ISO 55001	资产管理 管理系统 ISO 55001 应用指南	IS	2018.11

3.5 住宅性能描述的框架（TC 59/SC 15）

3.5.1 基本情况

分技术委员会名称：住宅性能描述的框架（Framework for the description of housing performance）

分技术委员会编号：ISO TC 59/SC 15

成立时间：1997 年

秘书处：日本工业标准委员会（JISC）

主席：Prof Satoshi Kose（任期至 2022 年）

委员会经理：Mr Masayuki Hoshino

国内技术对口单位：中国建筑标准设计研究院有限公司

网址：https://www.iso.org/committee/

3.5.2 工作范围

TC 59/SC 15 主要开展建筑领域的标准化，侧重于性能描述和要求、用户要求以及评估建筑和住宅解决方案的方法，包括但不限于：

• 结构安全；

• 结构可服务性；

• 结构耐久性；

• 防火；

• 运行能耗；

- 可访问性和可用性；
- 可持续性。

不包括：

- 特定目的所需的值的确定。

3.5.3 组织架构

TC 59/SC 15 目前由 2 个工作组组成，组织架构如图 3.5 所示。

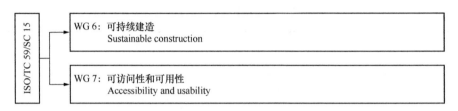

图 3.5 TC 59/SC 15 组织架构

3.5.4 相关技术机构

TC 59/SC 15 相关技术机构信息如表 3-18 所示。

ISO/TC 59/SC 15 相关技术机构 表 3-18

序号	技术机构	技术机构名称	工作范围
1	ISO/TC 165	木结构（Timber structures）	见第 11 章

3.5.5 工作开展情况

TC 59/SC 15 的主要工作范围是住宅（house），一般为不高于 3 层的独栋房屋或连排住宅的性能要求，主要参与编制了 15928 住宅性能描述系列标准，SC15 重点关注性能描述和需求、用户需求，以及建筑评估和住宅解决方案的方法，包括但不限于结构安全、结构使用性、结构耐久性、防火安全、运行能耗、无障碍和可用性、可持续性，不包括特定目标要求的数值的确定。

"住宅—性能描述"标准的目的是确定描述住宅性能的方法。每个标准与一种属性有关。这些标准未规定性能的水准，也不提出设计方法和/或设计准则。所以，此标准的目的是提出一个标准化的系统，用来拟定对性能的描述（也就是确定性能要求/性能水准，或是评估住宅产品）。根据此标准提供的系统，各个国家可以用标准化的术语描述他们的要求，制造商/供应商也可以用同样的方式描述他们的产品性能，予以响应。

3.5.6 ISO/TC 59/SC 15 国际标准目录

ISO/TC 59/SC 15 目前已发布国际标准 6 项，在编国际标准 1 项，标准详细信息如表 3-19、表 3-20 所示。

ISO/TC 59/SC 15 已发布国际标准目录　　　　　　　　表 3-19

序号	技术机构	国际标准号	标准名称（英文）	标准名称（中文）	出版物类型	发布日期
1	TC 59/SC 15	ISO 9836：2017	Performance standards in building – Definition and calculation of area and space indicators	建筑性能标准　面积和空间指标的定义和计算	IS	2017.09
2	TC 59/SC 15	ISO 11863：2011	Buildings and building-related facilities – Functional and user requirements and performance – Tools for assessment and comparison	建筑物和建筑物相关设施　功能和用户要求和性能　评价和比较用工具	IS	2011.07
3	TC 59/SC 15	ISO 15928-4：2017	Houses – Description of performance – Part 4：Fire safety	住宅　性能描述　第4部分：消防安全	IS	2017.07
4	TC 59/SC 15	ISO 15928-5：2013	Houses – Description of performance – Part 5：Operating energy	住宅　性能描述　第5部分：运行能耗	IS	2013.01
5	TC 59/SC 15	ISO 15928-7：2021	Houses – Description of performance – Part 7：Accessibility and usability	住宅　性能描述　第7部分：可访问性和可用性	IS	2021.06
6	TC 59/SC 15	ISO 19208：2016	Framework for specifying performance in buildings	建筑指定性能框架	IS	2016.11

ISO/TC 59/SC 15 在编国际标准目录　　　　　　　　表 3-20

序号	技术机构	国际标准号	标准名称（英文）	标准名称（中文）	出版物类型
1	TC 59/SC 15	ISO/FDIS 15928-6	Houses – Description of performance – Part 6：Contribution to sustainable development	住宅　性能描述　第6部分：对可持续发展的贡献	IS

3.6　建筑环境的可访问性和可用性（TC 59/SC 16）

3.6.1　基本情况

分技术委员会名称：建筑环境的可访问性和可用性（Accessibility and usability of the built environment）

分技术委员会编号：ISO/ TC 59/SC 16

成立时间：2001 年

秘书处：西班牙标准（UNE）

主席：Ms Tatiana Alemán Selva（任期至 2027 年）

委员会经理：Mr Steffen Jenkel

国内技术对口单位：中国建筑标准设计研究院有限公司

网址：https：//www. iso. org/committee/291991. html

3.6.2 工作范围

TC 59/SC 16 主要开展建筑环境中无障碍和可用性的标准化，以确保可用于最广泛的人群。

3.6.3 组织架构

TC 59/SC 16 目前由 2 个工作组组成，组织架构如图 3.6 所示。

图 3.6　TC 59/SC 16 组织架构

3.6.4 相关技术机构

TC 59/SC 16 相关技术机构信息如表 3-21 所示。

ISO/TC 59/SC 16 相关技术机构　　　　　　　　　　　表 3-21

序号	技术机构	技术机构名称	工作范围
1	ISO/TC 92/SC 4	防火安全工程（Fire safety engineering）	暂无
2	ISO/TC 145	图形符号（Graphical symbols）	主要开展图形符号以及颜色和形状的标准化，这些元素构成符号作为要传达的信息的一部分，例如安全标志。建立图形符号的准备、协调和应用的原则。负责审查和协调已经存在的、正在研究的和将要确定的项目
3	ISO/TC 145/SC 1	公共信息图形符号（Public information symbols）	暂无
4	ISO/TC 145/SC 2	安全识别、标志、形状、符号和颜色（Safety identification, signs, shapes, symbols and colours）	暂无
5	ISO/TC 159/SC 5	自然环境的工效学（Ergonomics of the physical environment）	暂无
6	ISO/TC 173	残疾人用的技术装置和辅助器（Assistive products）	主要开展辅助产品和相关服务领域的标准化，以帮助行动能力下降的人
7	ISO/TC 173/SC 7	感官功能受损人士辅助产品（Assistive products for persons with impaired sensory functions）	主要开展协助感官功能受损人士活动和社会参与的辅助产品的标准化
8	ISO/TC 178	电梯、自动扶梯和旅客运送机（Lifts, escalators and moving walks）	主要开展电梯、自动扶梯和旅客运送机的标准化
9	ISO/TC 205	建筑环境设计（Building environment design）	见第 13 章

3.6.5 工作开展情况

TC 59/SC 16 目前仅编制发布了一本标准，下一步将继续该标准的维护和修订开展相关工作。

根据 SC 16 在 2015 年的决议，预进行复审修编。ISO 21542：2011 规定了在建筑环境方面的构件、组件和配件中的部件的建议和要求的范围。这些要求与正常进入或紧急疏散建筑、建筑中的环路和出入口的构件相关，也对建筑中无障碍管理方面进行了规定。ISO 21542：2011 包含了在一般场地上从建筑群之间或场地边界的外部环境进入建筑或建筑群的通道。本规范不包括外部环境的构件，例如公共开放空间，其的功能是独立的，且与建筑使用无关，同时也不包括独栋住宅。

3.6.6 ISO/TC 59/SC 16 国际标准目录

ISO/TC 59/SC 16 目前已发布国际标准 1 项，在编国际标准 1 项，相关技术机构国际标准 7 项，标准详细信息如表 3-22～表 3-24 所示。

ISO/TC 59/SC 16 已发布国际标准目录 表 3-22

序号	技术机构	国际标准号	标准名称（英文）	标准名称（中文）	出版物类型	发布日期
1	TC 59/SC 16	ISO 21542：2021	Building construction – Accessibility and usability of the built environment	房屋建筑 建筑环境的可访问性和可用性	IS	2021.06

ISO/TC 59/SC 16 在编国际标准目录 表 3-23

序号	技术机构	国际标准号	标准名称（英文）	标准名称（中文）	出版物类型
1	TC 59/SC 16	ISO/WD 5727	Accessibility and usability of the built environment – Accessibility of immovable culturalheritage – General criteria and methodology for intervention	建筑环境的可访问性和可用性 不可移动文化遗产的可访问性 介入的一般准则和方法	IS

ISO/TC 59/SC 16 相关技术机构国际标准目录 表 3-24

序号	技术机构	国际标准号	标准名称（英文）	标准名称（中文）	出版物类型	发布日期
1	TC 92	ISO 13943：2017	Fire safety – Vocabulary	防火安全 术语	IS	2017.07
2	TC 145	ISO 17724：2003	Graphical symbols – Vocabulary	地理信息 概念模式语言图形符号 词汇	IS	2003.08
3	TC 145/SC 1	ISO 7001：2007	Graphical symbols – Public information symbols	图形符号 公共信息符号	IS	2007.11
4	TC 145/SC 2	ISO 7010：2019	Graphical symbols – Safety colours and safety signs – Registered safety signs	图形符号 安全颜色和安全标志 注册安全标志	IS	2019.07
5	TC 159/SC 5	ISO 28803：2012	Ergonomics of the physical environment – Application of International Standards to people with special requirements	物理环境工效学 对有特殊要求的人应用国际标准	IS	2012.03

序号	技术机构	国际标准号	标准名称（英文）	标准名称（中文）	出版物类型	发布日期
6	TC 173	ISO 16201：2006	Technical aids for persons with disability – Environmental control systems for daily living	残疾人技术辅助　日常生活环境控制系统	IS	2016.10
7	TC 178	ISO 9589：1994	Escalators – Building dimensions	自动扶梯　建筑尺寸	IS	1994.11

3.7　建筑和土木工程的可持续性（TC 59/SC 17）

3.7.1　基本情况

分技术委员会名称：建筑和土木工程的可持续性（Sustainability in buildings and civil engineering works）

分技术委员会编号：ISO/ TC 59/SC 17

成立时间：2002 年

秘书处：法国标准化协会（AFNOR）

主席：M Philippe Osset（任期至 2023 年）

委员会经理：Mme Karine Dari

国内技术对口单位：中国建筑标准设计研究院有限公司

网址：https：//www. iso. org/committee/322621. html

3.7.2　工作范围

TC 59/SC 17 主要开展建筑环境可持续性领域的标准化。适当地包括可持续性的环境、经济和社会方面。

3.7.3　组织架构

TC 59/SC 17 目前由 4 个工作组组成，组织架构如图 3.7 所示。

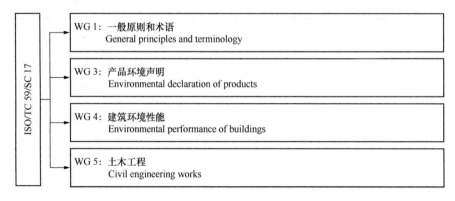

图 3.7　TC 59/SC 17 组织架构

3.7.4 相关技术机构

TC 59/SC 17 相关技术机构信息如表 3-25 所示。

ISO/ TC 59/SC 17 相关技术机构   表 3-25

序号	技术机构	技术机构名称	工作范围
1	ISO/TC 43/SC 2	建筑声学（Building acoustics）	暂无
2	ISO/TC 71/SC 8	混凝土和混凝土结构的环境管理（Environmental management for concrete and concrete structures）	见第 4.8 节
3	ISO/TC 163	建筑环境中的热性能和能源使用（Thermal performance and energy use in the built environment）	主要开展以下内容的标准化：建筑和土木工程领域材料、产品、部件、元件和系统的热湿性能，包括新建和既有建筑；建筑和工业应用的保温材料、产品和系统，包括建筑安装设备的保温
4	ISO/TC 189	瓷砖（Ceramic tile）	主要开展用于地板覆盖物和墙面的瓷砖的标准化
5	ISO/TC 205	建筑物环境设计（Building environment design）	见第 13 章
6	ISO/TC 207	环境管理（Environmental management）	主要开展环境管理领域的标准化，以处理环境和气候影响，包括有关的社会和经济方面，以支持可持续发展。不包括污染物的测试方法，设定环境性能限值和等级，以及产品的标准化
7	ISO/TC 207/SC 3	环境标签（Environmental labelling）	主要开展环境、通信领域产品的物品和服务的标准化，包括有关方案和核查程序的标准化、环境标签和声明，这些标签和声明通过质量特征或一个或多个定量参数来描述产品
8	ISO/TC 207/SC 5	生命周期评定（Life cycle assessment）	主要开展产品和组织生命周期评估领域的标准化及相关环境管理工具。包括基于生命周期的资源效率和生态效率评估
9	ISO/TC 207/SC 7	温室气体管理及相关活动（Greenhouse gas management and related activities）	主要开展温室气体排放管理的标准化，以适应气候变化的影响，支持可持续发展
10	ISO/TC 219	铺地物（Floor coverings）	主要开展纺织品、弹性地板和强化地板的标准化，不包括木材、陶瓷、水磨石、混凝土和架空式地板
11	ISO/TC 268	社区可持续发展（Sustainable cities and communities）	主要开展可持续城市和社区领域的标准化，将包括制定与实现可持续发展有关的要求、框架、指导和支持技术及工具，同时考虑到智能性和韧性，以帮助所有城市和社区及其在农村和城镇地区的相关利益团体变得更加可持续。 注：TC 268 将通过其标准化工作为联合国可持续发展目标做出贡献
12	ISO/TC 268/SC 1	城市智能基础设施计量（Smart community infrastructures）	见第 16 章

序号	技术机构	技术机构名称	工作范围
13	ISO/TC 323	循环经济（Circular economy）	主要在循环经济标准化领域制定框架、指导、配套工具和要求，对所有参与的组织实施活动，最大限度地促进可持续发展

3.7.5 工作开展情况

TC 59/SC 17 致力于可持续的术语、一般原则、产品环境声明和碳排放计量的方法和报告等方面的内容，未来将更多地考虑社会影响方面，将建筑的可持续性的 3 个方面逐步完善。

进入 21 世纪以来，温室气体排放正在成为国际社会普遍关注的焦点，在全球温室气体排放总量中，建筑和建筑业大约占了 1/3。建筑的运行能耗占去了建筑全生命周期总耗能的 80%～90%，因此，对建筑全生命周期直接和间接温室气体排放的计量和报告，应重点放在运营阶段上。此前，基于这些背景，ISO 决定开发编制一套针对建筑运营阶段碳排放计量、报告和核证的国际标准，该标准制定的目的是：通过提供建筑碳排放指标的测量、报告和核证的相关方法学和统一要求，来建立一个全球通用的测量与报告既有建筑温室气体排放（和消除）的方法。

ISO16745 旨在方便所有利益相关者（不仅仅是建筑行业），利用建筑的碳排放指标来作商务决策的商人，使用指标来制定政策的政府官员，或者将指标定为评判基准时，均可以使用本标准。其主要设定意义为：碳政策制定的参考、碳交易衡量的指标、碳排放管理的基准。

ISO16745 适用范围，主要从温室气体类型和计量对象两个方面阐述，在温室气体类型方面，ISO16745-1：2017 将计量范围类型分为 3 种：CM1（只计量建筑直接能耗引起的碳排放）、CM2（计量建筑直接能耗、使用者相关能耗引起的碳排放）、CM3（计量建筑直接能耗、使用者相关能耗引起的碳排放，以及建筑运营中产生的其他温室气体，如建筑清洗、修缮、翻新等带来的直接和间接碳排放，以及建筑制冷剂造成的温室气体排放）。对于一个目标建筑，可根据具体使用情况出相应类型的报告。在计量对象方面，ISO16745-1：2017 规定适用范围包括既有的单体居住或商业建筑，以及商业综合体，但不适宜于引入到整个国家或地区建筑市场中。

ISO 16745：2015 颁布后，就在欧洲得到了广泛的推介，英国、德国、北欧四国等国家率先将其作为一项新的国际标准引入本国家，英国将其转为自己的国家标准 BS ISO 16745：2015。国际标准组织为我们创造了模板，并且已经被欧洲不少国家学习和引进，愿我们可以从国际标准 ISO16745 汲取更多的启示，早日制定出适合中国实情的建筑碳排放计量标准。

3.7.6 ISO/TC 59/SC 17 国际标准目录

ISO/TC 59/SC 17 目前已发布国际标准 12 项，在编国际标准 4 项，相关技术机构国际标准 47 项，标准详细信息如表 3-26～表 3-28 所示。

ISO/TC 59/SC 17 已发布国际标准目录　　　　　　　　　表 3-26

序号	技术机构	国际标准号	标准名称（英文）	标准名称（中文）	出版物类型	发布日期
1	TC 59 / SC 17	ISO/TS 12720： 2014	Sustainability in buildings and civil engineering works – Guidelines on the application of the general principles in ISO 15392	建筑和土木工程的可持续性在 ISO15392 中一般原则的应用指南	TS	2014.04
2	TC 59 / SC 17	ISO 20887： 2020	Sustainability in buildings and civil engineering works – Design for disassembly and adaptability – Principles, requirements and guidance	建筑物和土木工程的可持续性 可拆卸和适应性设计 原则、要求和指南	IS	2020.01
3	TC 59 / SC 17	ISO 21678	Sustainability in buildings and civil engineering works – Indicators and benchmarks – Principles, requirements and guidelines	建筑物和土木工程的可持续性 指标和基准 原则、要求和指南	IS	2020.06
4	TC 59 / SC 17	ISO 21929-1： 2011	Sustainability in building construction – Sustainability indicators – Part 1: Framework for the development of indicators and a core set of indicators for buildings	房屋建筑的可持续性 可持续性指标 第 1 部分：建筑用指标的开发框架和建筑核心指标	IS	2011.11
5	TC 59 / SC 17	ISO/TS 21929-2： 2015	Sustainability in building construction – Sustainability indicators – Part 2: Framework for the development of indicators for civil engineering works	房屋建筑的可持续性 可持续性指标 第 2 部分：土木工程指标开发框架	IS	2015.03
6	TC 59 / SC 17	ISO 21930： 2017	Sustainability in buildings and civil engineering works – Core rules for environmental product declarations of construction products and services	建筑和土木工程可持续性 建筑产品及服务环境声明的核心要求	IS	2017.07
7	TC 59 / SC 17	ISO 21931-1： 2010	Sustainability in building construction – Framework for methods of assessment of the environmental performance of construction works – Part 1: Buildings	房屋建筑的可持续性 建筑工程环境性能评定方法的框架 第 1 部分：建筑物	IS	2010.06
8	TC 59 / SC 17	ISO/TR 21932： 2013	Sustainability in buildings and civil engineering works – A review of terminology	建筑和土木工程的可持续性 术语	TR	2013.11
9	TC 59 / SC 17	ISO 16745-1： 2017	Sustainability in buildings and civil engineering works – Carbon metric of an existing building during use stage – Part 1: Calculation, reporting and communication	建筑和土木工程可持续性 既有建筑使用阶段的碳计量 第一部分：计算、报告和沟通	IS	2017.05
10	TC 59 / SC 17	ISO 16745-2： 2017	Sustainability in buildings and civil engineering works – Carbon metric of an existing building during use stage – Part 2: Verification	建筑和土木工程可持续性 既有建筑使用阶段的碳计量 第二部分：检验	IS	2017.05

续表

序号	技术机构	国际标准号	标准名称（英文）	标准名称（中文）	出版物类型	发布日期
11	TC 59 / SC 17	ISO 15392： 2019	Sustainability in buildings and civil engineering works – General principles	建筑和土木工程可持续性总则	IS	2019.12
12	TC 59 / SC 17	ISO 21931-2： 2019	Sustainability in buildings and civil engineering works – Framework for methods of assessment of the environmental，social and economic performance of construction works as a basis for sustainability assessment – Part 2：Civil engineering works	建筑和土木工程可持续性 建筑工程的环境，社会和经济绩效评估方法框架，作为可持续性评估的基础 第2部分：土木工程	IS	2019.05

ISO/TC 59/SC 17 在编国际标准（ISO）目录　　　　表 3-27

序号	技术机构	国际标准号	标准名称（英文）	标准名称（中文）	出版物类型	发布日期
1	TC 59 / SC 17	ISO/CD 21928-2	Sustainability in buildings and civil engineering works – Sustainability indicators – Part 2：Framework for the development of indicators for civil engineering works	建筑物和土木工程的可持续性 可持续性指标 第2部分：土木工程指标的制定框架	IS	
2	TC 59 / SC 17	ISO/FDIS 21931-1	Sustainability in building construction – Framework for methods of assessment of the environmental performance of construction works – Part 1：Buildings	房屋建筑的可持续性 建筑工程环境性能评定方法的框架 第1部分：建筑物	IS	
3	TC 59 / SC 17	ISO 22057	Enabling use of Environmental Product Declarations（EPD）at construction works level using building information modelling（BIM）	在建筑工程层面利用建筑资讯模型（BIM）使用环境产品声明（环保署）	IS	
4	ISO/TC 59/ SC 17	ISO/AWI TS 12720	Sustainability in buildings and civil engineering works – Guidelines on the application of the general principles in ISO 15392	建筑和土木工程的可持续性 在 ISO 15392 中一般原则的应用指南	TS	

ISO/TC 59/SC 17 相关技术机构国际标准目录　　　　表 3-28

序号	技术机构	国际标准号	标准名称（英文）	标准名称（中文）	出版物类型	发布日期
1	ISO/TC 43/SC2	ISO 354： 2003	Acoustics – Measurement of sound absorption in a reverberation room	声学 混响室内吸声的测量	IS	2003.05
2	ISO/TC 43/SC2	ISO 717-1： 2013	Acoustics – Rating of sound insulation in buildings and of building elements – Part 1：Airborne sound insulation	声学 建筑物和建筑物构件的隔声等级 第1部分：空气声隔声	IS	2013.03

序号	技术机构	国际标准号	标准名称（英文）	标准名称（中文）	出版物类型	发布日期
3	ISO/TC 43/SC 2	ISO 717-2：2013	Acoustics – Rating of sound insulation in buildings and of building elements – Part 2：Impact sound insulation	声学 建筑物和建筑物构件的隔声等级 第2部分：冲击隔音	IS	2013.03
4	ISO/TC 43/SC 2	ISO 3382-1：2009	Acoustics – Measurement of room acoustic parameters – Part 1：Performance spaces	声学 房间声学参数的测量 第1部分：空间性能	IS	2009.06
5	ISO/TC 43/SC 2	ISO 3382-2：2008	Acoustics – Measurement of room acoustic parameters – Part 2：Reverberation time in ordinary rooms	声学 房间声学参数的测量 第2部分：普通房间的混响时间	IS	2008.06
6	ISO/TC 43/SC 2	ISO 3382-2：2008/COR 1：2009	Acoustics – Measurement of room acoustic parameters – Part 2：Reverberation time in ordinary rooms – Technical Corrigendum 1	声学 房间声学参数的测量 第2部分：普通房间的混响时间。技术勘误1	IS	2009.04
7	ISO/TC 43/SC 2	ISO 3382-3：2012	Acoustics – Measurement of room acoustic parameters – Part 3：Open plan offices	声学 房间声学参数的测量 第3部分：开放式办公室	IS	2012.01
8	ISO/TC 43/SC 2	ISO 3822-1：1999	Acoustics – Laboratory tests on noise emission from appliances and equipment used in water supply installations – Part 1：Method of measurement	声学 供水装置用器具和设备的噪声排放的实验室试验 第1部分：测量方法	IS	1999.05
9	ISO/TC 43/SC 2	ISO 3822-1：1999/AMD 1：2008	Acoustics – Laboratory tests on noise emission from appliances and equipment used in water supply installations – Part 1：Method of measurement – Amendment 1：Measurement uncertainty	声学 供水装置用器具和设备的噪声排放的实验室试验 第1部分：测量方法 修改件1：测量不确定度	IS	2008.12
10	ISO/TC 43/SC 2	ISO 3822-2：1995	Acoustics – Laboratory tests on noise emission from appliances and equipment used in water supply installations – Part 2：Mounting and operating conditions for draw-off taps and mixing valves	声学 供水装置用器具和设备的噪声排放的实验室试验 第2部分：抽头和混水阀的安装和操作条件	IS	1995.12
11	ISO/TC 43/SC 2	ISO 3822-3：2018	Acoustics – Laboratory tests on noise emission from appliances and equipment used in water supply installations – Part 3：Mounting and operating conditions for in-line valves and appliances	声学 供水装置用器具和设备的噪声排放的实验室试验 第3部分：线阀门和器具的安装和操作条件	IS	2018.01

续表

序号	技术机构	国际标准号	标准名称（英文）	标准名称（中文）	出版物类型	发布日期
12	ISO/TC 43/SC 2	ISO 3822-4：1997	Acoustics – Laboratory tests on noise emission from appliances and equipment used in water supply installations – Part 4：Mounting and operating conditions for special appliances	声学 供水装置用器具和设备的噪声排放的实验室试验 第4部分：特殊器具的安装和操作条件	IS	1997.02
13	ISO/TC 43/SC 2	ISO 9052-1：1989	Acoustics – Determination of dynamic stiffness – Part 1：Materials used under floating floors in dwellings	声学 动态刚度的测定 第1部分：住宅浮动地板下使用的材料	IS	1989.02
14	ISO/TC 43/SC 2	ISO 9053-1：2018	Acoustics – Determination of airflow resistance – Part 1：Static airflow method	声学 气流阻力的测定 第1部分：静态气流法	IS	2018.01
15	ISO/TC 43/SC 2	ISO 10052：2004	Acoustics – Field measurements of airborne and impact sound insulation and of service equipment sound – Survey method	声学 空气和冲击隔声和服务设备隔声的现场测量 测量方法	IS	2004.12
16	ISO/TC 43/SC 2	ISO 10053：1991	Acoustics – Measurement of office screen sound attenuation under specific laboratory conditions	声学 在特定实验室条件下办公室屏蔽声衰减的测量	IS	1991.12
17	ISO/TC 43/SC 2	ISO 10140-1：2016	Acoustics – Laboratory measurement of sound insulation of building elements – Part 1：Application rules for specific products	声学 建筑构件隔声的实验室测量 第1部分：特殊产品的应用规则	IS	2016.08
18	ISO/TC 43/SC 2	ISO 10140-2：2010	Acoustics – Laboratory measurement of sound insulation of building elements – Part 2：Measurement of airborne sound insulation	声学 建筑构件隔声的实验室测量 第2部分：空气隔声的测量	IS	2010.09
19	ISO/TC 43/SC 2	ISO 10140-3：2010	Acoustics – Laboratory measurement of sound insulation of building elements – Part 3：Measurement of impact sound insulation	声学 建筑构件隔声的实验室测量 第3部分：冲击隔声的测量	IS	2010.09
20	ISO/TC 43/SC 2	ISO 10140-4：2010	Acoustics – Laboratory measurement of sound insulation of building elements – Part 4：Measurement procedures and requirements	声学 建筑构件隔声的实验室测量 第4部分：测量程序和要求	IS	2010.09
21	ISO/TC 43/SC 2	ISO 10140-5：2010	Acoustics – Laboratory measurement of sound insulation of building elements – Part 5：Requirements for test facilities and equipment	声学 建筑构件隔声的实验室测量 第5部分：试验设施和设备的要求	IS	2010.09

序号	技术机构	国际标准号	标准名称（英文）	标准名称（中文）	出版物类型	发布日期
22	ISO/TC 43/SC 2	ISO 10534-1：1996	Acoustics - Determination of sound absorption coefficient and impedance in impedance tubes - Part 1：Method using standing wave ratio	声学 阻抗管中吸声系数和阻抗的测定 第1部分：驻波比法	IS	1996.12
23	ISO/TC 43/SC 2	ISO 10534-2：1998	Acoustics - Determination of sound absorption coefficient and impedance in impedance tubes - Part 2：Transfer-function method	声学 阻抗管中吸声系数和阻抗的测定 第2部分：传递函数法	IS	1998.11
24	ISO/TC 43/SC 2	ISO 10848-1：2017	Acoustics - Laboratory and field measurement of flanking transmission for airborne，impact and building service equipment sound between adjoining rooms - Part 1：Frame document	声学 邻接房间之间空气和碰撞噪声侧向传声的实验室和场地测量 第1部分：框架文件	IS	2017.09
25	ISO/TC 43/SC 2	ISO 10848-2：2017	Acoustics - Laboratory and field measurement of flanking transmission for airborne，impact and building service equipment sound between adjoining rooms - Part 2：Application to Type B elements when the junction has a small influence	声学 邻接房间之间空气和碰撞噪声侧向传声的实验室和场地测量 第2部分：当连接处有微弱影响时对B型元件的应用	IS	2017.09
26	ISO/TC 43/SC 2	ISO 10848-3：2017	Acoustics - Laboratory and field measurement of flanking transmission for airborne，impact and building service equipment sound between adjoining rooms - Part 3：Application to Type B elements when the junction has a substantial influence	声学 邻接房间之间空气和碰撞噪声侧向传声的实验室和场地测量 第3部分：当连接点有实质性影响时对B型元件的应用	IS	2017.09
27	ISO/TC 43/SC 2	ISO 10848-4：2017	Acoustics - Laboratory and field measurement of flanking transmission for airborne，impact and building service equipment sound between adjoining rooms - Part 4：Application to junctions with at least one Type A element	声学 邻接房间之间空气和碰撞噪声侧向传声的实验室和场地测量 第4部分：至少有一个A型元件的接头的应用	IS	2017.09
28	ISO/TC 43/SC 2	ISO 11654：1997	Acoustics - Sound absorbers for use in buildings - Rating of sound absorption	声学 建筑物用吸声器 吸声等级	IS	1997.03
29	ISO/TC 43/SC 2	ISO 12354-1：2017	Building acoustics - Estimation of acoustic performance of buildings from the performance of elements - Part 1：Airborne sound insulation between rooms	建筑声学 根据构件性能评估建筑物声学性能 第1部分：各室间的空气隔声	IS	2017.07

序号	技术机构	国际标准号	标准名称（英文）	标准名称（中文）	出版物类型	发布日期
30	ISO/TC 43/SC 2	ISO 12354-2：2017	Building acoustics – Estimation of acoustic performance of buildings from the performance of elements – Part 2：Impact sound insulation between rooms	建筑声学 根据构件性能评估建筑物声学性能 第2部分：各室间冲击声隔声	IS	2017.07
31	ISO/TC 43/SC 2	ISO 12354-3：2017	Building acoustics – Estimation of acoustic performance of buildings from the performance of elements – Part 3：Airborne sound insulation against outdoor sound	建筑声学 根据构件性能评估建筑物声学性能 第3部分：室外声的空气声隔声	IS	2017.07
32	ISO/TC 43/SC 2	ISO 12354-4：2017	Building acoustics – Estimation of acoustic performance of buildings from the performance of elements – Part 4：Transmission of indoor sound to the outside	建筑声学 根据构件性能评估建筑物声学性能 第4部分：室内外传声	IS	2017.07
33	ISO/TC 43/SC 2	ISO 12999-1：2020	Acoustics – Determination and application of measurement uncertainties in building acoustics – Part 1：Sound insulation	声学 建筑物声学中测量不确定度的测定和应用 第1部分：隔声	IS	2020.04
34	ISO/TC 43/SC 2	ISO 15186-1：2000	Acoustics – Measurement of sound insulation in buildings and of building elements using sound intensity – Part 1：Laboratory measurements	声学 用声强作建筑物和建筑物构件的隔声测量 第1部分：实验室测量	IS	2000.03
35	ISO/TC 43/SC 2	ISO 15186-2：2003	Acoustics – Measurement of sound insulation in buildings and of building elements using sound intensity – Part 2：Field measurements	声学 用声强作建筑物和建筑物构件的隔声测量 第2部分：场地测量	IS	2003.06
36	ISO/TC 43/SC 2	ISO 15186-3：2002	Acoustics – Measurement of sound insulation in buildings and of building elements using sound intensity – Part 3：Laboratory measurements at low frequencies	声学 用声强作建筑物和建筑物构件的隔声测量 第3部分：实验室低频测量	IS	2002.11
37	ISO/TC 43/SC 2	ISO 16032：2004	Acoustics – Measurement of sound pressure level from service equipment in buildings – Engineering method	声学 建筑物服务设备的声压级的测量 工程法	IS	2004.09
38	ISO/TC 43/SC 2	ISO 16251-1：2014	Acoustics – Laboratory measurement of the reduction of transmitted impact noise by floor coverings on a small floor mock-up – Part 1：Heavyweight compact floor	声学 在小型地板模型上用地板覆盖物降低传递冲击噪声的实验室测量 第1部分：重型紧凑地板	IS	2014.08

序号	技术机构	国际标准号	标准名称（英文）	标准名称（中文）	出版物类型	发布日期
39	ISO/TC 43/SC 2	ISO 16283-1： 2014	Acoustics – Field measurement of sound insulation in buildings and of building elements – Part 1： Airborne sound insulation	声学　建筑物和建筑物构件的隔声现场测量　第 1 部分：空气隔声	IS	2014.02
40	ISO/TC 43/SC 2	ISO 16283-1： 2014/AMD 1： 2017	Acoustics – Field measurement of sound insulation in buildings and of building elements – Part 1： Airborne sound insulation – A-mendment 1	声学　建筑物和建筑物构件的隔声现场测量　第 1 部分：空气隔声　修正件 1	IS	2017.1
41	ISO/TC 43/SC 2	ISO 16283-2： 2018	Acoustics – Field measurement of sound insulation in buildings and of building elements – Part 2： Impact sound insulation	声学　建筑物和建筑物构件的隔声现场测量　第 2 部分：冲击隔声	IS	2018.05
42	ISO/TC 43/SC 2	ISO 16283-3： 2016	Acoustics – Field measurement of sound insulation in buildings and of building elements – Part 3： Façade sound insulation	声学　建筑物和建筑物构件的隔声现场测量　第 3 部分：外立面隔声	IS	2016.02
43	ISO/TC 43/SC 2	ISO 17497-1： 2004	Acoustics – Sound-scattering properties of surfaces – Part 1： Measurement of the random-incidence scattering coefficient in a rever-beration room	声学　表面的声音散射特性第 1 部分：混响室内随机入射散射系数的测量	IS	2004.05
44	ISO/TC 43/SC 2	ISO 17497-1： 2004/AMD 1： 2014	Acoustics – Sound-scattering properties of surfaces – Part 1： Measurement of the random-incidence scattering coefficient in a rever-beration room – Amendment 1	声学　表面的声音散射特性第 1 部分：混响室内随机入射散射系数的测量　修正件 1	IS	2014.12
45	ISO/TC 43/SC 2	ISO 17497-2： 2012	Acoustics – Sound-scattering properties of surfaces – Part 2： Measurement of the directional diffusion coefficient in a free field	声学　表面的声散射特性第 2 部分：自由场中定向扩散系数的测量	IS	2012.05
46	ISO/TC 43/SC 2	ISO 18233： 2006	Acoustics – Application of new measurement methods in building and room acoustics	声学　新的测量方法在建筑和室内声学中的应用	IS	2006.06
47	ISO/TC 43/SC 2	ISO 20189： 2018	Acoustics – Screens, furniture and single objects intended for interi-or use – Rating of sound absorp-tion and sound reduction of ele-ments based on laboratory meas-urements	声学　室内用屏风、家具和单物体　基于实验室测量的元件的吸声和减声等级	IS	2018.11

3.8 工程采购（TC 59 /SC 18）

3.8.1 基本情况

分技术委员会名称：工程采购（Construction procurement）
分技术委员会编号：ISO/ TC 59 /SC 18
成立时间：2015 年
秘书处：南非标准局（SABS）
主席：Dr Ron Watermeyer（任期至 2023 年）
委员会经理：Mr Gabriel Ngcobo
国内技术对口单位：中国建筑标准设计研究院有限公司
网址：https：//www.iso.org/committee/5726139.html

3.8.2 工作范围

TC 59 /SC 18 主要开展建筑工程的建造、翻新、改造、维护和拆除的采购流程、方法和程序的概念框架和特点的标准化，包括：
- 从业务案例到完成的信息流以及对经验教训的反馈；
- 资金选择、选择方法、定价方法和承包方法；
- 客户在项目交付中的角色；
- 控制框架。

不包括：
- 合同条件；
- 与工程量目录有关的计量方法；
- 项目管理；
- 物流。

3.8.3 组织架构

TC 59/SC 18 目前由 2 个工作组组成，组织架构如图 3.8 所示。

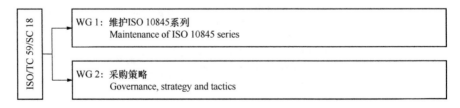

图 3.8 TC 59/SC 18 组织架构

3.8.4 相关技术机构

TC 59/SC 18 分技术委员会相关技术机构信息如表 3-29 所示。

ISO/TC 59/SC 18 相关技术机构   表 3-29

序号	技术机构编号	技术机构名称	工作范围
1	ISO/TC 59/SC 2	术语和语言的协调（Terminology and harmonization of languages）	见第 3.2 节
2	ISO/TC 59/SC 13	建筑和土木工程的信息组织和数字化，包含建筑信息模型（BIM）（Organization and digitization of information about buildings and civil engineering works, including building information modelling (BIM)）	见第 3.3 节

3.8.5 工作开展情况

TC 59/SC 18 目前仍旧致力于工程采购过程的标准化，建筑工程交付和维护的方法和程序，未来一段时间的工作重点仍然是 ISO 10845（工程采购）系列的 8 本标准的维护，并将在可持续采购方面编制新的标准。

ISO 10845-1：2010 描述了在组织内建立公正、公平、透明、极具竞争力和成本效益采购体系的过程、方法和步骤。（1）描述了可供雇主编制自身采购体系的通用采购流程；（2）为参与采购活动的雇主、代理、董事会成员和办事处负责人的采购行为制定了基本要求；（3）为雇主的采购政策及所有二级采购政策制定框架；（4）确定一般采购方法和程序，以及与处置相关的方法和程序。

ISO 10845-2：2011 就供应、服务以及工程和建筑工程主合同和分包合同确立了意向书、投标文件和合同文件的编制格式，以及采购文件的一般编制原则。

ISO 10845-3：2011 旨在用于与货物、服务和建筑工程相关的采购程序以及除拍卖以外的其他处置。规定了投标的标准条件，包括：
- 约束雇主和投标方，使其按照特定方式行事；
- 设立投标方行事准则，以便其所提交的投标符合招标要求；
- 向投标方公布评标标准；
- 确定雇主进行要约和承诺的方式，并向投标方提供该过程的必要结果反馈的方式。

ISO 10845-4：2011 旨在用于与货物、服务和建筑工程相关的采购程序中以及除拍卖外的其他某些处置。设定了意向书标准条件，包括：
- 约束雇主和有意向人员，使其按照特定方式行事；
- 设立有意向人员行事准则，以便其提交符合要求的提交意见；
- 向有意向人员公布评估标准；
- 确定雇主意向书征集程序。

ISO 10845-5：2011 以合同参与目标（CPG）的形式建立与提供商品、服务或工程以及建筑工程等合同中目标企业参与相关的关键绩效指标。CPG 可用于衡量与目标企业参与相关的合同成效或确定承包商达到或超过合同履行的目标绩效水平。

ISO 10845-5：2011 规定了 2 种不同目标定位策略（目标定位策略 A 和目标定位策略 B）在合同履行中衡量、量化和验证关键绩效指标的方法。

ISO 10845-6：2011 以合同参与目标的形式建立与提供商品、服务或工程以及建筑工程等合同中合资公司目标合作伙伴的参与相关的关键绩效指标。合同参与目标可用于衡量与合资公司目标合作伙伴参与相关的合同成效或确定承包商达到或超过合同履行的目标绩效水平。

ISO 10845-6：2011 规定了 2 种不同目标定位策略（目标定位策略 A 和目标定位策略 B）衡量、量化和验证合同履行关键绩效指标的方法。

ISO 10845-7：2011 以合同参与目标（CPG）的形式建立与提供服务或工程以及建筑工程等合同中当地企业和劳工参与相关的关键绩效指标。CPG 可用于衡量与当地企业和劳工参与相关的合同成效或确定承包商达到或超过合同履行的目标绩效水平。

ISO 10845-7：2011 规定了 2 种不同目标定位策略（目标定位策略 A 和目标定位策略 B）在合同履行中衡量、量化和验证关键绩效指标的方法。

ISO 10845-8：2011 以合同参与目标（CPG）的形式建立与提供服务或工程以及建筑工程合同中目标劳工参与相关的关键绩效指标。CPG 可用于衡量与目标劳工的参与相关的合同成效或确定承包商达到或超过合同履行的目标绩效水平。

ISO 10845-8：2011 规定了 2 种不同目标定位策略（目标定位策略 A 和目标定位策略 B）在合同履行中衡量、量化和验证关键绩效指标的方法。

3.8.6 ISO/TC 59/SC 18 国际标准目录

ISO/TC 59 /SC 18 目前已发布国际标准 9 项，标准详细信息如表 3-30 所示。

ISO/TC 59/SC 18 已发布国际标准目录　　　　表 3-30

序号	技术机构	国际标准号	标准名称（英文）	标准名称（中文）	出版物类型	发布日期
1	TC 59/SC 18	ISO 10845-1：2020	Construction procurement – Part 1：Processes, methods and procedures	工程采购　第 1 部分：过程和方法	IS	2020.12
2	TC 59/SC 18	ISO 10845-2：2020	Construction procurement – Part 2：Formatting and compilation of procurement documentation	工程采购　第 2 部分：采购文件的格式与编写	IS	2020.12
3	TC 59/SC 18	ISO 10845-3：2021	Construction procurement – Part 3：Standard conditions of tender	工程采购　第 3 部分：投标的标准条件	IS	2021.07
4	TC 59/SC 18	ISO 10845-4：2021	Construction procurement – Part 4：Standard conditions for the calling for expressions of interest	工程采购　第 4 部分：招标标准条件	IS	2021.07
5	TC 59/SC 18	ISO 10845-5：2011	Construction procurement – Part 5：Participation of targeted enterprises in contracts	工程采购　第 5 部分：合同中目标企业的参与	IS	2011.01
6	TC 59/SC 18	ISO 10845-6：2011	Construction procurement – Part 6：Participation of targeted partners in joint ventures in contracts	工程采购　第 6 部分：合同中合资公司的目标合作伙伴参与	IS	2011.01
7	TC 59/SC 18	ISO 10845-7：2011	Construction procurement – Part 7：Participation of local enterprises and labour in contracts	工程采购　第 7 部分：合同中当地企业和劳工参与	IS	2011.01

续表

序号	技术机构	国际标准号	标准名称（英文）	标准名称（中文）	出版物类型	发布日期
8	TC 59/SC 18	ISO 10845-8：2011	Construction procurement－Part 8：Participation of targeted labour in contracts	工程采购　第8部分：合同中目标劳工的参与	IS	2011.01
9	TC 59/SC 18	ISO 22058：2022	Construction procurement- guidance on the development of strategy and tactics	工程采购-战略和策略发展指南	IS	2022.02

3.9　装配式建筑（TC 59 /SC 19）

3.9.1　基本情况

分技术委员会名称：装配式建筑（Prefabricated building）

分技术委员会编号：ISO/TC 59 /SC 19

成立时间：2021年

秘书处：中国国家标准化管理委员会（SAC）

主席：Mr Boyue YIN（任期至2026年）

委员会经理：Mr Binhui LIN

国内技术对口单位：中国建筑标准设计研究院有限公司

网址：https：//www.iso.org/committee/5726139.html

3.9.2　工作范围

TC 59/SC 19主要开展装配式建筑领域的标准化，包括：

• 一般术语；

• 装配式建筑设计的基本原理，包括一体化设计、工业生产与一体化装饰；

• 装配式建筑构件和连接件几何和性能的一般要求；

• 装配式建筑施工安装的一般要求，包括吊装工艺和施工工艺。

3.9.3　组织架构

暂无。

3.9.4　相关技术机构

暂无。

3.9.5　工作开展情况

暂无。

3.9.6 ISO/TC 59/SC 19 国际标准目录

暂无。

4 混凝土、钢筋混凝土和预应力混凝土（TC 71）

TC71技术委员会主要开展混凝土技术以及混凝土、钢筋混凝土和预应力混凝土结构的设计和施工技术的国际标准化工作，包括7个分技术委员会（SC），我国行业主管部门为住房和城乡建设部。

4.1 混凝土、钢筋混凝土和预应力混凝土（TC 71）

4.1.1 基本情况

技术委员会名称：混凝土、钢筋混凝土和预应力混凝土（Concrete, reinforced concrete and pre-stressed concrete）

技术委员会编号：ISO/TC 71

成立时间：1949年

秘书处：日本工业标准委员会（JISC）

主席：Dr Tamon Ueda（任期至2026年）

委员会经理：Dr Hiroshi Yokota

国内技术对口单位：中国建筑科学研究院有限公司

网址：https://www.iso.org/committee/49898.html

4.1.2 工作范围

TC 71主要开展混凝土技术以及混凝土、钢筋混凝土和预应力混凝土结构的设计和施工技术的标准化工作，以保证在质量和降低成本方面持续发展进步；还包括相关术语、定义及试验方法的技术标准化工作，以促进研究工作的国际交流。

4.1.3 组织架构

TC 71目前由7个分技术委员会和1个主席咨询小组、2个工作组组成，组织架构如图4.1所示。

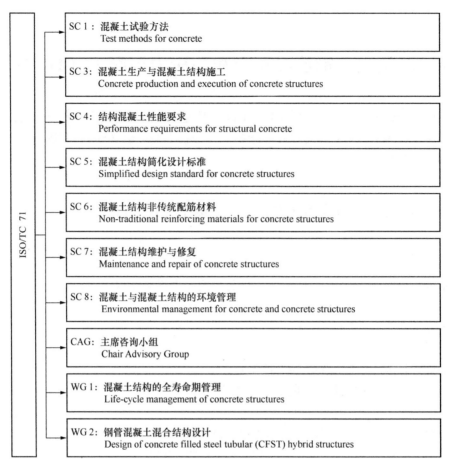

图 4.1 ISO/TC 71 组织架构

4.1.4 相关技术机构

ISO/TC 71 相关技术机构信息见表 4-1。其中，序号 1~7 是与本委员会联络的技术机构（可获取本委员会的技术文件），序号 6 是本委员会的联络技术机构（本委员会可获取对方的技术文件）。

ISO/TC 71 相关技术机构   表 4-1

序号	技术机构	技术机构名称	工作范围
1	ISO/TC 35/SC 15	防护涂层：混凝土表面处理和涂料施工（Protective coatings: concrete surface preparation and coating application）	主要开展适用于以混凝土为基底的保护涂层的标准化工作
2	ISO/TC 59/SC 14	设计年限（Design life）	见第 3.4 节
3	ISO/TC 74	水泥与石灰（Cement and lime）	主要开展建筑施工和工程中使用的各种水泥和石灰的标准化工作
4	ISO/TC 92	防火安全（Fire safety）	主要开展评估方法的标准化，包括火灾危险以及对生命和财产的火灾风险，设计、材料、建筑材料、产品和部件对消防安全的贡献等

序号	技术机构	技术机构名称	工作范围
5	ISO/TC 98	结构设计基础（Bases for design of structures）	见第 6 章
6	ISO/TC 156/SC 1	腐蚀控制工程生命周期（Corrosion control engineering life cycle）	主要开展腐蚀控制工程生命周期的标准化，包括腐蚀控制工程生命周期的术语和定义、一般要求和评估
7	ISO/TC 167	钢和铝结构（Steel and aluminium structures）	主要开展应用于建筑、土木工程和相关结构中的结构用钢和铝合金的标准化，包括钢和铝结构的设计、制造和安装的要求，以及材料、结构部件和连接

4.1.5 工作开展情况

ISO/TC 71 及其分技术委员会目前已发布标准 70 项，正在编制标准 20 项，其中由 TC 71 直接负责的标准是现行的 ISO 22040：2021《混凝土结构全生命期管理》。TC 71 技术委员会及其分技术委员会负责开展覆盖混凝土结构全生命周期的材料、设计、施工、维护与修复、环境管理的标准化工作。

TC 71 国内对口标准化技术委员会为全国混凝土标准化技术委员会（SAC/TC 458）；国内技术对口单位为中国建筑科学研究院有限公司。其中，中国建筑科学研究院有限公司建筑材料研究所负责 SC 01/SC 03 的技术对口单位工作，中国建筑科学研究院有限公司建筑结构研究所负责 SC 04/SC 05/SC 06/SC 07/SC 08 的技术对口单位工作。

TC 71 及其分技术委员会国内技术对口单位一直致力于混凝土、钢筋混凝土和预应力混凝土领域 ISO 标准的技术交流和文化传播工作，切实履行积极成员国义务。在完成 TC 71 各年度的工作方面，主要有如下内容：

（1）组织和征集国内相关领域专家，包括但不限于全国混凝土标准化技术委员会、中国土木工程学会混凝土及预应力混凝土分会、中国工程建设标准化协会混凝土结构专业委员会等委员专家的意见，做好各类投票活动。

（2）在混凝土相关行业中广泛征集参加 TC71 技术委员会年会意向，组成中国专家团参加 TC 71 的年会活动。参会期间，中国代表团参与了混凝土相关行业领域国际标准化相关工作，达到了预期目的。

（3）中国（SAC）主导 ISO 标准制修订项目的管理工作。近年来申请承担多本标准的主导制修订工作：标准 ISO 23945《Test Methods for Sprayed Concrete-Part 1：Setting Time of Cement Paste Containing Flash Setting Accelerating Admixtures-Setting Time》制订项目于 2019 年 3 月 11 日注册登记，由我国王子明教授担任 TC 71/SC1/WG 3 工作组召集人；标准 ISO 12439：2010《Mixing water for concrete》修订项目于 2021 年 8 月 4 日注册登记，由我国史才军教授担任工作组召集人；于 2021 年 12 月提交标准提案《Design standard of concrete-filled steel tubular (CFST) hybrid structures》，由我国韩林海教授担任 TC 71/WG 2 工作组召集人。

为深入参与本领域的国际标准化活动，助力实现我国的标准国家化战略目标，未来工

作重点和发展方向如下:

(1) 加快本技术委员会国际标准与我国相关标准的转化或借鉴:在深入分析国内混凝土领域先进技术和成熟经验的基础上,针对国际标准空白领域,提出新技术工作领域提案,推进国际标准新工作项目的立项工作;跟踪研究国际标准文件,结合国内技术发展与市场需求,落实确定引入转化国际标准目录。

(2) 发展和培育人才队伍:召集一批标准化工作经验丰富,具备良好英文沟通能力的国内专家承担国际标准化的具体工作,包括参加国际标准工作组,参与或主持国际标准制修订工作等。

(3) 加强国际交流和合作,通过出访参加国际交流会议、承办标准国际化活动,获取有关国际标准化发展动向的资料和信息,进一步构建合作交流长效机制。

4.1.6 ISO/TC 71 国际标准目录

ISO/TC 71 目前已发布国际标准(包含 SC)共 70 项,其中直接管理 1 项,在编国际标准(包含 SC)共 20 项,均由 SC 进行管理,相关技术机构国际标准 10 项,标准详细信息如表 4-2、表 4-3 所示。

ISO/TC 71 已发布国际标准目录　　　　　　　　　表 4-2

序号	技术机构	国际标准号	标准名称(英文)	标准名称(中文)	出版物类型	发布日期
1	TC 71	ISO 22040:2021	Life cycle management of concrete structures	混凝土结构全生命期管理	IS	2021.01

ISO/TC 71 相关技术机构国际标准目录　　　　　　　表 4-3

序号	技术机构	国际标准号	标准名称(英文)	标准名称(中文)	出版物类型	发布日期
1	TC 74	ISO 679:2009	Cement - Test methods - Determination of strength	水泥　试验方法　强度测定	IS	2009.05
2	TC 74	ISO 863:2008	Cement - Test methods - Pozzolanicity test for pozzolanic cements	水泥　试验方法　火山灰水泥的火山灰活性试验	IS	2008.12
3	TC 74	ISO 9597:2008	Cement - Test methods - Determination of setting time and soundness	水泥　试验方法　凝结时间和安定性测定	IS	2008.11
4	TC 74	ISO/TR 12389:2009	Methods of testing cement - Report of a test programme - Chemical analysis by x-ray fluorescence	混凝土试验方法　试验项目报告　X 射线荧光光谱法化学分析	TR	2009.05
5	TC 74	ISO 29581-1:2009	Cement - Test methods - Part 1: Analysis by wet chemistry	水泥　试验方法　第一部分:湿化学法分析	IS	2009.03
6	TC 74	ISO 29581-2:2010	Cement - Test methods - Part 2: Chemical analysis by X-ray fluorescence	水泥　试验方法　第二部分:X 射线荧光光谱法化学分析	IS	2010.03

序号	技术机构	国际标准号	标准名称（英文）	标准名称（中文）	出版物类型	发布日期
7	TC 74	ISO 29582-1：2009	Methods of testing cement – Determination of the heat of hydration – Part 1: Solution method	水泥测试方法 水化热测定 第一部分：溶解热法	IS	2009.07
8	TC 92	ISO 13943：2017	Fire safety – Vocabulary	防火安全 术语	IS	2017.07
9	TC 92	ISO/TR 17755：2014	Fire safety – Overview of national fire statistics practices	防火安全 国家火灾统计实例概览	TR	2014.04
10	TC 92	ISO/TS 17755-2：2020	Fire safety – Statistical data collection – Part 2: Vocabulary	防火安全 统计数据收集 第二部分：术语	TS	2020.08

4.2 混凝土试验方法（TC 71/SC 1）

4.2.1 基本情况

分技术委员会名称：混凝土试验方法（Test methods for concrete）
分技术委员会编号：ISO/TC 71/SC 1
成立时间：1981 年
秘书处：以色列标准协会（SII）
主席：Mr Yossi Sikuler（任期至 2024 年）
委员会经理：Mrs Sofya Cholostoy
国内技术对口单位：中国建筑科学研究院有限公司
网址：https：//www. iso. org/committee/49900. html

4.2.2 工作范围

TC 71/SC 1 主要负责开展混凝土试验方法的标准化工作。

4.2.3 组织架构

TC 71/SC 1 目前由 3 个工作组组成，组织架构如图 4.2 所示。

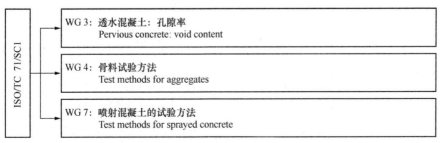

图 4.2 ISO/TC 71/SC 1 组织架构

4.2.4 相关技术机构

TC 71/SC 1 相关技术机构信息如表 4-4 所示。其中，序号 1～2 是与本委员会联络的技术机构（可获取本委员会的技术文件）。

ISO/TC 71/SC 1 相关技术机构　　　　　　　　　　　表 4-4

序号	技术机构	技术机构名称	工作范围
1	ISO/TC 33	耐火材料（Refractories）	主要开展防火行业相关原材料和制品及其性能的标准化工作
2	ISO/TC 71/SC 7	混凝土结构维护和修复（Maintenance and repair of concrete structures）	见第 4.7 节

4.2.5 工作开展情况

TC 71/SC 1 目前已发布标准 20 项，正在编制标准 5 项。这些标准的范围主要涉及混凝土原材料性能试验方法、普通混凝土的拌合物性能和物理力学性能等性能相关试验方法，以及透水混凝土等特殊混凝土的性能试验方法等。

TC 71/SC 1 国内标准的技术对口工作主要为组织国内相关领域专家完成日常投票活动、参加年会等。由 ISO/TC 71/SC 1 管理、中国主导的 ISO 标准《Test methods for sprayed concrete —Part 1：Flash setting accelerating admixtures-Setting time》目前已进入 FDIS 阶段。

4.2.6 ISO/TC 71/SC 1 国际标准目录

ISO/TC 71/SC 1 目前已发布国际标准 20 项，在编国际标准 5 项，相关技术机构国际标准 1 项，标准详细信息如表 4-5～表 4-7 所示。

ISO/TC 71/SC 1 已发布国际标准目录　　　　　　　表 4-5

序号	技术机构	国际标准号	标准名称（英文）	标准名称（中文）	出版物类型	发布日期
1	TC 71/SC 1	ISO 1920-1：2004	Testing of concrete – Part 1：Sampling of fresh concrete	混凝土试验方法 第 1 部分：新拌混凝土取样	IS	2004.06
2	TC 71/SC 1	ISO 1920-2：2016	Testing of concrete – Part 2：Properties of fresh concrete	混凝土试验方法 第 2 部分：新拌混凝土性能	IS	2016.11
3	TC 71/SC 1	ISO 1920-3：2019	Testing of concrete – Part 3：Making and curing test specimens	混凝土试验方法 第 3 部分：混凝土试件的制备与养护	IS	2019.11
4	TC 71/SC 1	ISO 1920-4：2020	Testing of concrete – Part 4：Strength of hardened concrete	混凝土试验方法 第 4 部分：硬化混凝土强度	IS	2020.01
5	TC 71/SC 1	ISO 1920-5：2018	Testing of concrete – Part 5：Density and water penetration depth	混凝土试验方法 第 5 部分：密度和渗水高度	IS	2018.06

续表

序号	技术机构	国际标准号	标准名称（英文）	标准名称（中文）	出版物类型	发布日期
6	TC 71/SC 1	ISO 1920-6：2019	Testing of concrete – Part 6：Sampling, preparing and testing of concrete cores	混凝土试验方法　第 6 部分：混凝土芯样的取样，加工和试验	IS	2019.10
7	TC 71/SC 1	ISO 1920-7：2004	Testing of concrete – Part 7：Nondestructive tests on hardened concrete	混凝土试验方法　第 7 部分：硬化混凝土无损检测	IS	2004.08
8	TC 71/SC 1	ISO 1920-8：2009	Testing of concrete – Part 8：Determination of drying shrinkage of concrete for samples prepared in the field or in the laboratory	混凝土试验方法　第 8 部分：现场或实验室混凝土试件干缩测定	IS	2009.04
9	TC 71/SC 1	ISO 1920-9：2009	Testing of concrete – Part 9：Determination of creep of concrete cylinders in compression	混凝土试验方法　第 9 部分：混凝土受压徐变测定	IS	2009.04
10	TC 71/SC 1	ISO 1920-10：2010	Testing of concrete – Part 10：Determination of static modulus of elasticity in compression	混凝土试验方法　第 10 部分：受压静弹模量测定	IS	2010.09
11	TC 71/SC 1	ISO 1920-11：2013	Testing of concrete – Part 11：Determination of the chloride resistance of concrete, unidirectional diffusion	混凝土试验方法　第 11 部分：混凝土抗氯离子测试，单项扩散法	IS	2013.05
12	TC 71/SC 1	ISO 1920-12：2015	Testing of concrete – Part 12：Determination of the carbonation resistance of concrete – Accelerated carbonation method	混凝土试验方法　第 12 部分：混凝土抗碳化测试，加速碳化法	IS	2015.05
13	TC 71/SC 1	ISO 1920-13：2018	Testing of concrete – Part 13：Properties of fresh self compacting concrete	混凝土试验方法　第 13 部分：新拌自密实混凝土性能	IS	2018.06
14	TC 71/SC 1	ISO 1920-14：2019	Testing of concrete – Part 14：Setting time of concrete mixtures by resistance to penetration	混凝土试验方法　第 14 部分：贯入阻力法测定混凝土拌合物凝结时间	IS	2019.11
15	TC 71/SC 1	ISO 17785-1：2016	Testing methods for pervious concrete – Part 1：Infiltration rate	透水混凝土试验方法　第 1 部分：透水率	IS	2016.06
16	TC 71/SC 1	ISO 17785-2：2018	Testing methods for pervious concrete – Part 2：Density and void content	透水混凝土试验方法　第 2 部分：密度和孔隙含量	IS	2018.05
17	TC 71/SC 1	ISO 20290-1：2021	Aggregates for concrete – Test methods for mechanical and physical properties – Part 1：Determination of bulk density, particle density, particle mass-per-volume and water absorption	混凝土用骨料　物理力学性能试验方法　第 1 部分：堆积密度、颗粒密度、表观密度和吸水率的测定	IS	2021.11
18	TC 71/SC 1	ISO 20290-2：2019	Aggregates for concrete – Test methods for mechanical and physical properties – Part 2：Method for determination of resistance to fragmentation by Los Angeles Test (LA-Test)	混凝土用骨料　物理力学性能试验方法　第 2 部分：洛杉矶试验（LA 法）测定磨耗	IS	2019.11

序号	技术机构	国际标准号	标准名称（英文）	标准名称（中文）	出版物类型	发布日期
19	TC 71/SC 1	ISO 20290-3：2019	Aggregates for concrete – Test methods for mechanical and physical properties – Part 3：Determination of aggregate crushing value （ACV）	混凝土用骨料　物理力学性能试验方法　第3部分：骨料压碎值测定	IS	2019.11
20	TC 71/SC 1	ISO 20290-4：2019	Aggregates for concrete – Test methods for mechanical and physical properties – Part 4：Determination of ten percent fines value （TFV）	混凝土用骨料　物理力学性能试验方法　第4部分：TFV压碎值测定	IS	2019.11

ISO/TC 71/SC 1 在编国际标准目录　　　　表 4-6

序号	技术机构	国际标准号	标准名称（英文）	标准名称（中文）	出版物类型
1	TC 71/SC 1	ISO/CD 17785-3	Testing methods for pervious concrete – Part 3：Resistance of Surface Degradation	透水混凝土试验方法 第3部分：抗表面破坏性能	IS
2	TC 71/SC 1	ISO/DIS 20290-5	Aggregates for concrete – Test methods for geometrical properties – Part 5：Determination of particle size distribution by sieving method	混凝土用骨料 物理力学性能试验方法　第5部分：筛分法测定颗粒尺寸分布	IS
3	TC 71/SC 1	* ISO/FDIS 23945-1	Test Methods for Sprayed Concrete – Part 1：Flash Setting Accelerating Admixtures - Setting Time	喷射混凝土试验方法　第1部分：速凝剂　凝结时间	IS
4	TC 71/SC 1	ISO/CD 24684-1	Aggregates for concrete – Test methods for chemical properties – Part 1：Determination of acid soluble chloride salts	混凝土用骨料　化学性能试验方法 第1部分：酸溶氯盐含量测定	IS
5	TC 71/SC 1	ISO/DIS 24684-2	Aggregates for concrete – Test methods for chemical properties – Part 2：Determination of soluble sulphate salts	混凝土用骨料　化学性能试验方法　第2部分：可溶硫酸盐含量测定	IS

注：* 表示该标准由中国提案。

ISO/TC 71/SC 1 相关技术机构国际标准目录　　　　表 4-7

序号	技术机构	国际标准号	标准名称（英文）	标准名称（中文）	出版物类型	发布日期
1	TC 33	ISO 3187：1989	Refractory products - Determination of creep in compression	耐火制品　受压徐变测定	IS	1989.06

4.3 混凝土生产和混凝土结构施工（TC 71/SC 3）

4.3.1 基本情况

分技术委员会名称：混凝土生产和混凝土结构施工（Concrete production and execution of concrete structures）

分技术委员会编号：ISO/TC 71/SC 3

成立时间：1983 年

秘书处：挪威标准协会（SN）

主席：Mr Jan Karlsen（任期至 2024 年）

委员会经理：Ms Anna Solnørdal

国内技术对口单位：中国建筑科学研究院有限公司

网址：https：//www.iso.org/committee/49906.html

4.3.2 工作范围

TC 71/SC 3 主要负责开展混凝土生产及混凝土结构建筑施工的标准化工作。

4.3.3 组织架构

TC 71/SC 3 目前由 3 个工作组组成，组织架构如图 4.3 所示。

图 4.3 TC 71/SC 3 组织架构

4.3.4 相关技术机构

暂无。

4.3.5 工作开展情况

TC 71/SC 3 目前已发布标准 11 项。这些标准的范围主要涉及混凝土原材料通用要求、混凝土生产制备技术要求、混凝土结构施工等。

TC 71/SC 3 国内标准的技术对口工作主要为组织国内相关领域专家完成日常投票活动、参加年会等。2021 年 8 月，TC 71/SC 3 决定修订 ISO 12439：2010《Mixing water for concrete》，并重启工作组 WG 3，目前由我国史才军教授担任工作组召集人，该标准由中国主导。

4.3.6 ISO/TC 71/SC 3 国际标准目录

ISO/TC 71/SC 3 目前已发布国际标准 11 项，在编国际标准 1 项，标准详细信息如表 4-8、表 4-9 所示。

ISO/TC 71/SC 3 已发布国际标准目录　　　　　　　表 4-8

序号	技术机构	国际标准号	标准名称（英文）	标准名称（中文）	出版物类型	发布日期
1	TC 71/SC 3	ISO 12439：2010	Mixing water for concrete	混凝土拌合用水	IS	2010.02
2	TC 71/SC 3	ISO 14824-1：2012	Grout for prestressing tendons - Part 1：Basic requirements	预应力筋灌浆　第 1 部分：基本要求	IS	2012.10
3	TC 71/SC 3	ISO 14824-2：2012	Grout for prestressing tendons - Part 2：Grouting procedures	预应力筋灌浆　第 2 部分：灌浆施工	IS	2012.10
4	TC 71/SC 3	ISO 14824-3：2012	Grout for prestressing tendons - Part 3：Test methods	预应力筋灌浆　第 3 部分：试验方法	IS	2012.10
5	TC 71/SC 3	ISO 16204：2012	Durability - Service life design of concrete structures	耐久性　混凝土结构服役寿命设计	IS	2012.09
6	TC 71/SC 3	ISO 19595：2017	Natural aggregates for concrete	混凝土用天然骨料	IS	2017.07
7	TC 71/SC 3	ISO 19596：2017	Admixtures for concrete	混凝土用外加剂	IS	2017.09
8	TC 71/SC 3	ISO 22904：2020	Additions for concrete	混凝土用掺合料	IS	2020.07
9	TC 71/SC 3	ISO 22965-1：2007	Concrete - Part 1：Methods of specifying and guidance for the specifier	混凝土　第 1 部分：分类方法与分类使用指南	IS	2007.04
10	TC 71/SC 3	ISO 22965-2：2007	Concrete - Part 2：Specification of constituent materials，production of concrete and compliance of concrete	混凝土　第 2 部分：原材料，混凝土生产和一致性规范	IS	2007.04
11	TC 71/SC 3	ISO 22966：2009	Execution of concrete structures	混凝土结构施工	IS	2009.11

ISO/TC 71/SC 3 在编国际标准目录　　　　　　　表 4-9

序号	技术机构	国际标准号	标准名称（英文）	标准名称（中文）	出版物类型
1	TC 71/SC 3	ISO/AWI 12439	Mixing water for concrete	混凝土拌合用水	IS

4.4 结构混凝土性能要求（TC 71/SC 4）

4.4.1 基本情况

分技术委员会名称：结构混凝土性能要求（Performance requirements for structural concrete）

分技术委员会编号：ISO/TC 71/SC 4

成立时间：1995 年

秘书处：俄罗斯联邦标准局（GOST R）

主席：Dr Dmitry Kuzevanov（任期至 2026 年）

委员会经理：Mrs Alexandra Chaltseva

国内技术对口单位：中国建筑科学研究院有限公司

网址：https：//www.iso.org/committee/49920.html

4.4.2 工作范围

TC 71/SC 4 主要开展结构混凝土、混凝土结构设计标准的性能要求相关标准化工作。

4.4.3 组织架构

TC 71/SC 4 目前由 1 个工作组组成，组织架构如图 4.4 所示。

图 4.4　TC 71/SC 4 组织架构

4.4.4 相关技术机构

TC 71/SC 4 相关机构信息如表 4-10 所示。序号 1～3 均是与本委员会联络的技术机构（可获取本委员会的技术文件）。

ISO/TC 71/SC 4 相关技术机构　　表 4-10

序号	技术机构编号	技术机构名称	工作范围
1	ISO/TC 98/SC 1	术语和符号（Terminology and symbols）	见第 6.2 节
2	ISO/TC 98/SC 2	结构可靠度（Reliability of structures）	见第 6.3 节
3	ISO/TC 98/SC 3	荷载、力和其他作用（Loads，forces and other actions）	见第 6.4 节

4.4.5 工作开展情况

TC 71/SC 4 目前的相关工作主要围绕已发布标准 ISO 19338《结构混凝土设计标准的

性能与评估要求》展开，这本标准规定了结构混凝土设计标准的性能和评估要求，可用于设计和施工要求的国际统一。

TC 71/SC 4 国内标准的技术对口工作主要为组织国内相关领域专家完成日常投票活动、参加年会等。2021年，我国专家作为工作组专家参与 ISO 19338：2014 的修订工作。

4.4.6　ISO/TC 71/SC 4 国际标准目录

ISO/TC 71/SC 4 目前已发布国际标准 1 项，标准详细信息如表 4-11 所示。

ISO/TC 71/SC 4 已发布国际标准目录

表 4-11

序号	技术机构	国际标准号	标准名称（英文）	标准名称（中文）	出版物类型	发布日期
1	TC 71/SC 4	ISO 19338：2014	Performance and assessment requirements for design standards on structural concrete	结构混凝土设计标准的性能与评估要求	IS	2014.09

4.5　混凝土结构简化设计标准（TC 71/SC 5）

4.5.1　基本情况

分技术委员会名称：混凝土结构简化设计标准（Simplified design standard for concrete structures）

分技术委员会编号：ISO/TC 71/SC 5

成立时间：1996 年

秘书处：韩国技术标准署（KATS）

主席：Dr Jongsung Sim（任期至 2026 年）

委员会经理：Mr Dong Joo Kim

国内技术对口单位：中国建筑科学研究院有限公司

网址：https：//www.iso.org/committee/49922.html

4.5.2　工作范围

TC 71/SC 5 主要负责开展混凝土结构（房屋建筑、桥梁、水池等）简化设计、抗震性能评估及修复等标准化工作。

4.5.3　组织架构

TC 71/SC 5 目前由 1 个工作组组成，组织架构如图 4.5 所示。

图 4.5　TC 71/SC 5 组织架构

4.5.4 相关技术机构

TC 71/SC 5 相关技术机构信息如表 4-12 所示。其中，序号 1～3 是与本委员会联络的技术机构（可获取本委员会的技术文件），序号 2 是本委员会的联络技术机构（本委员会可获取对方的技术文件）。

ISO/TC 71/SC 5 相关技术机构   表 4-12

序号	技术机构编号	技术机构名称	工作范围
1	ISO/TC 17/SC 16	混凝土和预应力混凝土用钢（Steels for the reinforcement and prestressing of concrete）	主要开展质量、尺寸和公差以及其他相关特性的标准化工作，适用于混凝土用钢及预应力混凝土用钢产品测试的标准化
2	ISO/TC 71/SC 7	混凝土结构维护和修复（Maintenance and repair of concrete structures）	见第 4.7 节
3	ISO/TC 98	结构设计基础（Bases for design of structures）	见第 6 章

4.5.5 工作开展情况

TC 71/SC 5 目前已发布标准 9 项。这些标准适用对象主要集中在小面积低层建筑结构、预制结构、短跨度桥梁、水池构筑物等形式的混凝土结构，对其结构设计、连接设计及相关的施工作出规定；另外，还针对混凝土建筑抗震评估与修复的简化方法作出有关规定。

TC 71/SC 5 国内标准的技术对口工作主要为组织国内相关领域专家完成日常投票活动、参加年会等；2021 年，在 TC 71/SC 5 第 20 届全体代表大会上，我国专家韩林海教授提出"钢管混凝土混合结构"的立项建议，会后，SC 5 秘书处和 TC 71 领导人针对该提案与韩教授进行多次沟通，最终确定在 TC 71 下成立新的工作组（WG）来负责该提案，由韩教授担任工作组召集人。另外，我国专家作为工作组专家参与了 ISO 18408：2019、ISO 20987：2019、ISO 28841 标准的编制工作。

4.5.6 ISO/TC 71/SC 5 国际标准目录

ISO/TC 71/SC 5 目前已发布国际标准 9 项，相关技术机构国际标准 3 项，标准详细信息如表 4-13、表 4-14 所示。

ISO/TC 71/SC 5 已发布国际标准目录   表 4-13

序号	技术机构	国际标准号	标准名称（英文）	标准名称（中文）	出版物类型	发布日期
1	TC 71/SC 5	ISO 15673：2016	Guidelines for the simplified design of structural reinforced concrete for buildings	建筑用钢筋混凝土结构简化设计指南	IS	2016.12
2	TC 71/SC 5	ISO 18407：2018	Simplified design of prestressed concrete tanks for potable water	预应力混凝土饮用水蓄水池简化设计	IS	2018.05

序号	技术机构	国际标准号	标准名称（英文）	标准名称（中文）	出版物类型	发布日期
3	TC 71/SC 5	ISO 18408：2019	Simplified structural design for reinforced concrete wall buildings	钢筋混凝土墙板建筑的简化结构设计	IS	2019.08
4	TC 71/SC 5	ISO 20987：2019	Simplified design for mechanical connections between precast concrete structural elements in buildings	建筑中预制混凝土结构构件间机械连接简化设计	IS	2019.10
5	TC 71/SC 5	ISO 21725-1：2021	Simplified design of prestressed concrete bridges－Part 1：I-girder bridges	预应力混凝土桥梁简化设计 第1部分：工字梁桥	IS	2021.11
6	TC 71/SC 5	ISO 21725-2：2021	Simplified design of prestressed concrete bridges－Part 2：Box-girder bridges	预应力混凝土桥梁简化设计 第2部分：箱梁桥	IS	2021.11
7	TC 71/SC 5	ISO 28841：2013	Guidelines for simplified seismic assessment and rehabilitation of concrete buildings	混凝土建筑抗震评估与修复简化方法指南	IS	2013.06
8	TC 71/SC 5	ISO 28842：2013	Guidelines for simplified design of reinforced concrete bridges	钢筋混凝土桥梁简化设计指南	IS	2013.06
9	TC 71/SC 5	ISO 22502：2020	Simplified design of connections of concrete claddings to concrete structures	混凝土围护结构与主体结构连接的简化设计	IS	2020.08

ISO/TC 71/SC 5 相关技术机构国际标准目录　　　　表 4-14

序号	技术机构	国际标准号	标准名称（英文）	标准名称（中文）	出版物类型	发布日期
1	TC 17/SC 16	ISO 6934-1：1991	Steel for the prestressing of concrete－Part 1：General requirements	预应力混凝土用钢 第一部分 一般要求	IS	1991.07
2	TC 17/SC 16	ISO 6935-1：2007	Steel for the reinforcement of concrete－Part 1：Plain bars	钢筋混凝土结构用钢 第一部分 光圆钢筋	IS	2007.01
3	TC 17/SC 16	ISO 6935-2：2019	Steel for the reinforcement of concrete－Part 2：Ribbed bars	钢筋混凝土结构用钢 第二部分 带肋钢筋	IS	2019.10

4.6　混凝土结构非传统配筋材料（TC 71/SC 6）

4.6.1　基本情况

分技术委员会名称：混凝土结构非传统配筋材料（Non-traditional reinforcing materials for concrete structures）

分技术委员会编号：ISO/TC 71/SC 6

成立时间：2000 年

秘书处：日本工业标准委员会（JISC）

主席：Dr Toshiyuki Kanakubo（任期至 2025 年）

委员会经理：Dr Jian-Guo Dai

国内技术对口单位：中国建筑科学研究院建筑结构研究所

网址：https：//www.iso.org/committee/259923.html

4.6.2 工作范围

TC 71/SC 6 主要开展非传统配筋材料混凝土及混凝土结构的标准化工作，主要是水泥基纤维混凝土，纤维筋、纤维条材及纤维网片配筋混凝土结构的设计、性能评估及有关试验方法标准研究与制订。

4.6.3 组织架构

TC 71/SC 6 目前由 3 个工作组组成，组织架构如图 4.6 所示。

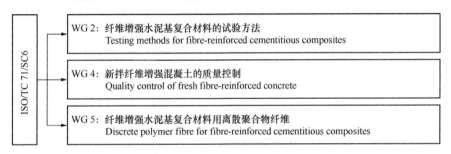

图 4.6 TC 71/SC 6 组织架构

4.6.4 相关技术机构

暂无。

4.6.5 工作开展情况

TC 71/SC 6 目前已发布标准 11 项，正在编制标准 1 项。这些标准的范围主要集中在纤维增强聚合物（FRP）、纤维增强水泥基复合材料及钢纤维增强混凝土等混凝土结构非传统配筋材料的试验方法、配料以及拌合设备的质量控制要求等。

TC 71/SC 6 分技术委员会国内标准的技术对口工作主要为组织国内相关领域专家完成日常投票活动、参加年会等。

4.6.6 ISO/TC 71/SC 6 国际标准目录

ISO/TC 71/SC 6 目前已发布国际标准 11 项，在编国际标准 1 项，标准详细信息如表 4-15、表 4-16 所示。

ISO/TC 71/SC 6 已发布国际标准目录 表 4-15

序号	技术机构	国际标准号	标准名称（英文）	标准名称（中文）	出版物类型	发布日期
1	TC 71/SC 6	ISO 10406-1：2015	Fibre-reinforced polymer（FRP）reinforcement of concrete - Test methods - Part 1：FRP bars and grids	纤维增强聚合物（FRP）混凝土配筋　试验方法　第 1 部分：纤维增强聚合物棒材和网片	IS	2015.01
2	TC 71/SC 6	ISO 10406-2：2015	Fibre-reinforced polymer（FRP）reinforcement of concrete - Test methods - Part 2：FRP sheets	纤维增强聚合物（FRP）混凝土配筋　试验方法　第 2 部分：纤维增强聚合物片材	IS	2015.01
3	TC 71/SC 6	ISO 10406-3：2019	Fibre-reinforced polymer（FRP）reinforcement of concrete - Test methods - Part 3：CFRP strips	纤维增强聚合物（FRP）混凝土配筋　试验方法　第 3 部分：碳纤维增强复合条材	IS	2019.07
4	TC 71/SC 6	ISO 14484：2020	Performance guidelines for design of concrete structures using fibre-reinforced polymer（FRP）materials	应用纤维增强聚合物（FRP）材料的混凝土结构设计性能导则	IS	2020.03
5	TC 71/SC 6	ISO 18319-2：2022	Fibre reinforced polymer（FRP）reinforcement for concrete structures - Part 2：Specifications of CFRP strips	混凝土结构用纤维增强聚合物（FRP）筋　第 2 部分：碳纤维复合条材技术规程	IS	2022.01
6	TC 71/SC 6	ISO 18319：2015	Fibre-reinforced polymer（FRP）reinforcement for concrete structures - Specifications of FRP sheets	混凝土结构用纤维增强聚合物（FRP）筋　FRP 片材技术规程	IS	2015.04
7	TC 71/SC 6	ISO 19044：2016	Test methods for fibre-reinforced cementitious composites - Load-displacement curve using notched specimen	纤维增强水泥基复合材料试验方法　采用缺口试样的荷载-位移曲线	IS	2016.11
8	TC 71/SC 6	ISO 21022：2018	Test method for fibre-reinforced cementitious composites - Load-deflection curve using circular plates	纤维增强水泥基复合材料试验方法　采用圆板的荷载-挠度曲线	IS	2018.11
9	TC 71/SC 6	ISO 21914：2019	Test methods for fibre-reinforced-cementitious composites - Bending moment - Curvature curve by four-point bending test	纤维增强水泥基复合材料试验方法　采用四点弯曲试验的弯矩-转角曲线	IS	2019.07
10	TC 71/SC 6	ISO 22873：2021	Quality control for batching and mixing steel fibre-reinforced concretes	钢纤维增强混凝土的配料及拌合质量控制	IS	2021.4
11	TC 71/SC 6	ISO 23523：2021	Test methods for discrete polymer fibre for fibre-reinforced cementitious composites	纤维增强水泥基复合材料中离散聚合物纤维试验方法	IS	2021.3

ISO/TC 71/SC 6 在编国际标准目录 表 4-16

序号	技术机构	国际标准号	标准名称（英文）	标准名称（中文）	出版物类型
1	TC 71/SC 6	ISO/AWI 18319-3	Fibre reinforced polymer（FRP）reinforcement for concrete structures – Part 3：Classification of FRP sheets	混凝土结构用纤维增强聚合物（FRP）筋 第 3 部分：FRP 片材分类	IS

4.7 混凝土结构的维护与修复（TC 71/SC 7）

4.7.1 基本情况

分技术委员会名称：混凝土结构的维护与修复（Maintenance and repair of concrete structures）

分技术委员会编号：ISO/TC 71/SC 7

成立时间：2004 年

秘书处：韩国技术标准署（KATS）

主席：Prof Manabu kanematsu（任期至 2024 年）

委员会经理：Mr Soobong Shin

国内技术对口单位：中国建筑科学研究院有限公司

网址：https：//www.iso.org/committee/359853.html

4.7.2 工作范围

TC 71/SC 7 主要开展混凝土结构维护及修复标准化工作，主要涉及维护与修复的基本原则、裂缝渗漏、地震损伤的评估与修复、修复工作的结构状态评估、设计及施工等。

4.7.3 组织架构

TC 71/SC 7 目前由 4 个工作组成，组织架构如图 4.7 所示。

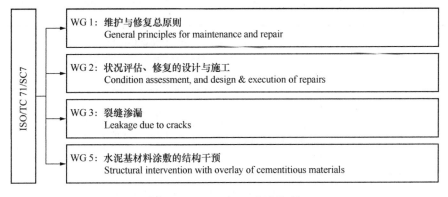

图 4.7 TC 71/SC 7 组织架构

4.7.4 相关技术机构

TC 71/SC 7 相关技术机构如表 4-17 所示。其中，序号 1～2 是与本委员会联络的技术机构（可获取本委员会的技术文件），序号 1～3 是本委员会的联络技术机构（本委员会可获取对方的技术文件）。

ISO/TC 71/SC 7 相关技术机构　　　　　表 4-17

序号	技术机构	技术机构名称	工作范围
1	ISO/TC 71/SC 1	混凝土试验方法（Test methods for concrete）	见第 4.2 节
2	ISO/TC 71/SC 5	混凝土结构简化设计标准（Simplified design standard for concrete structures）	见第 4.5 节
3	ISO/TC 35/SC 15	防护涂层：混凝土表面处理和涂装（Protective coatings: concrete surface preparation and coating application）	主要开展适用于混凝土基底的保护涂层的标准化工作。涵盖从表面预处理到已覆盖涂层固化所有方面的规范制定

4.7.5 工作开展情况

TC 71/SC 7 目前已发布标准 12 项，正在编制标准 10 项。这些标准的主要范围是混凝土结构的维护与修复、抗震评估与改造，修复材料的试验方法等。

TC 71/SC 7 国内标准的技术对口工作主要为组织国内相关领域专家完成日常投票活动、参加年会等。

4.7.6 ISO/TC 71/SC 7 国际标准目录

ISO/TC 71/SC 7 目前已发布国际标准 12 项，在编国际标准 10 项，标准详细信息如表 4-18、表 4-19 所示。

ISO/TC 71/SC 7 已发布国际标准目录　　　　　表 4-18

序号	技术机构	国际标准号	标准名称（英文）	标准名称（中文）	出版物类型	发布日期
1	TC 71/SC 7	ISO 16311-1: 2014	Maintenance and repair of concrete structures – Part 1: General principles	混凝土结构的维护与修复 第 1 部分：基本原则	IS	2014.04
2	TC 71/SC 7	ISO 16311-2: 2014	Maintenance and repair of concrete structures – Part 2: Assessment of existing concrete structures	混凝土结构的维护与修复 第 1 部分 既有混凝土结构评估	IS	2014.04
3	TC 71/SC 7	ISO 16311-3: 2014	Maintenance and repair of concrete structures – Part 3: Design of repairs and prevention	混凝土结构的维护与修复 第 3 部分 修复和预防的设计	IS	2014.04

续表

序号	技术机构	国际标准号	标准名称（英文）	标准名称（中文）	出版物类型	发布日期
4	TC 71/SC 7	ISO 16311-4：2014	Maintenance and repair of concrete structures – Part 4：Execution of repairs and prevention	混凝土结构的维护与修复 第4部分 修复和预防的施工	IS	2014.04
5	TC 71/SC 7	ISO/TR 16475：2020	General practices for the repair of water-leakage cracks in concrete structures	修复混凝土结构漏水裂缝的一般做法	TR	2020.03
6	TC 71/SC 7	ISO 16711：2021	Requirements for Seismic assessment and retrofit of concrete structures	混凝土结构的抗震评估与改造要求	IS	2021.3
7	TC 71/SC 7	ISO/TS 16774-1：2017	Test methods for repair materials for water-leakage cracks in underground concrete structures – Part 1：Test method for thermal stability	地下混凝土结构漏水裂缝修复材料的试验方法 第1部分：热稳定性试验方法	TS	2017.05
8	TC 71/SC 7	ISO/TS 16774-2：2016	Test methods for repair materials for water-leakage cracks in underground concrete structures – Part 2：Test method for chemical resistance	地下混凝土结构漏水裂缝修复材料的试验方法 第2部分：抗化学腐蚀性的试验方法	TS	2016.08
9	TC 71/SC 7	ISO/TS 16774-3：2016	Test methods for repair materials for water-leakage cracks in underground concrete structures – Part 3：Test methodfor water (wash out) resistance	地下混凝土结构漏水裂缝修复材料的试验方法 第3部分：防水（防冲刷）试验方法	TS	2016.08
10	TC 71/SC 7	ISO/TS 16774-4：2016	Test methods for repair materials for water-leakage cracks in underground concrete structures – Part 4：Test method for adhesion on wet concrete surface	地下混凝土结构漏水裂缝修复材料的试验方法 第4部分：对湿混凝土表面的附着力试验方法	TS	2016.08
11	TC 71/SC 7	ISO/TS 16774-5：2017	Test methods for repair materials for water-leakage cracks in underground concrete structures – Part 5：Test method for water-tightness	地下混凝土结构漏水裂缝修复材料的试验方法 第5部分：水密性试验方法	TS	2017.05
12	TC 71/SC 7	ISO/TS 16774-6：2017	Test methods for repair materials for water-leakage cracks in underground concrete structures – Part 6：Test method for response to the substrate movement	地下混凝土结构漏水裂缝修复材料的试验方法 第6部分：基底运动响应的试验方法	TS	2017.05

ISO/TC 71/SC 7 在编国际标准目录　　　　表 4-19

序号	技术机构	国际标准号	标准名称（英文）	标准名称（中文）	出版物类型
1	TC 71/SC 7	ISO/AWI TS 16774-1	Test methods for repair materials for water-leakage cracks in underground concrete structures – Part 1: Test method for thermal stability	地下混凝土结构漏水裂缝修复材料的试验方法　第1部分：热稳定性的试验方法	TS
2	TC 71/SC 7	ISO/WD TS 16774-2	Test methods for repair materials for water-leakage cracks in underground concrete structures – Part 2: Test method for chemical resistance	地下混凝土结构漏水裂缝修复材料的试验方法　第2部分：抗化学腐蚀性的试验方法	TS
3	TC 71/SC 7	ISO/WD TS 16774-3	Test methods for repair materials for water-leakage cracks in underground concrete structures – Part 3: Test method for water (wash out) resistance	地下混凝土结构漏水裂缝修复材料的试验方法　第3部分：防水（防冲刷）试验方法	TS
4	TC 71/SC 7	ISO/WD TS 16774-4	Test methods for repair materials for water-leakage cracks in underground concrete structures – Part 4: Test method for adhesion on wet concrete surface	地下混凝土结构漏水裂缝修复材料的试验方法　第4部分：对湿混凝土表面的附着力试验方法	TS
5	TC 71/SC 7	ISO/AWI TS 16774-5	Test methods for repair materials for water-leakage cracks in underground concrete structures – Part 5: Test method for watertightness	地下混凝土结构漏水裂缝修复材料的试验方法　第5部分：水密性试验方法	TS
6	TC 71/SC 7	ISO/AWI TS 16774-6	Test methods for repair materials for water-leakage cracks in underground concrete structures – Part 6: Test method for response to the substrate movement	地下混凝土结构漏水裂缝修复材料的试验方法　第6部分：对基质运动的响应的试验方法	TS
7	TC 71/SC 7	ISO/CD 5091-1	Guidelines for structural intervention of existing concrete structures using cement-based materials – Part 1: General principles	使用水泥基材料的既有混凝土结构干预指南　第1部分：一般原则	IS
8	TC 71/SC 7	ISO/CD 5091-2	Guidelines for structural intervention of existing concrete structures using cement-based materials – Part 2: Top-surface overlaying	使用水泥基材料的既有混凝土结构干预指南　第2部分：顶面覆盖	IS
9	TC 71/SC 7	ISO/CD 5091-3	Guidelines for structural intervention of existing concrete structures using cement-based materials – Part 3: Bottom-surface overlaying	使用水泥基材料的既有混凝土结构干预指南　第3部分：底面覆盖	IS
10	TC 71/SC 7	ISO/CD 5091-4	Guidelines for structural intervention of existing concrete structures using cement-based materials – Part 4: Jacketing	使用水泥基材料的既有混凝土结构干预指南　第4部分：外套	IS

4.8 混凝土和混凝土结构的环境管理（TC 71/SC 8）

4.8.1 基本情况

分技术委员会名称：混凝土和混凝土结构的环境管理（Environmental management for concrete and concrete structures）

分技术委员会编号：ISO/TC 71/SC 8

成立时间：2007 年

秘书处：日本工业标准委员会（JISC）

主席：Prof. Takafumi Noguchi（任期至 2023 年）

委员会经理：Dr Satoshi Fujimoto

国内技术对口单位：中国建筑科学研究院有限公司

网址：https：//www. iso. org/committee/548367. html

4.8.2 工作范围

TC 71/SC 8 主要开展混凝土和混凝土结构的环境管理的标准化工作。

4.8.3 组织架构

TC 71/SC 8 目前由 4 个工作组组成，组织架构如图 4.8 所示。

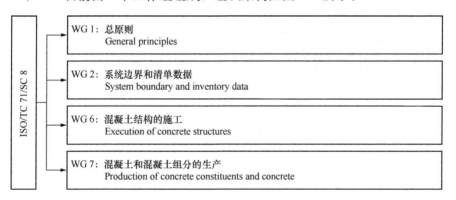

图 4.8　TC 71/SC 8 组织架构

4.8.4 相关技术机构

TC 71/SC 8 相关技术机构信息如表 4-20 所示。其中，序号 4 是与本委员会联络的技术机构（可获取本委员会的技术文件），序号 6 是本委员会的联络技术机构（本委员会可获取对方的技术文件）。

ISO/TC 71/SC 8 相关技术机构   表 4-20

序号	技术机构	技术机构名称	工作范围
1	ISO/TC 59/SC 17	建筑和土木工程的可持续性（Sustainability in buildings and civil engineering works）	见第 3.7 节
2	ISO/TC 207	环境管理（Environmental management）	主要开展环境管理领域标准化工作，以应对环境和气候影响，包括相关的社会和经济方面，支持可持续发展
3	ISO/TC 207/SC 1	环境管理系统（Environmental management systems）	主要开展环境管理系统领域的标准化工作，以支持实现可持续性
4	ISO/TC 207/SC 3	混凝土结构的生产和施工（Concrete production and execution of concrete structures）	主要开展混凝土材料生产和施工标准化工作
5	ISO/TC 146/SC 1	固定源排放（Stationary source emissions）	主要开展固定源排放方面的标准化工作
6	ISO/TC 323	循环经济（Circular economy）	主要开展循环经济领域的标准化工作，为所有相关组织开展活动制定框架、指导、支持工具和要求，以最大限度地促进可持续发展

4.8.5 工作开展情况

TC 71/SC 8 目前已发布标准 5 项，正在编制标准 3 项。这些标准的主要范围是针对环境的混凝土结构使用、针对混凝土结构的环境设计等。

TC 71/SC 8 国内标准的技术对口工作主要为组织国内相关领域专家完成日常投票活动、参加年会等。2021 年，TC 71/SC 8 启动 WG 6 工作组，我国专家作为工作组专家参加 ISO 13315-1 标准的编制工作。

4.8.6 ISO/TC 71/SC 8 国际标准目录

ISO/TC 71/SC 8 目前已发布国际标准 5 项，在编国际标准 3 项，相关技术机构国际标准 2 项，标准详细信息如表 4-21～表 4-23 所示。

ISO/TC 71/SC 8 已发布国际标准目录   表 4-21

序号	技术机构	国际标准号	标准名称（英文）	标准名称（中文）	出版物类型	发布日期
1	TC 71/SC 8	ISO 13315-1：2012	Environmental management for concrete and concrete structures - Part 1: General principles	混凝土和混凝土结构的环境管理 第 1 部分：基本原则	IS	2012.02
2	TC 71/SC 8	ISO 13315-2：2014	Environmental management for concrete and concrete structures - Part 2: System boundary and inventory data	混凝土和混凝土结构的环境管理 第 2 部分：系统边界和目录数据	IS	2014.04

序号	技术机构	国际标准号	标准名称（英文）	标准名称（中文）	出版物类型	发布日期
3	TC 71/SC 8	ISO 13315-4：2017	Environmental management for concrete and concrete structures – Part 4: Environmental design of concrete structures	混凝土和混凝土结构的环境管理 第 4 部分：环境设计和混凝土结构	IS	2017.03
4	TC 71/SC 8	ISO 13315-6：2019	Environmental management for concrete and concrete structures – Part 6: Use of concrete structures	混凝土和混凝土结构的环境管理 第 6 部分：混凝土结构的使用	IS	2019.09
5	TC 71/SC 8	ISO 13315-8：2019	Environmental management for concrete and concrete structures – Part 8: Environmental labels and declarations	混凝土和混凝土结构的环境管理 第 8 部分：环境标签和声明	IS	2019.01

ISO/TC 71/SC 8 在编国际标准目录　　　　表 4-22

序号	技术机构	国际标准号	标准名称（英文）	标准名称（中文）	出版物类型
1	TC 71/SC 8	ISO/DIS 13315-1	Environmental management for concrete and concrete structures – Part 1: General principles	混凝土和混凝土结构的环境管理 第 1 部分：原则	IS
2	TC 71/SC 8	ISO 13315-2：2014/WD AMD 1	Environmental management for concrete and concrete structures – Part 2: System boundary and inventory data – Amendment 1	混凝土和混凝土结构的环境管理 第 2 部分：系统边界和目录数据 修正案 1	IS
3	TC 71/SC 8	ISO/CD 13315-3	Environmental management for concrete and concrete structures – Part 3: Production of concrete constituents and concrete	混凝土和混凝土结构的环境管理 第 3 部分：混凝土组分和混凝土的生产	IS

ISO/TC 71/SC 8 相关技术机构国际标准目录　　　　表 4-23

序号	技术机构	国际标准号	标准名称（英文）	标准名称（中文）	出版物类型	发布日期
1	TC 207/SC 1	ISO 14001：2015	Environmental management systems – Requirements with guidance for use	环境管理系统 使用指南要求	IS	2015.09
2	TC 207/SC 3	ISO 14020：2000	Environmental labels and declarations – General principles	环境标志和声明一般原则	IS	2000.09

5 空调器和热泵的试验和评定 (TC 86/SC 6)

制冷和空气调节技术委员会（ISO/TC 86）主要开展制冷和空调领域的标准化工作，包括术语、机械安全、设备测试和定级方法、声级测量、制冷剂和制冷润滑油化学，并考虑环境保护。目前包括 5 个分技术委员会，其中 SC 6 的行业主管部门为住房和城乡建设部。本章将对 SC6 的相关工作情况进行介绍。

5.0.1 基本情况

分技术委员会名称：空调器和热泵的试验和评定（Testing and rating of air-conditioners and heat pumps）

分技术委员会编号：ISO/TC 86/SC 6

成立时间：1980 年

秘书处：日本工业标准委员会（JISC）

主席：Mr Matthias Meier（任期至 2026 年）

委员会经理：Ms Eri Ueno

国内技术对口单位：中国建筑科学研究院空气调节研究所

网址：https：//www. iso. org/committee/50376. html

5.0.2 工作范围

TC 86/SC 6 主要开展制冷和空调领域中空调器和热泵的标准化工作，包括术语、设备测试和定级方法、声级测量。范围包括组合式空调或制冷设备、热泵、热回收设备以及其他设备或组件，如其他 ISO 技术委员会不涵盖的用于空调和制冷系统的通风设备、自控设备等。

5.0.3 组织架构

TC 86/SC 6 目前由 4 个工作组和 1 个技术小组组成，组织架构如图 5.1 所示。

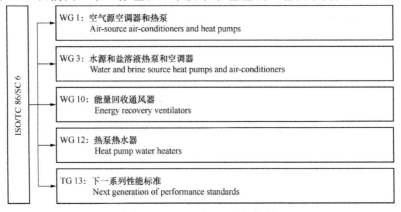

图 5.1 TC 86/SC 6 组织架构

5.0.4 相关技术机构

TC 86/SC 6 相关技术机构信息如表 5-1 所示。

ISO/TC 86/SC 6 相关技术机构   表 5-1

序号	技术机构	技术机构名称	工作范围
1	ISO/TC 43/SC 1	噪声（Noise）	主要开展噪声领域的标准化工作，包括测量方法，噪声的产生、传播和接收，以及噪声对人及其环境影响的各个方面
2	ISO/TC 47	化学（Chemistry）	主要开展一般化学工业领域的标准化工作，特别是目前在各种不同工业中所使用的基本化学产品，以及 ISO 其他技术委员会没有涉及的基本化学产品
3	ISO/TC 205	建筑环境设计（Building environment design）	见第 13 章
4	IEC/SC 59C	家用和类似用途的电热器具（Electrical heating appliances for household and similar purposes）	主要开展家用及类似用途电热器具性能测量方法的标准化工作

5.0.5 工作开展情况

TC86/SC6 的主要技术领域为空调和热泵，对口国内 SAC/TC 143 全国暖通空调和净化设备标委会中的"空调和制冷"分技术委员会（SC 4）。"热泵设备"领域国内标准的具体归口管理为全国冷冻空调设备标准化技术委员会（SAC/TC 238），秘书处设在合肥通用机械研究院。ISO 和国内对标准领域的划分并不完全一致。

中国建筑科学研究院空气调节研究所作为 TC 86/SC 6 国内技术对口单位，多年积极跟踪和参与 ISO 标准制修订工作，制订了参与、参会、参审、参编、主导 5 步走的计划。经过 10 多年中国注册专家的默默耕耘，上述目标已基本实现。截至 2022 年 6 月，ISO/TC 86/SC 6 归口管理 ISO 现行标准 26 项、在编标准 5 项。曹阳教授级高工作为注册专家，近些年作为 ISO 标准起草工作组成员实质性参编了若干项标准，作为联合项目负责人负责 1 项 ISO 标准，并作为项目负责人已提出了 3 项中国主导 ISO 标准。主导标准具体如下：第一，2020 年 8 月 21 日，ISO/TC 86/SC 6 中国主导的第 1 项国际标准立项成功：ISO 5222-1 Heat recovery ventilators and energy recovery ventilators-Testing and calculating methods for seasonal performance factor – Part 1：Sensible heating recovery seasonal performance factors of HRV《热回收和能量回收通风机 季节性能系数的测试与计算方法 第 1 部分：热回收机组供热显热回收季节性能系数》，提案单位为中国建筑科学研究院有限公司。这是我国在本领域国际标准化工作中的一个突破，为今后中国专家更广泛、更深入地参加此工作打下了良好基础。2022 年 2 月，ISO 5222-1 进入 DIS 投票阶段，将按计划于 2023 年 8 月完成。第二，2022 年 3 月 25 日，ISO/TC 86/SC 6 中国主导的第 2 项国际标准立项成功：ISO 19967-3 Heat pump water heaters-Testing and rating for performance，Part 3-Heat pump water heater of combined of hygienic hot water supply and space conditioning by cooling or heating water《热泵热水器综合性能测试与评价　第3部分：生活热水和空调冷热水联合供应热泵热水机组》，提案单位为中国建筑科学研究院有限公司和珠海格力电器股份有限公司，将按计划于2024年3月完成。第三，2022年3月29日，ISO/TC 86/SC 6中国主导的第3项国际标准开始NP投票：ISO 5222-2 Heat recovery ventilators and energy recovery ventilators-Testing and calculating methods for seasonal performance factor – Part 2：Sensible cooling recovery seasonal performance factors of HRV《热回收和能量回收通风机　季节性能系数的测试与计算方法　第2部分：热回收机组供冷显热回收季节性能系数》，提案单位为中国建筑科学研究院有限公司、珠海格力电器股份有限公司和宁波东大空调设备有限公司，NP投票将于2022年6月21日结束。

在国内相关标准的制修订过程中，《热回收新风机组》GB/T 21087的修订参考了ISO/TC 86/SC 6标准，已于2020年发布。

未来几年，将以主导编写ISO 5222-1、ISO 19967-3和ISO 5222-2为契机，逐步加强ISO/TC 86/SC 6中国注册专家队伍，加强在空调与热泵节能、清洁能源使用等方面相关的国际标准编制工作逐步加强ISO标准的实质性采标工作。通过更加积极主动地参与此方面工作，不但要继续保持中国在ISO/TC 86/SC 6中P成员国的位置，还要在专业领域施加中国技术的影响，实现中国技术作为国际标准引领的目标。

为实现上述目标，需要不断完善相应管理制度，国内技术对口单位应秉承科学、客观的态度，从维护国家利益、促进行业技术发展角度出发，严格按照国标委《参加国际标准化组织（ISO）和国际电工委员会（IEC）国际标准化活动管理办法》组织国内注册专家参与ISO标准制修订工作。为保证中国注册专家参与ISO工作的有效性，2019年国内对口技术单位制定了《中国注册专家参加ISO/TC 86/SC 6国际标准化活动管理办法》，除规定专家应履行的职责和应遵守的外事纪律、国内技术对口单位应对专家实行动态管理并定期检查工作情况外，特针对PWI标准提案进行了具体规定，以确保提案符合我国产业发展需求。

5.0.6　ISO/TC 86/SC 6国际标准目录

ISO/TC 86/SC 6目前已发布国际标准26项，在编国际标准5项，相关技术机构国际标准3项，拟制定国际标准5项，标准详细信息如表5-2～表5-5所示。

ISO/TC 86/SC 6已发布国际标准目录　　　表5-2

序号	技术机构	国际标准号	标准名称（英文）	标准名称（中文）	出版物类型	发布日期
1	TC 86/SC 6	ISO 5151：2017	Non-ducted air conditioners and heat pumps – Testing and rating for performance	非管道式空气调节器和热泵　试验和性能测定	IS	2017.07
2	TC 86/SC 6	ISO 5151：2017/ AMD 1：2020	Non-ducted air conditioners and heat pumps – Testing and rating for performance – A-mendment 1	非管道式空气调节器和热泵　试验和性能测定　修改单1	IS	2020.10

续表

序号	技术机构	国际标准号	标准名称（英文）	标准名称（中文）	出版物类型	发布日期
3	TC 86/SC 6	ISO 13253：2017	Ducted air-conditioners and air-to-air heat pumps – Testing and rating for performance	管道式空气调节器和空气 空气热泵 性能测试及评定	IS	2017.07
4	TC 86/SC 6	ISO 13253：2020/ AMD 1：2020	Ducted air-conditioners and air-to-air heat pumps – Testing and rating for performance – Amendment 1	管道式空气调节器和空气 空气热泵 性能测试及评定 修改单1	IS	2020.10
5	TC 86/SC 6	ISO 13256-1：2021	Water-source heat pumps – Testing and rating for performance – Part 1：Water-to-air and brine-to-air heat pumps	水源热泵 性能测试及评定 第1部分：水 空气和盐溶液 空气热泵	IS	2021.05
6	TC 86/SC 6	ISO 13256-2：2021	Water-source heat pumps – Testing and rating for performance – Part 2：Water-to-water and brine-to-water heat pumps	水源热泵 性能测试及评定 第2部分：水-水 和盐溶液-水热泵	IS	2021.05
7	TC 86/SC 6	ISO 13261-1：1998	Sound power rating of air-conditioning and air-source heat pump equipment – Part 1：Non-ducted outdoor equipment	空气调节器和空气源热泵设备的声功率测定 第1部分：自由送风型室外设备	IS	1998.03
8	TC 86/SC 6	ISO 13261-2：1998	Sound power rating of air-conditioning andair-source heat pump equipment – Part 2：Non-ducted indoor equipment	空气调节器和空气源热泵设备的声功率测定 第2部分：自由送风型室内设备	IS	1998.03
9	TC 86/SC 6	ISO 15042：2017	Multiple split-system air conditioners and air-to-air heat pumps – Testing and rating for performance	多联式空气调节器和空气 空气热泵 性能测试及评定	IS	2017.07
10	TC 86/SC 6	ISO 15042：2020/ AMD 1：2020	Multiple split-system air conditioners and air-to-air heat pumps – Testing and rating for performance – Amendment 1	多联式空气调节器和空气 空气热泵 性能测试及评定 修改单1	IS	2020.10
11	TC 86/SC 6	ISO 16345：2014	Water-cooling towers – Testing and rating of thermal performance	水冷却塔 热性能测试及评定	IS	2014.06
12	TC 86/SC 6	ISO 16358-1：2013	Air-cooled air conditioners and air-to-air heat pumps – Testing and calculating methods for seasonal performance factors – Part 1：Cooling seasonal performance factor	风冷式空调和气 气热泵 季节性能因素测试和计算方法 第1部分：供冷季节性能因素	IS	2013.04

序号	技术机构	国际标准号	标准名称（英文）	标准名称（中文）	出版物类型	发布日期
13	TC 86/SC 6	ISO 16358-1：2013/AMD 1：2019	Air-cooled air conditioners and air-to-air heat pumps – Testing and calculating methods for seasonal performance factors – Part 1：Cooling seasonal performance factor – Amendment 1	风冷式空调和气气热泵 季节性性能因素测试和计算方法 第1部分：供冷季节性性能因素 修改单1	IS	2019.04
14	TC 86/SC 6	ISO 16358-1：2013/Cor 1：2013	Air-cooled air conditioners and air-to-air heat pumps – Testing and calculating methods for seasonal performance factors – Part 1：Cooling seasonal performance factor – Technical Corrigendum 1	风冷式空调和气气热泵 季节性性能因素测试和计算方法 第1部分：供冷季节性性能因素 技术勘误表1	IS	2013.11
15	TC 86/SC 6	ISO 16358-2：2013	Air-cooled air conditioners and air-to-air heat pumps – Testing and calculating methods for seasonal performance factors – Part 2：Heating seasonal performance factor	风冷式空调和气气热泵 季节性性能因素测试和计算方法 第2部分：供热季节性性能因素	IS	2013.04
16	TC 86/SC 6	ISO 16358-2：2013/Cor 1：2013	Air-cooled air conditioners and air-to-air heat pumps – Testing and calculating methods for seasonal performance factors – Part 2：Heating seasonal performance factor – Technical Corrigendum 1	风冷式空调和气气热泵 季节性性能因素测试和计算方法 第2部分：供热季节性性能因素 技术勘误表1	IS	2013.11
17	TC 86/SC 6	ISO 16358-3：2013	Air-cooled air conditioners and air-to-air heat pumps – Testing and calculating methods for seasonal performance factors – Part 3：Annual performance factor	风冷式空调和气气热泵 季节性性能因素测试和计算方法 第3部分：年度性能因素	IS	2013.04
18	TC 86/SC 6	ISO/TS 16491：2012	Guidelines for the evaluation of uncertainty of measurement in air conditioner and heat pump cooling and heating capacity tests	空调和热泵制冷和供暖能力试验中测量不确定度的评价指南	TS	2012.12
19	TC 86/SC 6	ISO 16494：2014	Heat recovery ventilators and energy recovery ventilators – Method of test for performance	热回收通风机和能量回收通风机 测试性能的试验方法	IS	2014.11
20	TC 86/SC 6	ISO/TR 16494-2：2019	Heat recovery ventilators and energy recovery ventilators – Method of test for performance – Part 2：Assessment of measurement uncertainty of performance parameters	热回收通风机和能源回收通风机 测试性能的试验方法 第2部分：特性参数的测量不确定度的评估	TR	2019.03

续表

序号	技术机构	国际标准号	标准名称（英文）	标准名称（中文）	出版物类型	发布日期
21	TC 86/SC 6	ISO 18326：2018	Non-ducted portable air-cooled air conditioners and air-to-air heat pumps having a single exhaust duct – Testing and rating for performance	单风管便携式空气调节器和热泵 性能测试及评定	IS	2018.09
22	TC 86/SC 6	ISO 18326：2018/AMD 1：2021	Non-ducted portable air-cooled air conditioners and air-to-air heat pumps having a single exhaust duct – Testing and rating for performance – Amendment 1	单风管便携式空气调节器和热泵 性能测试及评定 修改单1	IS	2021.05
23	TC 86/SC 6	ISO 19967-1：2019	Heat pump water heaters – Testing and rating for performance – Part 1：Heat pump water heaters for hot water supply	热泵热水器性能测试及评定 第1部分：热水供应热泵热水器	IS	2019.03
24	TC 86/SC 6	ISO 19967-2：2019	Heat pump water heaters – Testing and rating for performance – Part 2：Heat pump water heaters for space heating	热泵热水器性能测试及评定 第2部分：空间供暖用热泵热水器	IS	2019.06
25	TC 86/SC 6	ISO 21773：2021	Method of test and characterization of performance for energy recovery components	能量回收部件特性试验方法	IS	2021.06
26	TC 86/SC 6	ISO 21978：2021	Heat pump water heaters – Testing and rating at part load conditions and calculation of seasonal performance factor	热泵热水器 部分负荷下的测评和季节特性系数的计算	IS	2021.02

注：出版物类型包括 IS（国际标准）、TS（技术规范）、TR（技术报告），以下相同。

ISO/TC 86/SC 6 在编国际标准目录　　　　　表 5-3

序号	技术机构	国际标准号	标准名称（英文）	标准名称（中文）	出版物类型
1	TC 86/SC 6	* ISO/DIS 5222-1	Heat recovery ventilators and energy recovery ventilators-Testing and calculating methods for seasonal performance factor – Part 1：Sensible heating recovery seasonal performance factors of HRV	热回收和能量回收通风机组季节性能系数的测试与计算方法 第1部分：热回收机组供热显热回收季节性能系数	IS
2	TC 86/SC 6	ISO/FDIS 16494-1	Heat recovery ventilators and energy recovery ventilators – Method of test for performance	热回收通风机和能量回收通风机 测试性能的试验方法	IS
3	TC 86/SC 6	ISO/AWI 19967-2	Heat pump water heaters – Testing and rating for performance – Part 2：Heat pump water heaters for space heating or cooling	热泵热水器性能测试及评定 第2部分：空间供暖用热泵热水器	IS

续表

序号	技术机构	国际标准号	标准名称（英文）	标准名称（中文）	出版物类型
4	TC 86/SC 6	* ISO/AWI 19967-3	Heat pump water heaters – Testing and rating for performance – Part 3：Heat pump water heater of combined of hygienic hot water supply and space conditioning by cooling or heating water	热泵热水器综合性能测试与评价 第3部分：生活热水和空调冷热水联合供应热泵热水机组	IS
5	TC 86/SC 6	ISO/CD 21978	Heat pump water heater – Testing and rating at part load conditions and calculation of seasonal coefficient of performance for space heating	热泵热水器 部分负荷下的测评和季节特性系数的计算	IS

注：* 表示该标准由中国提案。

ISO/TC 86/SC 6 相关技术机构国际标准目录　　　　表 5-4

序号	技术机构	国际标准号	标准名称（英文）	标准名称（中文）	出版物类型	发布日期
1	ISO/TC 43/SC 1	ISO 14163：1998	Acoustics – Guidelines for noise control by silencers	声学 消声器的噪声控制指南	IS	1998.10
2	ISO/TC 43/SC 1	ISO 9295：2015	Acoustics – Determination of high-frequency sound power levels emitted by machinery and equipment	声学 机械和设备发出的高频声功率级的测定	IS	2015.05
3	IEC/SC 59C	IEC 60531：1999	Household electric thermal storage room heaters – Methods for measuring performance	家用电热储热式加热器性能测量方法	IS	1999.01

ISO/TC 86/SC 6 拟制定国际标准目录　　　　表 5-5

序号	技术机构	拟制定标准名称（英文）	拟制定标准名称（中文）	备注
1	ISO/TC 86/SC 6	Water evaporative cooling air handling unit	水蒸发冷却空调机组	GB/T 30192－2013
2	ISO/TC 86/SC 6	Air-to-air heat exchanger unit for ventilation and air-conditioning	单元式通风空调用空气 空气热交换机组	GB/T 31437－2015
3	ISO/TC 86/SC 6	Thermal storage device with electrical input and thermal output	蓄热型电加热装置	GB/T 39288－2020
4	ISO/TC 86/SC 6	Absorption heat exchanger	吸收式换热器	GB/T 39286－2020
5	ISO/TC 86/SC 6	Integrated heat pump environment control unit with outdoor air	热泵型新风环境控制一体机	GB/T 40438－2021

6 结构设计基础技术委员会（TC 98）

结构设计基础技术委员会主要开展与结构设计相关的基础性要求的标准化工作，包括3个分技术委员会（SC)，行业主管部门均为住房和城乡建设部。

6.1 结构设计基础（TC 98）

6.1.1 基本情况

技术委员会名称：结构设计基础（Bases for design of structures）
技术机构编号：ISO/TC 98
成立时间：1960 年
秘书处：波兰标准化委员会（PKN）
主席：Dr Szymon Imielowski（任期至 2022 年）
委员会经理：Mrs Joanna Warszawska
国内技术对口单位：中国建筑科学研究院有限公司
网址：https：//www.iso.org/committee/50930.html

6.1.2 工作范围

TC 98 主要开展不考虑建筑材料的结构设计基础的标准化工作，包括术语和符号，荷载、力和其他作用以及变形限制。考虑和协调结构整体的基本可靠性要求（包括由钢材、石材、混凝土和木材等特定材料建造的结构），与相关技术委员会联络，制定衡量可靠性的通用方法。

6.1.3 组织架构

TC 98 目前由 3 个分技术委员会组成，组织架构如图 6.1 所示。

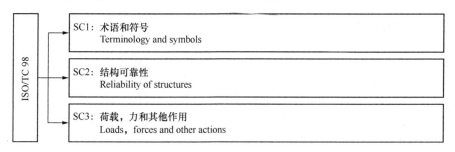

图 6.1 ISO/TC 98 组织架构

6.1.4 相关技术机构

TC 98 相关技术机构信息如表 6-1 所示。

ISO/TC 98 相关技术机构

表 6-1

序号	技术机构	技术机构名称	工作范围
1	IEC/TC 88	Wind energy generation systems（风能发电系统）	
2	ISO/TC 67	Materials, equipment and offshore structures for petroleum, petrochemical and natural gas industries（石油、石化和天然气工业的材料、设备和海上结构）	主要开展石油、石化和天然气工业中用于钻井、生产、管道运输和液体、气体碳氢化合物加工的材料、设备和海上结构的标准化
3	ISO/TC 71	Concrete, reinforced concrete and pre-stressed concrete（混凝土，钢筋混凝土和预应力混凝土）	见第 4 章
4	ISO/TC 96	Cranes（起重机）	主要开展起重机及相关设备领域的标准化，包括术语、额定荷载、测试、安全性、一般设计原则、维护、操作和荷载提升等
5	ISO/TC 108	Mechanical vibration, shock and condition monitoring（机械振动、冲击和状态监测）	主要开展振动冲击相关领域的标准化，包括：机械振动和冲击、振动和冲击对人类、机器、交通工具（空中、海洋、陆地和轨道）和固定结构的影响，以及使用多学科方法对机器和结构进行的状态监测
6	ISO/TC 165	Timber structures（木结构）	见第 11 章
7	ISO/TC 167	Steel and aluminum structures（钢和铝结构）	主要开展建筑、土木工程和相关领域的钢和铝合金结构的标准化，包括钢和铝结构的设计、制造和安装，以及材料、结构部件和连接的要求
8	ISO/TC 205	Building environment design（建筑环境设计）	见第 13 章
9	ISO/TC 221	Geosynthetics（土工合成材料）	主要开展各种土工合成材料的标准化，包括土工织物、土工膜、土工合成黏土衬垫以及其他土工合成材料的相关产品
10	ECCS	European Convention of Constructional Steelwork（欧洲钢结构协会）	—
11	FIB	International Federation for Structural Concrete（国际结构混凝土联合会）	—

6.1.5 工作开展情况

TC 98 作为结构设计领域最为重要的技术委员会之一，虽然编制的国际标准数量并不多，但大多属于结构设计领域的"顶层标准"，是各类工程结构都要加以引用和遵循的。

工程结构在设计、维护和使用方面取得的新进展，也促使 TC 98 开展了关于未来工作重点和发展方向的讨论。未来建筑的发展方向在于低能耗的环境友好建筑，这类建筑在运行过程中采用附近的可再生能源。这就要求采用全局的方法进行设计、施工和开发，TC 98 的标准也要从应对未来挑战的视角开展标准修订。

中国建筑科学研究院有限公司作为 TC 98 的国内技术对口单位，组织国内专家积极参与 TC 98 框架下国际标准的制修订和复审等工作。在国内相关标准规范制定过程中，借鉴和吸纳 TC 98 发布的国际标准的有益成分，促进中国标准国际化水平的提升。随着中国国际地位和影响力的不断提升，中国建筑科学研究院有限公司将进一步加强与 TC 98 的技术交流和工作联系，推动中国的相关标准和专家走向世界，在国际标准工作中发挥更大作用。

6.1.6　ISO/TC 98 国际标准目录

ISO/TC 98 目前已发布国际标准（包含 SC）共 21 项，均由 SC 进行管理，在编国际标准（包含 SC）共 1 项，由 SC 2 进行管理，相关技术机构国际标准 22 项，标准详细信息如表 6-2 所示。

ISO/TC 98 相关技术机构国际标准目录　　　　　表 6-2

序号	技术机构	国际标准号	标准名称（英文）	标准名称（中文）	出版物类型	发布日期
1	TC 67/SC 2	ISO 3183	Petroleum and natural gas industries – Pipeline transportation systems – Reliability-based limit state methods	石油和天然气工业　管道传输系统　基于可靠性的极限状态方法	IS	2006.04
2	TC 67/SC 7	ISO 19900	Petroleum and natural gas industries – General requirements for offshore structures	石油和天然气工业　海上结构的总要求	IS	2019.06
3	TC 67/SC 7	ISO 19901-2	Petroleum and natural gas industries – Specific requirements for offshore structures – Part 2：Seismic design procedures and criteria	石油和天然气工业　海上结构的特殊要求　抗震设计程序和标准	IS	2017.11
4	TC 67/SC 7	ISO 19901-3	Petroleum and natural gas industries – Specific requirements for offshore structures – Part 3：Topside structure	石油和天然气工业　海上结构的特殊要求	IS	2014.12
5	TC 67/SC 7	ISO 19901-4	Petroleum and natural gas industries – Specific requirements for offshore structures – Part4：Geotechnical and foundation design considerations	石油和天然气工业　海上结构的特殊要求　土工和基础设计考虑	IS	2016.07
6	TC 67/SC 7	ISO 19901-9	Petroleum and natural gas industries – Specific requirements for offshore structures – Part 9：Structural integrity management	石油和天然气工业　海上结构的特殊要求　结构整体性管理	IS	2019.07
7	TC 67/SC 7	ISO 19902	Petroleum and natural gas industries – Fixed steel offshore structures	石油和天然气工业　固定式海上钢结构	IS	2007.12
8	TC 67/SC 7	ISO 19903	Petroleum and natural gas industries – Concrete offshore structures	石油和天然气工业　海上混凝土结构	IS	2019.08
9	TC 96/SC 10	ISO 4302	Cranes – Wind load assessment	起重机-风荷载评估	IS	2016.10

序号	技术机构	国际标准号	标准名称（英文）	标准名称（中文）	出版物类型	发布日期
10	TC 96/SC 10	ISO 8686-1	Cranes – Design principles for loads and load combinations – Part 1：General	起重机　荷载与荷载组合的设计原则　第一部分：总则	IS	2012.12
11	TC 96/SC 10	ISO 11031	Cranes – Principles for seismically resistant design	起重机　抗震设计原则	IS	2016.08
12	TC 96/SC 10	ISO16881-1	Cranes-Design calculation for rail wheels and associated trolley track supporting structure – Part 1：General	起重机　轨道轮和相关触轮滑轨支撑结构的设计计算　第1部分：总则	IS	2005.05
13	TC 96/SC 10	ISO20332	Cranes – Proof of competence of steel structures	起重机　钢结构能力验证	IS	2018.11
14	TC 108/SC 2	ISO4866	Mechanical vibration and shock – Vibration of fixed structures – Guidelines for the measurement of vibrations and evaluation of their effects on structures	机械振动与冲击　固定结构的振动　结构振动及其影响评估导则	IS	2010.03
15	TC 108/SC 2	ISO14963	Mechanical vibration and shock – Guidelines for dynamic tests and investigations on bridges and viaducts	机械振动与冲击　桥和高架桥动态测试和检测导则	IS	2003.12
16	TC 108/SC 2	ISO18649	Mechanical vibration – Evaluation of measurement results from dynamic tests and investigations on bridges	机械振动　桥梁动态测试与检测结果的评估	IS	2004.07
17	TC 108/SC 2	ISO/TS 14837	Mechanical vibration – Ground-borne noise and vibration arising from rail systems – Part 31：Guideline on field measurements for the evaluation of human exposure in buildings	机械振动　轨道系统产生的地面噪声和振动　第31部分：建筑中人体振动舒适性评估的现场测量导则	IS	2017.12
18	TC 108/SC 4	ISO 2631-2	Mechanical vibration and shock – Evaluation of human exposure to whole-body vibration – Part 2：Vibration in buildings (1Hz to 80Hz)	机械振动与冲击　人体全身振动舒适性评估　第2部分：建筑振动（1Hz至80Hz）	IS	2003.04
19	TC 108/SC 4	ISO 6897	Guidelines for the evaluation of the response of occupants of fixed structures，especially buildings and off-shore structures，to low-frequency horizontal motion (0，063 to 1Hz)	固定结构特别是建筑物和海上结构的居住者对低频（0.063-1Hz）水平运动响应的评价导则	IS	1984.08
20	TC 167/SC 1	ISO 10721-1	Steel structures – Part 1：Materials and design	钢结构　第1部分：材料和设计	IS	1997.02
21	TC 167/SC 2	ISO 10721-2	Steel structures – Part 2：Fabrication and erection	钢结构　第2部分：制造和安装	IS	1999.05
22	TC 221	ISO/TS 13434	Geosynthetics – Guidelines for the assessment of durability	土工合成材料　耐久性评估导则	TS	2008.11

6.2 术语和符号（TC 98/SC 1）

6.2.1 基本情况

分技术委员会名称：术语和符号（Terminology and symbols）

分技术委员会编号：ISO/TC 98/SC 1

成立时间：1980 年

秘书处：澳大利亚标准协会（SA）

主席：Philip Blundy（任期至 2024 年）

委员会经理：Ms Aldine Ward

国内技术对口单位：中国建筑科学研究院有限公司

网址：https：//www.iso.org/committee/50936.html

6.2.2 工作范围

TC 98（Bases for design of structures，结构设计基础）主要开展不考虑建筑材料的结构设计基础的标准化工作，包括术语和符号，荷载、力和其他作用以及变形限制。SC 1 主要负责与此相关的术语和符号的标准化工作。

6.2.3 组织架构

TC 98/SC 1 暂无开展工作的工作组。

6.2.4 相关技术机构

TC 98/SC 1 相关技术机构信息如表 6-3 所示。

ISO/TC 98/SC 1 相关技术机构　　　　　　　　　　　表 6-3

序号	技术机构	技术机构名称	工作范围
1	ISO/TC 69	统计方法的应用（Applications of statistical methods）	主要开展统计方法的标准化，包括数据的生成、收集（计划和设计）、分析、展示和解释
2	ISO/TC 71/SC 4	结构混凝土性能要求（Performance requirements for structural concrete）	见第 4.4 节
3	FIB	国际结构混凝土联合会（International Federation for Structural Concrete）	—

6.2.5 工作开展情况

TC 98/SC 1 主持修订的 ISO 8930 已于 2021 年 1 月正式出版。

ISO 8930 原名称为"结构可靠性总原则　等效术语列表"，修订后名称变更更为"结构可靠性总原则　词汇"，主要内容是列举了与结构可靠性相关的术语名称，以统一 TC

98 框架下各标准中对同一物理量的不同提法。

2021 年，中国由 SC 1 的观察员国变更为积极成员国，将更多地参与 SC 1 的相关技术工作。TC 98/SC 1 将加强与欧洲标准化委员会下属技术委员会 CEN/TC 250 的联系，在双方出版物的术语词汇方面开展技术合作。

6.2.6　ISO/TC 98/SC 1 国际标准目录

ISO/TC 98/SC 1 已发布国际标准 2 项，相关技术机构国际标准 1 项，标准详细信息如表 6-4、表 6-5 所示。

ISO/TC 98/SC 1 已发布国际标准目录　　　　表 6-4

序号	技术机构	国际标准号	标准名称（英文）	标准名称（中文）	出版物类型	发布日期
1	TC 98/SC 1	ISO 3898	Bases for design of structures – Names and symbols of physical quantities and generic quantities	结构设计基础　物理量和一般量的名称和符号	IS	2013.03
2	TC 98/SC 1	ISO 8930	General principles on reliability for structures – Vocabulary	结构可靠性总原则　等效术语列表	IS	2021.01

ISO/TC 98/SC 1 相关技术机构国际标准目录　　　　表 6-5

序号	技术机构	国际标准号	标准名称（英文）	标准名称（中文）	出版物类型	发布日期
1	TC 69	ISO 3534	Statistics – Vocabulary and symbols – Part 1：General statistical terms and terms used in probability	统计　词汇和符号　第 1 部分：统计术语和概率学使用的术语	IS	2006.10

6.3　结构可靠性（TC 98/SC 2）

6.3.1　基本情况

分技术委员会名称：结构可靠性（Reliability of structures）
分技术委员会编号：ISO/TC 98/SC 2
成立时间：1980 年
秘书处：波兰标准化委员会（PKN）
主席：Dr Szymon Imielowski（任期至 2022 年）
委员会经理：Mrs Joanna Warszawska
国内技术对口单位：中国建筑科学研究院有限公司
网址：https：//www.iso.org/committee/50944.html

6.3.2 工作范围

TC 98（Bases for design of structures，结构设计基础）主要开展不考虑建筑材料的结构设计基础的标准化工作，包括术语和符号，荷载、力和其他作用以及变形限制。SC 2 主要负责与此相关的结构可靠性的标准化工作。

6.3.3 组织架构

TC 98/SC 2 目前由 2 个工作组组成，组织架构如图 6.2 所示。

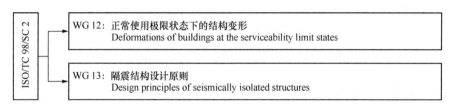

图 6.2　ISO/TC 98/SC 2 组织架构

6.3.4 相关技术机构

TC 98/SC 2 相关技术机构信息如表 6-6 所示。

ISO/TC 98/SC 2 相关技术机构　　　　表 6-6

序号	技术机构	技术机构名称	工作范围
1	ISO/TC 71/SC 4	结构混凝土性能要求（Performance requirements for structural concrete）	见第 4.4 节
2	ISO/TC 77	纤维增强水泥产品（Products in fibre reinforced cement）	主要开展纤维增强水泥和硅酸钙产品领域的标准化
3	ISO/TC 92/SC 4	消防安全工程（Fire safety engineering）	暂无
4	ISO/TC 96	起重机（Cranes）	主要开展起重机及相关设备领域的标准化，包括术语、额定荷载、测试、安全性、一般设计原则、维护、操作和荷载提升等
5	ISO/TC 108	机械振动、冲击和状态监测（Mechanical vibration, shock and condition monitoring）	主要开展振动冲击相关领域的标准化，包括：机械振动和冲击、振动和冲击对人类、机器、交通工具（空中、海洋、陆地和轨道）以及固定结构的影响，以及使用多学科方法对机器和结构进行的状态监测
6	ISO/TC 165	木结构（Timber structures）	见第 11 章
7	ISO/TC 167	钢和铝结构（Steel and aluminum structures）	主要开展建筑、土木工程和相关领域的钢和铝合金结构的标准化，包括钢和铝结构的设计、制造和安装，以及材料、结构部件和连接的要求

序号	技术机构	技术机构名称	工作范围
8	ISO/TC 59/SC 13	建筑和土木工程的信息组织和数字化，包含建筑信息模型（BIM）（Organization and digitization of information about buildings and civil engineering works, including building information modelling（BIM））	见第3.3节
9	ECCS	欧洲钢结构协会（European Convention of Constructional Steelwork）	—
10	FIB	国际结构混凝土联合会（International Federation for Structural Concrete）	—

6.3.5 工作开展情况

TC 98/SC 2目前有2本国际标准正在开展修订。

ISO 4356"结构设计基础——正常使用极限状态下建筑的位移"上一版本于1977年发布，2014年复审时2票建议废止，5票建议修订，7票确认有效，另有10票弃权。因此SC 2在当年的年会上决定选择一名召集人对该标准进行修订，并于2015年成立工作组、并任命澳大利亚的Kenny Kwok教授担任召集人对该标准进行修订。修订工作进展缓慢，Kenny Kwok教授2018年提出将修订草案转为技术报告ISO/TR 4553，并将名称修改为"正常使用极限状态下的建筑及其构件的变形和位移"。该技术报告发布后将替代原来的ISO 4356。

ISO 23618"隔震结构设计原则"由日本于2018年发起编制，SC 2成立了WG 13编制该标准。中国提名了5名专家参与工作组工作，并在2018年参加了在捷克布拉格召开的工作组会议，介绍了中国编制《建筑隔震设计标准》的内容和思路、最新基站和成熟经验，介绍了北京大兴机场、昆明机场和港珠澳大桥隔震技术的应用情况。中国专家承担了层间隔震设计、储液罐隔震设计等章节的编写工作，在标准编制工作中发挥了重要作用。

6.3.6 ISO/TC 98/SC 2 国际标准目录

ISO/TC 98/SC 2目前已发布国际标准8项，在编国际标准1项，相关技术机构国际标准1项，标准详细信息如表6-7～表6-9所示。

ISO/TC 98/SC 2 已发布国际标准目录　　　　　　　　表6-7

序号	技术机构	国际标准号	标准名称（英文）	标准名称（中文）	出版物类型	发布日期
1	TC 98/SC 2	ISO 2394	General principles on reliability for structures	结构可靠性总原则	IS	2015.03
2	TC 98/SC 2	ISO 4356	Bases for the design of structures - Deformations of buildings at the serviceability limit states	结构设计基础　正常使用极限状态下建筑的位移	IS	1977.11

续表

序号	技术机构	国际标准号	标准名称（英文）	标准名称（中文）	出版物类型	发布日期
3	TC 98/SC 2	ISO 10137	Bases for design of structures-Serviceability of buildings and walkways against vibrations	结构设计基础 振动条件下建筑和走道的适用性	IS	2007.11
4	TC 98/SC 2	ISO12491	Statistical methods for quality control of building materials and components	建筑材料和部件质量控制的统计方法	IS	1997.05
5	TC 98/SC 2	ISO 13822	Bases for design of structures - Assessment of existing structures	结构设计基础 既有结构的评定	IS	2010.08
6	TC 98/SC 2	ISO 13823	General principles on the design of structures for durability	结构耐久性设计总原则	IS	2008.06
7	TC 98/SC 2	ISO 13824	Bases for design of structures - General principles on risk assessment of systems involving structures	结构设计基础 涉及结构的系统风险评估总原则	IS	2020.03
8	TC 98/SC 2	ISO 22111	Bases for design of structures - General requirements	结构设计基础 一般要求	IS	2019.09

ISO/TC 98/SC 2 在编国际标准目录　　　　表 6-8

序号	技术机构	国际标准号	标准名称（英文）	标准名称（中文）	出版物类型
1	TC 98/SC 2	ISO/CD 23618	Design Principles of Seismically Isolated structures	隔震结构的设计原则	IS

ISO/TC 98/SC 2 相关技术机构国际标准目录　　　　表 6-9

序号	技术机构	国际标准号	标准名称（英文）	标准名称（中文）	出版物类型	发布日期
1	TC 92/SC 4	ISO 16732-1	Fire safety engineering - Fire risk assessment - Part 1: General	消防安全工程 火灾风险评估 第1部分：总则	IS	2012.02

6.4　荷载，力和其他作用（TC 98/SC 3）

6.4.1　基本情况

分技术委员会名称：荷载，力和其他作用（Loads，forces and other actions）

分技术委员会编号：ISO/TC 98/SC 3

成立时间：1980 年

秘书处：日本工业标准委员会（JISC）

主席：Professor Tsuyoshi Takada（任期至 2022 年）

委员会经理：Mr Michinori Asano

国内技术对口单位：中国建筑科学研究院有限公司

网址：https：//www.iso.org/committee/50958.html

6.4.2　工作范围

TC 98（Bases for design of structures，结构设计基础）主要开展不考虑建筑材料的结构设计基础的标准化工作，包括术语和符号，荷载、力和其他作用以及变形限制。SC 3 主要负责结构作用的标准化工作。

6.4.3　组织架构

TC 98/SC 3 暂无开展工作的工作组。

6.4.4　相关技术机构

TC 98/SC 3 相关技术机构信息如表 6-10 所示。

ISO/TC 98/SC 3 相关技术机构　　　　　表 6-10

序号	技术机构	技术机构名称	工作范围
1	ISO/TC 71/SC 4	结构混凝土性能要求（Performance requirements for structural concrete）	见第 4.4 节
2	ISO/TC 96	起重机（Cranes）	主要开展起重机及相关设备领域的标准化，包括术语、额定荷载、测试、安全性、一般设计原则、维护、操作和荷载提升等
3	FIB	国际结构混凝土联合会（International Federation for Structural Concrete）	—

6.4.5　工作开展情况

TC 98/SC 3 主持制订了 13 项国际标准，目前暂无开展工作的工作组。中国于 2011 年提名 3 位专家参与了 ISO 4355"屋面雪荷载的确定"的编制工作。

TC 98/SC 3 中有的标准较为陈旧，有待更新。但由于各国对作用的取值原则不尽相同、使用条件和自然条件千差万别，因此相关标准的修订难度较大。

6.4.6　ISO/TC 98/SC 3 国际标准目录

ISO/TC 98/SC 3 已发布国际标准 11 项，标准详细信息如表 6-11 所示。

ISO/TC 98/SC 3 已发布国际标准目录　　　　　表 6-11

序号	技术机构	国际标准号	标准名称（英文）	标准名称（中文）	出版物类型	发布日期
1	TC 98/SC 3	ISO3010：2017	Bases for design of structures – Seismic actions on structures	结构设计基础　结构的地震作用	IS	2017.03

续表

序号	技术机构	国际标准号	标准名称（英文）	标准名称（中文）	出版物类型	发布日期
2	TC 98/SC 3	ISO4354：2009	Wind actions on structures	结构风荷载	IS	2009.06
3	TC 98/SC 3	ISO4355：2013	Bases for design of structures – Determination of snow loads on roofs	结构设计基础 屋面雪荷载的确定	IS	2013.12
4	TC 98/SC 3	ISO9194：1987	Bases for design of structures – Actions due to the self-weight of structures, non-structural elements and stored materials – Density	结构设计基础 结构自重、非结构构件和储存材料的作用 密度	IS	1987.12
5	TC 98/SC 3	ISO10252：2020	Bases for design of structures – Accidental actions	结构设计基础 偶然作用	IS	2020.02
6	TC 98/SC 3	ISO11697：1995	Bases for design of structures – Loads due to bulk materials	结构设计基础 散装材料荷载	IS	1995.06
7	TC 98/SC 3	ISO12494：2017	Atmospheric icing of structures	结构的大气冰荷载	IS	2017.03
8	TC 98/SC 3	ISO/TR 12930：2014	Seismic design examples based on ISO 23469	基于 ISO 23469 的抗震设计案例	TR	2014.04
9	TC 98/SC 3	ISO 13033：2013	Bases for design of structures – Loads, forces and other actions – Seismic actions on nonstructural components for building applications	结构设计基础 荷载，力和其他作用 建筑非结构构件的地震作用	IS	2013.08
10	TC 98/SC 3	ISO 21650：2007	Actions from waves and currents on coastal structures	海岸结构的海浪和洋流作用	IS	2007.10
11	TC 98/SC 3	ISO 23469：2005	Bases for design of structures – Seismic actions for designing geotechnical works	结构设计基础 岩土工程设计时的地震作用	IS	2005.11

7 土方机械（TC 127）

土方机械技术委员会（ISO/TC 127）以满足土方机械全球标准的需求为己任。ISO/TC 127 的宗旨是制定一套完整的国际土方机械标准，用来作为世界各国的标准法规的基础。

7.1 土方机械（TC 127）

7.1.1 基本情况

技术委员会名称：国际土方机械技术委员会（Earth-moving machinery）
技术委员会编号：ISO/TC 127
成立时间：1968 年
秘书处：美国国家标准学会（ANSI）
主席：Mr Charles Crowell（任期至 2024 年）
委员会经理：Ms Sally Seitz
国内技术对口单位：天津工程机械研究院有限公司
网址：https：//www.iso.org/committee/52172.html

7.1.2 工作范围

TC 127 以满足土方机械全球标准的需求为己任。其主旨是制定一套完整的 ISO /TC 127 标准，用来作为世界各国的标准法规的基础。

主要开展土方机械领域的 ISO 标准化工作，具体包括挖掘装载机、推土机、自卸车、挖掘机、平地机、回填压实机、装载机、吊管机、压路机、铲运机、挖沟机等多类土方机械及其零部件的标准化制修订工作。

不包括：

起重机（ISO/TC 96）、建筑施工机械（ISO/TC 195）、升降工作平台（ISO/TC 214）、建筑和土木工程（ISO/TC 59）。

2019 年经 ISO 投票通过，今后土方机械领域不包括水平定向钻机（已转入 TC 195）。

7.1.3 组织架构

TC 127 目前由 4 个分技术委员会和 1 个主席咨询小组、1 个调查组、1 个调研组和 2 个工作组组成，组织架构如图 7.1 所示。

7.1.4 相关技术机构

TC 127 相关技术机构信息如表 7.1 所示。

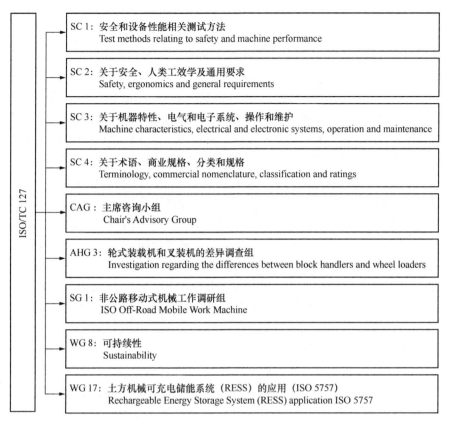

图 7.1 TC 127 组织架构

ISO/TC 127 相关技术机构   表 7-1

序号	技术机构编号	技术机构名称	工作范围
1	ISO/TC 23/SC 15	林业机械（Machinery for forestry）	主要开展林业以及灌溉和其他使用此类设备的相关领域中使用的机器，系统及其设备的标准化工作
2	ISO/TC 82	矿山机械（Mining）	主要开展有关露天矿（例如输送机、高墙采矿机、凿岩机和连续露天采矿机）中使用的专用采矿机械和设备以及用于提取固体矿物质的所有地下采矿机械和设备的规范，例如：掘进机、连续采矿机、凿岩机、高架镗床、高墙采矿机、大型运煤车、采矿螺旋钻机、RMDS（快速矿山开发系统）的标准化工作
3	ISO/TC 195	建筑施工机械（Building construction machinery and equipment）	见第 12 章

7.1.5 工作开展情况

截至目前，TC 127 土方机械技术委员会共发布 168 项正式标准及相关文件（含修正案、技术勘误）中，150 项为土方机械国际标准文本。国际标准文本中直属 TC 127 的标准 4 项；属于关于安全及机器性能的试验方法（SC 1）的标准 31 项；关于安全、人类工效学及通用要求（SC 2）的标准 63 项；关于机器特性、电气和电子系统、操作和维护（SC 3）的标准 34 项；关于术语、商业规格、分类和规格（SC 4）的标准 18 项。

TC 127 土方机械标准中涉及安全和人身健康类的标准数量最多也最为重要，集中在 SC 1 和 SC 2 总共超过 90 项，占整个标准的 60% 左右。从发展趋势来看，土方机械已由传统的机械操作全面转为电控操作，并向自动化、计算机控制、互联网远程操作的方向迈进（如 ISO 15143 工地数据交换系列标准、ISO 17757 自动机械安全系统）。随着国际土方机械领域的蓬勃发展，国际标准制修订也势必会更加快速。

早在 2012 年，全国土方机械标委会即通过和 TC 127 及其他相关组织多次协调和沟通会议，提出由中国牵头承担并负责制定"ISO 10987-2 土方机械 再制造"和"ISO 10987-3 土方机械 二手机器"2 项国际标准，并对标准起草前期做了充分的调研等技术工作，项目计划于 2014 年 10 月正式在 ISO 中央秘书处获得注册，天津工程机械研究院有限公司的标准化专家为上述 2 项国际标准项目召集人。

国际标准的制定工作历时 3 年，期间召开了 13 次国际标准工作组会议。由来自中国、美国、英国、瑞典、印度、日本和韩国等多国的标准化专家和代表共同审议。经过了预工作项目（PWI）、新工作项目（NWI）、工作组草案（WD）、委员会草案（CD）、询问草案（DIS）、最终国际标准草案（FDIS）和出版发行等 7 个阶段。

2017 年 8 月，由天津工程机械研究院有限公司组织并牵头起草，广西柳工工程机械股份有限公司、山东临工工程机械有限公司、中国龙工控股有限公司、厦门市产品质量监督检验院、厦门厦金机械股份有限公司和福建省闽旋科技股份有限公司等单位积极参与起草的 2 项国际标准 ISO 10987-2：2017 Earth-moving machinery—Sustainability—Part 2：Remanufacturing（土方机械 可持续性 第 2 部分：再制造）和 ISO 10987-3：2017Earth-moving machinery—Sustainability—Part3：Used machines《土方机械 可持续性 第 3 部分：二手机器》，由 ISO 国际标准化组织正式出版发行。

这是首次由中国牵头制定并正式出版发行的土方机械国际标准，为土方机械行业首次。这 2 项国际标准的正式发布填补了中国承担土方机械国际标准制定的空白，对中国在土方机械国际标准领域工作的深入开展，推广可持续发展的全球化进程，促进中国乃至世界土方机械再制造、二手机器等领域的发展将起到积极的促进和推动作用。

7.1.6 ISO/TC 127 国际标准目录

ISO/TC 127 目前已发布国际标准（包含 SC）共 177 项，其中直接管理 4 项，在编国际标准（包含 SC）共 17 项，均由 SC 进行管理，相关技术机构国际标准 19 项，标准详细信息如表 7-2、表 7-3 所示。

ISO/TC 127 已发布国际标准目录　　　　　表 7-2

序号	技术机构	国际标准号	标准名称（英文）	标准名称（中文）	出版物类型	发布日期
1	TC 127	ISO 10987：2012	Earth-moving machinery-Sustainability-Terminology，sustainability factors and reporting	土方机械 可持续性 术语、可持续性因素和报告	IS	2012.11
2	TC 127	* ISO 10987-2：2017	Earth-moving machinery-Sustainability-Part 2：Remanufacturing	土方机械 可持续性 第二部分：再制造	IS	2017.08
3	TC 127	* ISO 10987-3：2017	Earth-moving machinery-Sustainability-Part 3：Used machines	土方机械 可持续性 第三部分：二手机器	IS	2017.08
4	TC 127	ISO/TR 19948：2016	Earth-moving machinery-Conformity assessment and certification process	土方机械 合格评定和认证过程	TR	2016.07

注：* 表示该标准由中国提案。

ISO/TC 127 相关技术机构国际标准目录　　　　　表 7-3

序号	技术机构	国际标准号	标准名称（英文）	标准名称（中文）	出版物类型	发布日期
1	TC 23/SC 15	ISO 6814：2009	Machinery for forestry-Mobile and self-propelled forestry machinery-Terms，definitions and classification	林业机械 移动式和自行式林业机械 术语、定义和分类	IS	2009.05
2	TC 23/SC 15	ISO 8082-1：2009	Earth-moving machinery-Access systems	自行式林业机械 滚翻保护结构实验室试验和性能要求 第1部分：通用机械	IS	2009.07
3	TC 23/SC 15	ISO 8082-2：2011	Self-propelled machinery for forestry – Laboratory tests and performance requirements for roll-over protective structures – Part 2：Machines having a rotating platform with a cab and boom on the platform	自行式林业机械 滚翻保护结构实验室试验和性能要求 第2部分：回转平台上安装驾驶室和起重臂的机械	IS	2011.11
4	TC 23/SC 15	ISO 8083：2006	Machinery for forestry – Falling-object protective structures（FOPS）– Laboratory tests and performance requirements	林业机械 坠落物保护结构（FOPS）实验室测试和性能要求	IS	2006.01
5	TC 23/SC 15	ISO 8084：2003	Machinery for forestry – Operator protective structures – Laboratory tests and performance requirements	林业机械 操作员防护结构 实验室测试和性能要求	IS	2003.05
6	TC 23/SC 15	ISO 11169：1993	Machinery for forestry – Wheeled special machines – Vocabulary，performance test methods and criteria for brake systems	林业机械 轮式专用机械 词汇、性能测试方法和制动系统准则	IS	1993.06

序号	技术机构	国际标准号	标准名称（英文）	标准名称（中文）	出版物类型	发布日期
7	TC 23/SC 15	ISO 11512：1995	Machinery for forestry – Tracked special machines – Performance criteria for brake systems	林业机械 履带特种机械制动系统的性能准则	IS	1995.03
8	TC 23/SC 15	ISO 11837：2011	Machinery for forestry – Saw chain shot guarding systems – Test method and performance criteria	林业机械 锯链防弹系统 试验方法和性能准则	IS	2011.07
9	TC 23/SC 15	ISO 11839：2010	Machinery for forestry – Glazing and panel materials used in operator enclosures for protection against thrown sawteeth – Test method and performance criteria	林业机械 操作员机舱中用于防止锯齿脱落的玻璃和面板材料 试验方法和性能准则	IS	2010.09
10	TC 23/SC 15	ISO 11850：2011	Machinery for forestry – General safety requirements	林业机械 安全通用要求	IS	2011.11
11	TC 23/SC 15	ISO 13860：2016	Machinery for forestry – Forwarders – Terms, definitions and commercial specifications	林业机械 货运代理 术语、定义和商业规格	IS	2016.03
12	TC 23/SC 15	ISO 13861：2000	Machinery for forestry – Wheeled skidders – Terms, definitions and commercial specifications	林业机械 轮式打滑机术语、定义和商业规格	IS	2000.04
13	TC 23/SC 15	ISO 13862：2000	Machinery for forestry – Feller-bunchers – Terms, definitions and commercial specifications	林业机械 伐木工 术语、定义和商业规格	IS	2000.04
14	TC 23/SC 15	ISO 17591：2002	Machinery for forestry – Knuckleboom log loaders – Identification terminology, classification and component nomenclature	林业机械 肘臂式圆木装载机 识别、分类和零部件术语	IS	2002.11
15	TC 23/SC 15	ISO18564：2016	Machinery for forestry – Noise test code	林业机械 噪声测试代码	IS	2016.03
16	TC 23/SC 15	ISO 19472：2006	Machinery for forestry – Winches – Dimensions, performance and safety	林业机械 绞车 尺寸、性能和安全	IS	2006.03
17	TC 23/SC 15	ISO 21876：2020	Machinery for forestry – Saw chain shot protective windows – Test method and performance criteria	林业机械 链锯防弹窗 试验方法和性能标准	IS	2020.09
18	ISO/TC 82	ISO 18758-1：2018	Mining and earth-moving machinery – Rock drill rigs and rock reinforcement rigs – Part 1：Vocabulary	矿山机械和土方机械 凿岩机和加固凿岩机 第 1 部分：术语	IS	2018.05
19	ISO/TC 82	ISO 18758-2：2018	Mining and earth-moving machinery – Rock drill rigs and rock reinforcement rigs – Part 2：Safety requirements	矿山机械和土方机械 凿岩机和加固凿岩机 第 2 部分：安全要求	IS	2018.05

7.2 关于安全及机器性能的试验方法分技术委员会（TC 127/SC 1）

7.2.1 基本情况

分技术委员会名称：关于安全及机器性能的试验方法分技术委员会（Test methods relating to safety and machine performance）

分技术委员会编号：ISO/ TC 127/SC 1

成立时间：1981 年

秘书处：英国标准协会（BSI）

主席：Mr Jason Ong（任期至 2023 年）

委员会经理：Mr Dale Camsell

国内技术对口单位：天津工程机械研究院有限公司

网址：https：//www.iso.org/committee/52180.html

7.2.2 工作范围

TC 127/SC 1 的宗旨是制定一套完整的关于安全及机器性能试验方法的国际土方机械标准，用来作为世界各国的土方机械标准法规的基础。

7.2.3 组织架构

TC 127/SC 1 目前由 3 个工作组组成，组织架构如图 7.2 所示：

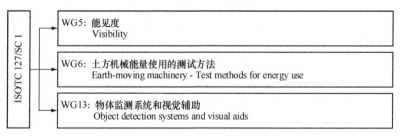

图 7.2 TC 127/SC 1 组织架构

7.2.4 相关技术机构

TC 127/SC 1 相关技术机构信息如表 7-4 所示。

ISO/TC 127/SC 1 相关技术机构 表 7-4

序号	技术机构	技术机构名称	工作范围
1	ISO/TC 23/SC 15	林业机械（Machinery for forestry）	主要开展林业以及灌溉和其他使用此类设备的相关领域中使用的机器，系统及其设备的标准化工作

7.2.5 工作开展情况

TC127/SC1 目前已发布标准 31 项，正在编制标准 2 项，相关技术机构国际标准 3 项，已转化为中国标准 28 项。这些标准的范围主要涉及安全及机器性能相关试验方法等。TC 127/SC 1 分技术委员会国内标准的技术对口工作主要为组织国内相关领域专家完成日常投票活动。

7.2.6 ISO/TC 127/SC 1 国际标准目录

ISO/TC 127/SC 1 目前已发布国际标准 31 项，在编国际标准 2 项，相关技术机构国际标准 17 项，已有 28 项国际标准转化为中国标准，标准详细信息如表 7-5～表 7-8 所示。

ISO/TC 127/SC 1 已发布国际标准目录　　　　　表 7-5

序号	技术机构	国际标准号	标准名称（英文）	标准名称（中文）	出版物类型	发布日期
1	TC 127/SC 1	ISO 5005：1977	Earth-moving machinery – Method for locating the centre of gravity	土方机械 测定重心位置的方法	IS	1977.12
2	TC 127/SC 1	ISO 5006：2017	Earth-moving machinery – Operator's field of view-Test method and performance criteria	土方机械 司机视野 试验方法和性能准则	IS	2017.04
3	TC 127/SC 1	ISO 6014：1986	Earth-moving machinery – Determination of ground speed	土方机械 行驶速度测定	IS	1986.06
4	TC 127/SC 1	ISO 6015：2006	Earth-moving machinery – Hydraulic excavators and backhoe loaders – Methods of determining tool forces	土方机械 液压挖掘机和挖掘装载机 挖掘力的测定方法	IS	2006.02
5	TC 127/SC 1	ISO 6016：2008	Earth-moving machinery – Methods of measuring the masses of whole machines, their equipment and components	土方机械 整机及其工作装置和部件的质量测量方法	IS	2008.11
6	TC 127/SC 1	ISO 6483：1980	Earth-moving machinery – Dumper bodies-Volumetric rating	土方机械 自卸车车厢容量标定	IS	1980.09
7	TC 127/SC 1	ISO 6484：1986	Earth-moving machinery – Elevating scrapers-Volumetric ratings	土方机械 升运式铲运机容量标定	IS	1986.06
8	TC 127/SC 1	ISO 6485：1980	Earth-moving machinery – Tractor-scraper – Volumetric rating	土方机械 开斗式铲运机容量标定	IS	1980.09
9	TC 127/SC 1	ISO 7451：2007	Earth-moving machinery – Volumetric ratings for hoe-type and grab-type buckets of hydraulic excavators and backhoe loaders	土方机械 液压挖掘机和挖掘装载机的反铲斗和抓铲斗 容量标定	IS	2007.05
10	TC 127/SC 1	ISO 7457：1997	Earth-moving machinery – Determination of turning dimensions of wheeled machines	土方机械 轮胎式机器转向尺寸的测定	IS	1997.12
11	TC 127/SC 1	ISO7464：1983	Earth-moving machinery – Method of test for the measurement of drawbar pull	土方机械 牵引力测试方法	IS	1983.05
12	TC 127/SC 1	ISO 7546：1983	Earth-moving machinery – Loader and front loading excavator buckets-Volumetric ratings	土方机械 装载机和正铲挖掘机的铲斗 容量标定	IS	1983.04

序号	技术机构	国际标准号	标准名称（英文）	标准名称（中文）	出版物类型	发布日期
13	TC 127/ SC 1	ISO 8643： 2017	Earth-moving machinery – Hydraulic excavator and backhoe loader lowering control device – Requirements and tests	土方机械 液压挖掘机和挖掘装载机动臂下降控制装置 要求和试验	IS	2017.02
14	TC 127/ SC 1	ISO 8813： 1992	Earth-moving machinery – Lift capacity of pipelayers and wheeled tractors or loaders equipped with side boom	土方机械 吊管机和安装侧臂的轮胎式推土机或装载机的起重量	IS	1992.02
15	TC 127/ SC 1	ISO 9246： 1988	Earth-moving machinery – Crawler and wheel tractor dozer blades-Volumetric ratings	土方机械 履带式和轮胎式推土机的推土铲容量标定	IS	1988.02
16	TC 127/ SC 1	ISO 9248： 1992	Earth-moving machinery – Units for dimensions，performance and capacities，and their measurement accuracies	土方机械 尺寸、性能和参数的单位与测量准确度	IS	1992.04
17	TC 127/ SC 1	ISO 9249： 2007	Earth-moving machinery – Engine test code-Net power	土方机械 发动机净功率试验规范	IS	2007.10
18	TC 127/ SC 1	ISO 10265： 2008	Earth-moving machinery – Crawler machines-Performance requirements and test procedures for braking systems	土方机械 履带式机器制动系统的性能要求和试验方法	IS	2008.02
19	TC 127/ SC 1	ISO 10266： 1992	Earth-moving machinery – Determination of slope limits for machine fluid systems operation-Static test method	土方机械 机器液体系统作业的坡道极限值测定 静态法	IS	1992.11
20	TC 127/ SC 1	ISO 10268： 1993	Earth-moving machinery – Retarders for dumpers and tractor-scrapers-Performance tests	土方机械 自卸车和自行式铲运机用限速器 性能试验	IS	1993.07
21	TC 127/ SC 1	ISO 10532： 1995	Earth-moving machinery – Machine-mounted retrieval device – Performance requirements	土方机械 安装在机器上的拖拽装置 性能要求	IS	1995.12
22	TC 127/ SC 1	ISO 10567： 2007	Earth-moving machinery – Hydraulic excavators – Lift capacity	土方机械 液压挖掘机起重量	IS	2007.10
23	TC 127/ SC 1	ISO 10570： 2004	Earth-moving machinery – Articulated frame lock – Performance requirements	土方机械 铰接机架锁紧装置 性能要求	IS	2004.07
24	TC 127/ SC 1	ISO 14397-1： 2007	Earth-moving machinery – Loaders and backhoe loaders – Part 1：Calculation of rated operating capacity and test method for verifying calculated tipping load	土方机械 装载机和挖掘装载机 第1部分：额定工作载荷的计算和验证倾翻载荷计算值的测试方法	IS	2007.09

序号	技术机构	国际标准号	标准名称（英文）	标准名称（中文）	出版物类型	发布日期
25	TC 127/ SC 1	ISO 14397-2： 2007	Earth-moving machinery – Loaders and backhoe loaders – Part 2：Test method for measuring breakout forces and lift capacity to maximum lift height	土方机械 装载机和挖掘装载机 第2部分：掘起力和最大提升高度提升能力的测试方法	IS	2007.09
26	TC 127/ SC 1	ISO 14401-1： 2009	Earth-moving machinery – Field of vision of surveillance and rear-view mirrors – Part 1：Test methods	土方机械 监视镜和后视镜的视野 第1部分：试验方法	IS	2009.08
27	TC 127/ SC 1	ISO 14401-2： 2009	Earth-moving machinery – Field of vision of surveillance and rear-view mirrors – Part 2：Performance criteria	土方机械 监视镜和后视镜的视野 第2部分：性能准则	IS	2009.08
28	TC 127/ SC 1	ISO 16001： 2017	Earth-moving machinery – Hazard detection systems and visual aids – Performance requirements and tests	土方机械 物体监测系统及其可视辅助装置 性能要求和试验	IS	2017.11
29	TC 127/ SC 1	ISO 16754： 2008	Earth-moving machinery – Determination of average ground contact pressure for crawler machines	土方机械 履带式机器平均接地比压的确定	IS	2008.06
30	TC 127/ SC 1	ISO 17253： 2014	Earth-moving machinery and rough-terrain variable-reach trucks – Design requirements for machines intended to be driven on road	土方机械和越野可变伸缩臂车辆 预期公路行驶机器的设计要求	IS	2014.09
31	TC 127/ SC 1	ISO 21507： 2010	Earth-moving machinery – Performance requirements for non-metallic fuel tanks	土方机械 非金属燃油箱的性能要求	IS	2010.09

ISO/TC 127/SC 1 在编国际标准目录　　　　　　　　　　表 7-6

序号	技术机构	国际标准号	标准名称（英文）	标准名称（中文）	出版物类型
1	TC 127/ SC 1	ISO/NP 11152	Earthmoving Machinery – Test Methods for Energy Use	土方机械 能源利用的试验方法	IS
2	TC 127/ SC 1	ISO/NP 16417-2	Earth-moving machinery-Hydraulic breakers – Part 2：Test methods	土方机械 液压破碎锤 第2部分：试验方法	IS

ISO/TC 127/SC 1 相关技术机构国际标准目录　　　　　　　　表 7-7

序号	技术机构	国际标准号	标准名称（英文）	标准名称（中文）	出版物类型	发布日期
1	TC 23/ SC 15	ISO 6814： 2009	Machinery for forestry – Mobile and self-propelled forestry machinery – Terms，definitions and classification	林业机械 移动式和自行式林业机械 术语、定义和分类	IS	2009.05

序号	技术机构	国际标准号	标准名称（英文）	标准名称（中文）	出版物类型	发布日期
2	TC 23/SC 15	ISO 8082-1：2009	Earth-moving machinery – Access systems	自行式林业机械 滚翻保护结构实验室试验和性能要求 第1部分：通用机械	IS	2009.07
3	TC 23/SC 15	ISO 8082-2：2011	Self-propelled machinery for forestry – Laboratory tests and performance requirements for roll-over protective structures – Part 2：Machines having a rotating platform with a cab and boom on the platform	自行式林业机械 滚翻保护结构实验室试验和性能要求 第2部分：回转平台上安装驾驶室和起重臂的机械	IS	2011.11
4	TC 23/SC 15	ISO 8083：2006	Machinery for forestry – Falling-object protective structures（FOPS）– Laboratory tests and performance requirements	林业机械 坠落物保护结构（FOPS）实验室测试和性能要求	IS	2006.01
5	TC 23/SC 15	ISO 8084：2003	Machinery for forestry – Operator protective structures – Laboratory tests and performance requirements	林业机械 操作员防护结构 实验室测试和性能要求	IS	2003.05
6	TC 23/SC 15	ISO 11169：1993	Machinery for forestry – Wheeled special machines – Vocabulary, performance test methods and criteria for brake systems	林业机械 轮式专用机械 词汇、性能测试方法和制动系统准则	IS	1993.06
7	TC 23/SC 15	ISO 11512：1995	Machinery for forestry – Tracked special machines – Performance criteria for brake systems	林业机械 履带特种机械 制动系统的性能准则	IS	1995.03
8	TC 23/SC 15	ISO 11837：2011	Machinery for forestry – Saw chain shot guarding systems – Test method and performance criteria	林业机械 锯链防弹系统 试验方法和性能准则	IS	2011.07
9	TC 23/SC 15	ISO 11839：2010	Machinery for forestry – Glazing and panel materials used in operator enclosures for protection against thrown sawteeth – Test method and performance criteria	林业机械 操作员机舱中用于防止锯齿脱落的玻璃和面板材料 试验方法和性能准则	IS	2010.09
10	TC 23/SC 15	ISO 11850：2011	Machinery for forestry – General safety requirements	林业机械 安全通用要求	IS	2011.11
11	TC 23/SC 15	ISO 13860：2016	Machinery for forestry – Forwarders – Terms, definitions and commercial specifications	林业机械 货运代理 术语、定义和商业规格	IS	2016.03

序号	技术机构	国际标准号	标准名称（英文）	标准名称（中文）	出版物类型	发布日期
12	TC 23/SC 15	ISO13861：2000	Machinery for forestry – Wheeled skidders – Terms, definitions and commercial specifications	林业机械 轮式打滑机术语、定义和商业规格	IS	2000.04
13	TC 23/SC 15	ISO 13862：2000	Machinery for forestry – Feller-bunchers – Terms, definitions and commercial specifications	林业机械 伐木工 术语、定义和商业规格	IS	2000.04
14	TC 23/SC 15	ISO 17591：2002	Machinery for forestry – Knuckle-boom log loaders – Identification terminology, classification and component nomenclature	林业机械 肘臂式圆木装载机 识别、分类和零部件术语	IS	2002.11
15	TC 23/SC 15	ISO 18564：2016	Machinery for forestry – Noise test code	林业机械 噪声测试代码	IS	2016.03
16	TC 23/SC 15	ISO 19472：2006	Machinery for forestry – Winches – Dimensions, performance and safety	林业机械 绞车 尺寸、性能和安全	IS	2006.03
17	TC 23/SC 15	ISO 21876：2020	Machinery for forestry – Saw chain shot protective windows – Test method and performance criteria	林业机械 链锯防弹窗 试验方法和性能标准	IS	2020.09

ISO/TC 127/SC 1 国际标准转化为中国标准目录　　表 7-8

序号	国际标准信息			中国标准信息			采标程度	状态	备注
	技术机构	标准名称（英文）	发布日期	标准号	标准名称（中文）				
1	TC 127/SC 1	Earth-moving machinery – Method for locating the centre of gravity	1977.12	GB/T 8499-1987	土方机械 测定重心位置的方法	IDT	已发布	修订
2	TC 127/SC 1	Earth-moving machinery – Operator's field of view – Test method and performance criteria	2017.4	GB/T 16937-2020	土方机械 司机视野 试验方法和性能准则	IDT	已发布	修订
3	TC 127/SC 1	Earth-moving machinery – Determination of ground speed	1986.6	GB/T 10913-2005	土方机械 行驶速度测定	MOD	已发布	修订
4	TC 127/SC 1	Earth-moving machinery – Hydraulic excavators and backhoe loaders – Methods of determining tool forces	2006.2	GB/T 13332-2008	土方机械 液压挖掘机和挖掘装载机 挖掘力的测定方法	IDT	已发布	修订
5	TC 127/SC 1	Earth-moving machinery – Methods of measuring the masses of whole machines, their equipment and components	2008.11	GB/T 21154-2014	土方机械 整机及其工作装置和部件的质量测量方法	IDT	已发布	修订

序号	国际标准信息			中国标准信息				备注
	技术机构	标准名称（英文）	发布日期	标准号	标准名称（中文）	采标程度	状态	
6	TC 127/SC 1	Earth-moving machinery – Dumper bodies – Volumetric rating	1980.9	GB/T 25689-2010	土方机械　自卸车车厢容量标定	IDT	已发布	修订
7	TC 127/SC 1	Earth-moving machinery – Elevating scrapers – Volumetric ratings	1986.6	GB/T 25690-2010	土方机械　升运式铲运机容量标定	IDT	已发布	修订
8	TC 127/SC 1	Earth-moving machinery – Tractor-scraper – Volumetric rating	1980.9	GB/T 25691-2010	土方机械　开斗式铲运机容量标定	IDT	已发布	修订
9	TC 127/SC 1	Earth-moving machinery – Volumetric ratings for hoe-type and grab-type buckets of hydraulic excavators and backhoe loaders	2007.5	GB/T 21941-2008	土方机械　液压挖掘机和挖掘装载机的反铲斗和抓铲斗容量标定	IDT	已发布	修订
10	TC 127/SC 1	Earth-moving machinery – Determination of turning dimensions of wheeled machines	1997.12	GB/T 8592-2001	土方机械　轮胎式机器转向尺寸的测定	eqv	已发布	修订
11	TC 127/SC 1	Earth-moving machinery – Method of test for the measurement of drawbar pull	1983.5	GB/T 6375-2008	土方机械　牵引力测试方法	IDT	已发布	修订
12	TC 127/SC 1	Earth-moving machinery – Loader and front loading excavator buckets – Volumetric ratings	1983.4	GB/T 21942-2008	土方机械　装载机和正铲挖掘机的铲斗容量标定	MOD	已发布	修订
13	TC 127/SC 1	Earth-moving machinery – Lift capacity of pipelayers and wheeled tractors or loaders equipped with side boom	2017.2	GB/T 19928-2005	土方机械　吊管机和安装侧臂的轮胎式推土机或装载机的起重量	MOD	已发布	修订
14	TC 127/SC 1	Earth-moving machinery – Crawler and wheel tractor dozer blades – Volumetric ratings	1992.2	GB/T 21937-2008	土方机械　履带式和轮胎式推土机的推土铲容量标定	IDT	已发布	修订
15	TC 127/SC 1	Earth-moving machinery – Units for dimensions, performance and capacities, and their measurement accuracies	1988.2	GB/T 21153-2007	土方机械　尺寸、性能和参数的单位与测量准确度	MOD	已发布	修订
16	TC 127/SC 1	Earth-moving machinery – Engine test code – Net power	1992.4	GB/T 16936-2015	土方机械　发动机净功率试验规范	IDT	已发布	修订

序号	国际标准信息			中国标准信息				备注
	技术机构	标准名称（英文）	发布日期	标准号	标准名称（中文）	采标程度	状态	
17	TC 127/ SC 1	Earth-moving machinery – Crawler machines – Performance require-ments and test procedures for braking systems	2007.10	GB/T 19929-2014	土方机械 履带式机器 制动系统的性能要求和试验方法	IDT	已发布	修订
18	TC 127/ SC 1	Earth-moving machinery – De-termination of slope limits for machine fluid systems operation – Static test method	2008.2	GB/T 25611-2010	土方机械 机器液体系统作业的坡道极限值测定 静态法	IDT	已发布	修订
19	TC 127/ SC 1	Earth-moving machinery – Re-tarders for dumpers and tractor-scrapers – Performance tests	1992.11	GB/T 25692-2010	土方机械 自卸车和自行式铲运机用限速器 性能试验	IDT	已发布	修订
20	TC 127/ SC 1	Earth-moving machinery – Ma-chine-mounted retrieval device – Performance requirements	1993.7	GB/T 21936-2008	土方机械 安装在机器上的拖拽装置 性能要求	IDT	已发布	修订
21	TC 127/ SC 1	Earth-moving machinery – Hy-draulic excavators – Lift capacity	1995.12	GB/T 13331-2014	土方机械 液压挖掘机 起重量	IDT	已发布	修订
22	TC 127/ SC 1	Earth-moving machinery – Ar-ticulated frame lock – Perform-ance requirements	2007.10	GB/T 22355-2008	土方机械 铰接机架锁紧装置 性能要求	IDT	已发布	修订
23	TC 127/ SC 1	Earth-moving machinery – Load-ers and backhoe loaders – Part 1: Calculation of rated operating capacity and test method for verifying calculated tipping load	2004.7	GB/T 10175.1-2008	土方机械 装载机和挖掘装载机 第 1 部分：额定工作载荷的计算和验证倾翻载荷计算值的测试方法	IDT	已发布	修订
24	TC 127/ SC 1	Earth-moving machinery – Load-ers and backhoe loaders – Part 2: Test method for measuring breakout forces and lift capacity to maximum lift height	2007.9	GB/T 10175.2-2008	土方机械 装载机和挖掘装载机 第 2 部分：掘起力和最大提升高度提升能力的测试方法	IDT	已发布	修订
25	TC 127/ SC 1	Earth-moving machinery – Field of vision of surveillance and rear-view mirrors – Part 1: Test methods	2007.9	GB/T 25685.1-2010	土方机械 监视镜和后视镜的视野 第 1 部分：试验方法	IDT	已发布	修订

续表

序号	国际标准信息			中国标准信息				备注
	技术机构	标准名称（英文）	发布日期	标准号	标准名称（中文）	采标程度	状态	
26	TC 127/ SC 1	Earth-moving machinery – Field of vision of surveillance and rear-view mirrors – Part 2：Performance criteria	2009.8	GB/T 25685.2- 2010	土方机械 监视镜和后视镜的视野 第2部分：性能准则	IDT	已发布	修订
27	TC 127/ SC 1	Earth-moving machinery – Determination of average ground contact pressure for crawlermachines	2009.8	GB/T 30965- 2014	土方机械 履带式机器平均接地比压的确定	IDT	已发布	修订
28	TC 127/ SC 1	Earth-moving machinery – Performance requirements for non-metallic fuel tanks	2017.11	GB/T 25608- 2017	土方机械 非金属燃油箱的性能要求	IDT	已发布	修订

注：采标程度包括等同采用（IDT）、修改采用（MOD）、非等效采用（NEQ）。

7.3 关于安全、人类工效学及通用要求分技术委员会（TC 127/SC 2）

7.3.1 基本情况

分技术委员会名称：关于安全、人类工效学及通用要求分技术委员会（Safety，ergonomics and general requirements）

分技术委员会编号：ISO/ TC 127/SC 2

成立时间：1980 年

秘书处：美国国家标准学会（ANSI）

主席：Mr Charles Crowell（任期至 2021 年）

委员会经理：Ms Sally Seitz

国内技术对口单位：天津工程机械研究院有限公司

网址：https：//www.iso.org/committee/52176.html

7.3.2 工作范围

TC 127/SC 2 的宗旨是制定一套完整的关于安全、人类工效学及通用要求的国际土方机械标准，用来作为世界各国的土方机械标准法规的基础。

7.3.3 组织架构

SC2 分技术委员会目前由 5 个工作组组成，组织架构如图 7.3 所示。

图 7.3 ISO/ TC 127/SC 2 组织架构

7.3.4 相关技术机构

TC 127/SC 2 相关技术机构信息如表 7-9 所示。

ISO/TC 127/SC 2 相关技术机构 表 7-9

序号	技术机构编号	技术机构名称	工作范围
1	ISO/TC 82	矿山机械（Mining）	主要开展有关露天矿（例如输送机、高墙采矿机、凿岩机和连续露天采矿机）中使用的专用采矿机械和设备以及用于提取固体矿物物质的所有地下采矿机械和设备的规范，例如：掘进机、连续采矿机、凿岩机、高架镗床、高墙采矿机、大型运煤车、采矿螺旋钻机、RMDS（快速矿山开发系统）的标准化工作

7.3.5 工作开展情况

TC 127/SC 2 目前已发布标准 60 项，正在编制标准 7 项，相关技术机构国际标准 2 项，转化为中国标准 50 项，拟制定国际标准 1 项。这些标准的范围主要涉及安全、人类工效学及通用要求等。TC 127/SC 2 分技术委员会国内标准的技术对口工作主要为组织国内相关领域专家完成日常投票活动。

7.3.6 ISO/TC 127/SC 2 国际标准目录

ISO/TC 127/SC 2 目前已发布国际标准 63 项，在编国际标准 7 项，相关技术机构国际标准 2 项，已有 53 项国际标准转化为中国标准，拟制定国际标准 1 项，标准详细信息如表 7-10～表 7-14 所示。

ISO/TC 127/SC 2 已发布国际标准目录　　　　表 7-10

序号	技术机构	国际标准号	标准名称（英文）	标准名称（中文）	出版物类型	发布日期
1	TC 127/SC 2	ISO 2860：1992	Earth-moving machinery – Minimum access dimensions	土方机械　最小入口尺寸	IS	1992.05
2	TC 127/SC 2	ISO 2867：2011	Earth-moving machinery – Access systems	土方机械　通道装置	IS	2011.08
3	TC 127/SC 2	ISO 3164：2013	Earth-moving machinery – Laboratory evaluations of protective structures-Specifications for deflection-limiting volume	土方机械　保护结构的实验室鉴定　挠曲极限量的规定	IS	2013.03
4	TC 127/SC 2	ISO 3411：2007	Earth-moving machinery – Physical dimensions of operators and minimum operator space envelope	土方机械　司机的身材尺寸与司机的最小活动空间	IS	2007.10
5	TC 127/SC 2	ISO 3449：2005	Earth-moving machinery – Falling-object protective structures – Laboratory tests and performance requirements	土方机械　落物保护结构试验室试验和性能要求	IS	2005.08
6	TC 127/SC 2	ISO 3450：2011	Earth-moving machinery – Wheeled or high-speed rubber-tracked machines-Performance requirements and test procedures for brake systems	土方机械　轮式或高速橡胶履带式机器　制动系统的性能要求和试验方法	IS	2011.08
7	TC 127/SC 2	ISO 3457：2003	Earth-moving machinery – Guards – Definitions and requirements	土方机械　防护装置　定义和要求	IS	2003.04
8	TC 127/SC 2	ISO 3471：2008	Earth-moving machinery-Roll-over protective structures-Laboratory tests and performance requirements	土方机械　滚翻保护结构　实验室试验和性能要求	IS	2008.05
9	TC 127/SC 2	ISO 5010：2019	Earth-moving machinery – Rubber-tyred machines – Steering requirements	土方机械　轮胎式机器　转向要求	IS	2019.02
10	TC 127/SC 2	ISO 5353：1995	Earth-moving machinery, and tractors and machinery for agriculture and forestry – Seat index point	土方机械　司机座椅标定点	IS	1995.05
11	TC 127/SC 2	ISO 6393：2008	Earth-moving machinery – Determination of sound power level – Stationary test conditions	土方机械　声功率级的测定　定置试验条件	IS	2008.11
12	TC 127/SC 2	ISO 6394：2008	Earth-moving machinery – Determination of emission sound pressure level at operator's position – Stationary test conditions	土方机械　司机位置发射声压级的测定　定置试验条件	IS	2008.11

续表

序号	技术机构	国际标准号	标准名称（英文）	标准名称（中文）	出版物类型	发布日期
13	TC 127/SC 2	ISO 6395：2008	Earth-moving machinery – Determination of sound power level – Dynamic test conditions	土方机械 声功率级的测定 动态试验条件	IS	2008.11
14	TC 127/SC 2	ISO 6396：2008	Earth-moving machinery – Determination of emission sound pressure level at operator's position – Dynamic test conditions	土方机械 司机位置发射声压级的测定 动态试验条件	IS	2008.11
15	TC 127/SC 2	ISO 6682：1986	Earth-moving machinery – Zones of comfort and reach for controls	土方机械 操纵的舒适区域与可及范围	IS	1986.08
16	TC 127/SC 2	ISO 6683：2005	Earth-moving machinery – Seat belts and seat belt anchorages – Performance requirements and tests	土方机械 座椅安全带及其固定发器 性能要求和试验	IS	2005.01
17	TC 127/SC 2	ISO 7096：2020	Earth-moving machinery – Laboratory evaluation of operator seat vibration	土方机械 司机座椅振动的试验室评价	IS	2020.09
18	TC 127/SC 2	ISO 9244：2008	Earth-moving machinery – Machine safety labels – General principles	土方机械 机械安全标签通则	IS	2008.08
19	TC 127/SC 2	ISO 9533：2010	Earth-moving machinery – Machine-mounted audible travel alarms and forward horns – Test methods and performance criteria	土方机械 行车声响报警装置和前方喇叭 试验方法和性能准则	IS	2010.05
20	TC 127/SC 2	ISO 10262：1998	Earth-moving machinery – Hydraulic excavators – Laboratory tests and performance requirements for operator protective guards	土方机械 液压挖掘机 司机防护装置的试验室试验和性能要求	IS	1998.04
21	TC 127/SC 2	ISO 10263-1：2009	Earth-moving machinery – Operator enclosure environment – Part 1：Terms and definitions	土方机械 司机室环境 第1部分：术语和定义	IS	2009.06
22	TC 127/SC 2	ISO 10263-2：2009	Earth-moving machinery – Operator enclosure environment – Part 2：Air filter element test method	土方机械 司机室环境 第2部分：空气滤清器试验方法	IS	2009.06
23	TC 127/SC 2	ISO 10263-3：2009	Earth-moving machinery – Operator enclosure environment – Part 3：Pressurization test method	土方机械 司机室环境 第3部分：增压试验方法	IS	2009.06
24	TC 127/SC 2	ISO 10263-4：2009	Earth-moving machinery – Operator enclosure environment – Part 4：Heating, ventilation and air conditioning (HVAC) test method and performance	土方机械 司机室环境 第4部分：采暖、换气和空调（HVAC）的试验方法和性能	IS	2009.06

序号	技术机构	国际标准号	标准名称（英文）	标准名称（中文）	出版物类型	发布日期
25	TC 127/SC 2	ISO 10263-5：2009	Earth-moving machinery – Operator enclosure environment – Part 5：Windscreen defrosting system test method	土方机械　司机室环境　第5部分：风窗玻璃除霜系统的试验方法	IS	2009.06
26	TC 127/SC 2	ISO 10263-6：2009	Earth-moving machinery – Operator enclosure environment – Part 6：Determination of effect of solar heating	土方机械　司机室环境　第6部分：司机室太阳光热效应的测定	IS	2009.06
27	TC 127/SC 2	ISO 10264：1990	Earth-moving machinery – Key-locked starting systems	土方机械　钥匙锁起动系统	IS	1990.07
28	TC 127/SC 2	ISO 10533：1993	Earth-moving machinery – Lift-arm support devices	土方机械　提升臂支承装置	IS	1993.05
29	TC 127/SC 2	ISO 10968：2020	Earth-moving machinery – Operator's controls	土方机械　司机的操纵装置	IS	2020.08
30	TC 127/SC 2	ISO 11112：1995	Earth-moving machinery – Operator's seat – Dimensions and requirements	土方机械　司机座椅　尺寸和要求	IS	1992.05
31	TC 127/SC 2	ISO 12117：1997	Earth-moving machinery – Tip-over protection structure（TOPS）for compact excavators – Laboratory tests and performance requirements	土方机械　小型挖掘机　倾翻防护结构的试验室试验和性能要求	IS	1997.02
32	TC 127/SC 2	ISO 12117-2：2008	Earth-moving machinery – Laboratory tests and performance requirements for protective structures of excavators – Part 2：Roll-over protective structures（ROPS）for excavators of over 6 t	土方机械　挖掘机保护结构的实验室试验和性能要求　第2部分：6t以上挖掘机的滚翻保护结构（ROPS）	IS	2008.03
33	TC 127/SC 2	ISO 12508：1994	Earth-moving machinery – Operator station and maintenance areas – Bluntness of edges	土方机械　操作和维修空间棱角倒钝角	IS	1994.04
34	TC 127/SC 2	ISO 13031：2016	Earth-moving machinery – Quick couplers – Safety	土方机械　快换连接装置安全	IS	2016.02
35	TC 127/SC 2	ISO 13333：1994	Earth-moving machinery – Dumper body support and operator's cab tilt support devices	土方机械　自卸车车厢支承装置和司机室倾斜支承装置	IS	1994.08

序号	技术机构	国际标准号	标准名称（英文）	标准名称（中文）	出版物类型	发布日期
36	TC 127/SC 2	ISO 13459：2012	Earth-moving machinery – Trainer seat – Deflection limiting volume, space envelope and performance requirements	土方机械 教练员座椅 挠曲极限量、环境空间和性能要求	IS	2012.07
37	TC 127/SC 2	ISO 13766-1：2018	Earth-moving and building construction machinery – Electromagnetic compatibility (EMC) of machines with internal electrical power supply – Part 1：General EMC requirements under typical electromagnetic environmental conditions	土方机械和建筑施工机械 带内部电源的机器的电磁兼容性（EMC） 第 1 部分：典型电磁环境条件下的一般 EMC 要求	IS	2018.11
38	TC 127/SC 2	ISO 13766-2：2018	Earth-moving and building construction machinery – Electromagnetic compatibility (EMC) of machines with internal electrical power supply – Part 2：Additional EMC requirements for functional safety	土方机械和建筑施工机械 带内部电源的机器的电磁兼容性（EMC） 第 2 部分：功能安全的附加 EMC 要求	IS	2018.11
39	TC 127/SC 2	ISO 15817：2012	Earth-moving machinery – Safety requirements for remote operator control systems	土方机械 司机遥控装置的安全要求	IS	2012.07
40	TC 127/SC 2	ISO 17063：2003	Earth-moving machinery – Braking systems of pedestrian-controlled machines – Performance requirements and test procedures	土方机械 步行操纵式机器的制动系统 性能要求和试验方法	IS	2003.06
41	TC 127/SC 2	ISO 17757：2019	Earth-moving machinery and mining – Autonomous and semi-autonomous machine system safety	土方机械和矿山机械 自动和半自动机械安全系统	IS	2019.09
42	TC 127/SC 2	ISO 19014-1：2018	Earth-moving machinery – Functional safety – Part 1：Methodology to determine safety-related parts of the control system and performance requirements	土方机械 功能安全 第 1 部分：控制系统安全相关部件的性能要求方法和准则	IS	2018.05
43	TC 127/SC 2	ISO 19014-3：2018	Earth-moving machinery – Functional safety – Part 3：Environmental performance and test requirements of electronic and electrical components used in safety-related parts of the control system	土方机械 功能安全 第 3 部分：控制系统安全相关部件中使用的电子和电气部件的环境适应性及测试要求	IS	2018.10

序号	技术机构	国际标准号	标准名称（英文）	标准名称（中文）	出版物类型	发布日期
44	TC 127/ SC 2	ISO 19014-4： 2020	Earth-moving machinery – Functional safety – Part 4：Design and evaluation of software and data transmission for safety-related parts of the control system	土方机械 功能安全 第4部分：控制系统安全相关部分的软件和数据传输的设计和评估	IS	2020.10
45	TC 127/ SC 2	ISO 19014-5： 2021	Earth-moving machinery – Functional safety – Part 5：Tables of performances levels	土方机械 功能安全 第5部分：性能等级表	IS	2021.06
46	TC 127/ SC 2	ISO 20474-1： 2017	Earth-moving machinery – Safety – Part 1：General requirements	土方机械 安全 第1部分：通用要求	IS	2017.08
47	TC 127/ SC 2	ISO 20474-2： 2017	Earth-moving machinery – Safety – Part 2：Requirements for tractor-dozers	土方机械 安全 第2部分：推土机的要求	IS	2017.08
48	TC 127/ SC 2	ISO 20474-3： 2017	Earth-moving machinery – Safety – Part 3：Requirements for loaders	土方机械 安全 第3部分：装载机的要求	IS	2017.08
49	TC 127/ SC 2	ISO 20474-4： 2017	Earth-moving machinery – Safety – Part 4：Requirements for backhoe-loaders	土方机械 安全 第4部分：挖掘装载机的要求	IS	2017.08
50	TC 127/ SC 2	ISO 20474-5： 2017	Earth-moving machinery – Safety – Part 5：Requirements for hydraulic excavators	土方机械 安全 第5部分：液压挖掘机的要求	IS	2017.08
51	TC 127/ SC 2	ISO 20474-6： 2017	Earth-moving machinery – Safety – Part 6：Requirements for dumpers	土方机械 安全 第6部分：自卸车的要求	IS	2017.08
52	TC 127/ SC 2	ISO 20474-7： 2017	Earth-moving machinery – Safety – Part 7：Requirements for scrapers	土方机械 安全 第7部分：铲运机的要求	IS	2017.08
53	TC 127/ SC 2	ISO 20474-8： 2017	Earth-moving machinery – Safety – Part 8：Requirements for graders	土方机械 安全 第8部分：平地机的要求	IS	2017.08
54	TC 127/ SC 2	ISO 20474-9： 2017	Earth-moving machinery – Safety – Part 9：Requirements for pipelayers	土方机械 安全 第9部分：吊管机的要求	IS	2017.08
55	TC 127/ SC 2	ISO 20474-10： 2017	Earth-moving machinery – Safety – Part 10：Requirements for trenchers	土方机械 安全 第10部分：挖沟机的要求	IS	2017.08

续表

序号	技术机构	国际标准号	标准名称（英文）	标准名称（中文）	出版物类型	发布日期
56	TC 127/SC 2	ISO 20474-11：2017	Earth-moving machinery – Safety – Part 11：Requirements for earth and landfill compactors	土方机械 安全 第11部分：土方回填压实机的要求	IS	2017.08
57	TC 127/SC 2	ISO 20474-12：2017	Earth-moving machinery – Safety – Part 12：Requirements for cable excavators	土方机械 安全 第12部分：机械挖掘机的要求	IS	2017.08
58	TC 127/SC 2	ISO 20474-13：2017	Earth-moving machinery – Safety – Part 13：Requirements for rollers	土方机械 安全 第13部分：压路机的要求	IS	2017.08
59	TC 127/SC 2	ISO 20474-15：2019	Earth-moving machinery – Safety – Part 15：Requirements for compact tool carriers	土方机械 安全 第15部分：小型工具承载架的要求	IS	2019.09
60	TC 127/SC 2	ISO 21815-1：2022	Earth-moving machinery – Collision warning and avoidance – Part 1：General requirements	土方机械 碰撞警告和避免 第1部分：通用要求	IS	2022.01
61	TC 127/SC 2	ISO/TS 21815-2：2021	Earth-moving machinery – Collision warning and avoidance – Part 2：On-board J1939 communication interface	土方机械 碰撞警告和避免 第2部分：车载J1939通信接口	IS	2021.06
62	TC 127/SC 2	ISO 24410：2020	Earth-moving machinery – Coupling of attachments to skid steer loaders	土方机械 滑移转向装载机附属装置的连接	IS	2020.05
63	TC 127/SC 2	ISO/TR 25398：2006	Earth-moving machinery – Guidelines for assessment of exposure to whole-body vibration of ride-on machines-Use of harmonized data measured by international institutes, organizations and manufacturers	土方机械 驾乘式机器暴露于全身振动的评价指南 国际协会、组织和制造商所测定协调数据的应用	TR	2006.10

ISO/TC 127/SC 2 在编国际标准目录 表 7-11

序号	技术机构	国际标准号	标准名称（英文）	标准名称（中文）	出版物类型
1	TC 127/SC 2	ISO 5953	Earth-moving machinery – Machine-mounted audible travel alarms and forward horns – Test methods and performance criteria	土方机械 装载机和反铲装载机上的物料搬运臂 一般要求	IS
2	TC 127/SC 2	ISO 21815-3	Earth-moving machinery – Collision awareness and avoidance – Part 3：General risk area and risk level	土方机械 碰撞识别与避让 第3部分：一般危险区和风险等级	IS

续表

序号	技术机构	国际标准号	标准名称（英文）	标准名称（中文）	出版物类型
3	TC 127/ SC 2	ISO 6683	Earth-moving machinery – Seat belts and seat belt anchorages-Performance requirements and tests	土方机械 座椅安全带及其固定器 性能要求和试验	IS
4	TC 127/ SC 2	ISO/TS 21815-2	Earth-moving machinery – Collision warning and avoidance – Part 2: On-board J1939 communication interface	土方机械 碰撞警告和避免 第 2 部分：机载 J1939 通信接口	TS
5	TC 127/ SC 2	ISO/TS 19014-5	Earth-moving machinery – Functional safety – Part 5: Tables of performance levels	土方机械 功能安全 第 5 部分：性能等级表	TS
6	TC 127/ SC 2	ISO 21815-1	Earth-moving machinery – Collision awareness and avoidance – Part 1: General requirements	土方机械 碰撞识别与避让 第 1 部分：总则	IS
7	TC 127/ SC 2	ISO 24410	Earth-moving machinery – Coupling of attachments to skid steer loaders	土方机械 滑移转向装载机附属装置的连接	IS

ISO/TC 127/SC 2 相关技术机构国际标准目录　　　　表 7-12

序号	技术机构	国际标准号	标准名称（英文）	标准名称（中文）	出版物类型	发布日期
1	ISO/TC 82	ISO 18758-1: 2018	Mining and earth-moving machinery – Rock drill rigs and rock reinforcement rigs – Part 1: Vocabulary	矿山机械和土方机械 凿岩机和加固凿岩机 第 1 部分：术语	IS	2009
2	ISO/TC 82	ISO 18758-2: 2018	Mining and earth-moving machinery – Rock drill rigs and rock reinforcement rigs – Part 2: Safety requirements	矿山机械和土方机械 凿岩机和加固凿岩机 第 2 部分：安全要求	IS	2009

ISO/TC 127/SC 2 国际标准转化为中国标准目录　　　　表 7-13

序号	国际标准信息			中国标准信息				备注
	技术机构	标准名称（英文）	发布日期	标准号	标准名称（中文）	采标程度	状态	
1	TC 127/ SC 2	Earth-moving machinery – Minimum access dimensions	1992.5	GB/T 17299-1998	土方机械 最小入口尺寸	IDT	已发布	修订
2	TC 127/ SC 2	Earth-moving machinery – Access systems	2011.8	GB/T 17300-2017	土方机械 通道装置	IDT	已发布	修订

序号	国际标准信息			中国标准信息				备注
	技术机构	标准名称（英文）	发布日期	标准号	标准名称（中文）	采标程度	状态	
3	TC 127/ SC 2	Earth-moving machinery – Laboratory evaluations of protective structures – Specifications for deflection-limiting volume	2013.3	GB/T 17772-2018	土方机械 保护结构的实验室鉴定 挠曲极限量的规定	IDT	已发布	修订
4	TC 127/ SC 2	Earth-moving machinery – Physical dimensions of operators and minimum operator space envelope	2007.10	GB/T 8420-2011	土方机械 司机的身材尺寸与司机的最小活动空间	IDT	已发布	修订
5	TC 127/ SC 2	Earth-moving machinery – Falling-object protective structures – Laboratory tests and performance requirements	2005.8	GB/T 17771-2010	土方机械 落物保护结构 试验室试验和性能要求	IDT	已发布	修订
6	TC 127/ SC 2	Earth-moving machinery – Wheeled or high-speed rubber-tracked machines – Performance requirements and test procedures for brake systems	2011.8	GB/T 21152-2018	土方机械 轮式或高速橡胶履带式机器 制动系统的性能要求和试验方法	MOD	已发布	修订
7	TC 127/ SC 2	Earth-moving machinery – Guards – Definitions and requirements	2003.4	GB/T 25607-2010	土方机械 防护装置 定义和要求	IDT	已发布	修订
8	TC 127/ SC 2	Earth-moving machinery – Roll-over protective structures – Laboratory tests and performance requirements	2008.5	GB/T 17922-2014	土方机械 滚翻保护结构 实验室试验和性能要求	IDT	已发布	修订
9	TC 127/ SC 2	Earth-moving machinery, and tractors and machinery for agriculture and forestry – Seat index point	1995.5	GB/T 8591-2000	土方机械 司机座椅标定点	eqv	已发布	修订
10	TC 127/ SC 2	Earth-moving machinery – Determination of sound power level – Stationary test conditions	2008.11	GB/T 25612-2010	土方机械 声功率级的测定 定置试验条件	IDT	已发布	修订
11	TC 127/ SC 2	Earth-moving machinery – Determination of emission sound pressure level at operator's position – Stationary test conditions	2008.11	GB/T 25613-2010	土方机械 司机位置发射声压级的测定 定置试验条件	IDT	已发布	修订
12	TC 127/ SC 2	Earth-moving machinery – Determination of sound power level – Dynamic test conditions	2008.11	GB/T 25614-2010	土方机械 声功率级的测定 动态试验条件	IDT	已发布	修订

序号	国际标准信息			中国标准信息				备注
	技术机构	标准名称（英文）	发布日期	标准号	标准名称（中文）	采标程度	状态	
13	TC 127/SC 2	Earth-moving machinery – Determination of emission sound pressure level at operator's position – Dynamic test conditions	2008.11	GB/T 25615-2010	土方机械 司机位置发射声压级的测定 动态试验条件	IDT	已发布	修订
14	TC 127/SC 2	Earth-moving machinery – Zones of comfort and reach for controls	2005.1	GB/T 21935-2008	土方机械 操纵的舒适区域与可及范围	IDT	已发布	修订
15	TC 127/SC 2	Earth-moving machinery – Seat belts and seat belt anchorages – Performance requirements and tests	2008.8	GB/T 17921-2010	土方机械 座椅安全带及其固定器 性能要求和试验	MOD	已发布	修订
16	TC 127/SC 2	Earth-moving machinery – Machine safety labels – General principles	2010.5	GB 20178-2014	土方机械 机械安全标签 通则	IDT	已发布	修订
17	TC 127/SC 2	Earth-moving machinery – Machine-mounted audible travel alarms and forward horns – Test methods and performance criteria	2020.9	GB/T 21155-2015	土方机械 行车声响报警装置和前方喇叭 试验方法和性能准则	IDT	已发布	修订
18	TC 127/SC 2	Earth-moving machinery – Hydraulic excavators – Laboratory tests and performance requirements for operator protective guards	1998.4	GB/T 19932-2005	土方机械 液压挖掘机 司机防护装置的试验室试验和性能要求	MOD	已发布	修订
19	TC 127/SC 2	Earth-moving machinery – Operator enclosure environment – Part 1: Terms and definitions	2009.6	GB/T 19933.1-2014	土方机械 司机室环境 第1部分：术语和定义	IDT	已发布	修订
20	TC 127/SC 2	Earth-moving machinery – Operator enclosure environment – Part 2: Air filter element test method	2009.6	GB/T 19933.2-2014	土方机械 司机室环境 第2部分：空气滤清器试验方法	IDT	已发布	修订
21	TC 127/SC 2	Earth-moving machinery – Operator enclosure environment – Part 3: pressurization test method	2009.6	GB/T 19933.3-2014	土方机械 司机室环境 第3部分：增压试验方法	IDT	已发布	修订
22	TC 127/SC 2	Earth-moving machinery – Operator enclosure environment – Part 4: Heating, ventilating and air conditioning（HVAC）test method and performance	2009.6	GB/T 19933.4-2014	土方机械 司机室环境 第4部分：采暖、换气和空调（HVAC）的试验方法和性能	IDT	已发布	修订

序号	国际标准信息			中国标准信息				备注
	技术机构	标准名称（英文）	发布日期	标准号	标准名称（中文）	采标程度	状态	
23	TC 127/SC 2	Earth-moving machinery – Operator enclosure environment – Part 5：Windscreen defrosting system test method	2009.6	GB/T 19933.5-2014	土方机械 司机室环境 第5部分：风窗玻璃除霜系统的试验方法	IDT	已发布	修订
24	TC 127/SC 2	Earth-moving machinery – Operator enclosure environment – Part 6：Determination of effect of solar heating	2009.6	GB/T 19933.6-2014	土方机械 司机室环境 第6部分：司机室太阳光热效应的测定	IDT	已发布	修订
25	TC 127/SC 2	Earth-moving machinery – Key-locked starting systems	1990.7	GB/T 22356-2008	土方机械 钥匙锁起动系统	IDT	已发布	修订
26	TC 127/SC 2	Earth-moving machinery – Lift-arm support devices	1993.5	GB/T 17920-1999	土方机械 提升臂支承装置	IDT	已发布	修订
27	TC 127/SC 2	Earth-moving machinery – Operator's seat – Dimensions and requirements	1997.2	GB/T 25624-2010	土方机械 司机座椅 尺寸和要求	IDT	已发布	修订
28	TC 127/SC 2	Earth-moving machinery – Tip-over protection structure（TOPS）for compact excavators – Laboratory tests and performance requirements	1994.4	GB/T 19930-2005	土方机械 小型挖掘机 倾翻防护结构的试验室试验和性能要求	MOD	已发布	修订
29	TC 127/SC 2	Earth-moving machinery – Laboratory tests and performance requirements for protective structures of excavators – Part 2：Roll-over protective structures（ROPS）for excavators of over 6 t	2008.3	GB/T 19930.2-2014	土方机械 挖掘机保护结构的实验室试验和性能要求 第2部分：6t以上挖掘机的滚翻保护结构（ROPS）	IDT	已发布	修订
30	TC 127/SC 2	Earth-moving machinery – Operator station and maintenance areas – Bluntness of edges	1994.4	GB/T 17301-1998	土方机械 操作和维修空间 棱角倒钝角	IDT	已发布	修订
31	TC 127/SC 2	Earth-moving machinery – Quick couplers – Safety	2016.2	GB/T 38181-2019	土方机械 快换连接装置 安全	IDT	已发布	修订
32	TC 127/SC 2	Earth-moving machinery – Dumper body support and operator's cab tilt support devices	2005.9	GB/T 25610-2010	土方机械 自卸车车厢支承装置和司机室倾斜支承装置	IDT	已发布	修订

序号	国际标准信息			中国标准信息				备注
	技术机构	标准名称（英文）	发布日期	标准号	标准名称（中文）	采标程度	状态	
33	TC 127/SC 2	Earth-moving machinery – Dumpers – Trainer seat/enclosure	2012.6	GB/T 25625-2017	土方机械 教练员座椅 挠曲极限量、环境空间和性能要求	IDT	已发布	修订
34	TC 127/SC 2	Earth-moving machinery – Safety requirements for remote operator control	2004.8	GB/T 25686-2018	土方机械 司机遥控装置的安全要求	IDT	已发布	修订
35	TC 127/SC 2	Earth-moving machinery – Braking systems of pedestrian-controlled machines – Performance requirements and test procedures	2008.7	GB/T 25609-2010	土方机械 步行操纵式机器的制动系统 性能要求和试验方法	IDT	已发布	修订
36	TC 127/SC 2	Earth-moving machinery – Safety – Part 1: General requirements	2017.8	GB/T 25684.1-2021	土方机械 安全 第1部分：通用要求	IDT	已发布	修订
37	TC 127/SC 2	Earth-moving machinery – Safety – Part 2: Requirements for tractor-dozers	2017.8	GB/T 25684.2-2021	土方机械 安全 第2部分：推土机的要求	IDT	已发布	修订
38	TC 127/SC 2	Earth-moving machinery – Safety – Part 3: Requirements for loaders	2017.8	GB/T 25684.3-2021	土方机械 安全 第3部分：装载机的要求	IDT	已发布	修订
39	TC 127/SC 2	Earth-moving machinery – Safety – Part 4: Requirements for backhoe-loaders	2017.8	GB/T 25684.4-2021	土方机械 安全 第4部分：挖掘装载机的要求	IDT	已发布	修订
40	TC 127/SC 2	Earth-moving machinery – Safety – Part 5: Requirements for hydraulic excavators	2017.8	GB/T 25684.5-2021	土方机械 安全 第5部分：液压挖掘机的要求	IDT	已发布	修订
41	TC 127/SC 2	Earth-moving machinery – Safety – Part 6: Requirements for dumpers	2017.8	GB/T 25684.6-2021	土方机械 安全 第6部分：自卸车的要求	IDT	已发布	修订
42	TC 127/SC 2	Earth-moving machinery – Safety – Part 7: Requirements for scrapers	2017.8	GB/T 25684.7-2021	土方机械 安全 第7部分：铲运机的要求	IDT	已发布	修订
43	TC 127/SC 2	Earth-moving machinery – Safety – Part 8: Requirements for graders	2017.8	GB/T 25684.8-2021	土方机械 安全 第8部分：平地机的要求	IDT	已发布	修订
44	TC 127/SC 2	Earth-moving machinery – Safety – Part 9: Requirements for pipelayers	2017.8	GB/T 25684.9-2021	土方机械 安全 第9部分：吊管机的要求	IDT	已发布	修订

续表

序号	国际标准信息			中国标准信息				备注
	技术机构	标准名称（英文）	发布日期	标准号	标准名称（中文）	采标程度	状态	
45	TC 127/SC 2	Earth-moving machinery – Safety – Part 10：Requirements for trenchers	2017.8	GB/T 25684.10-2021	土方机械 安全 第10部分：挖沟机的要求	IDT	已发布	修订
46	TC 127/SC 2	Earth-moving machinery – Safety – Part 11：Requirements for earth and landfill compactors	2017.8	GB/T 25684.11-2021	土方机械 安全 第11部分：土方回填压实机的要求	IDT	已发布	修订
47	TC 127/SC 2	Earth-moving machinery – Safety – Part 12：Requirements for cable excavators	2017.8	GB/T 25684.12-2021	土方机械 安全 第12部分：机械挖掘机的要求	IDT	已发布	修订
48	TC 127/SC 2	Earth-moving machinery – Safety – Part 13：Requirements for rollers	2017.8	GB/T 25684.13-2021	土方机械 安全 第13部分：压路机的要求	IDT	已发布	修订
49	TC 127/SC 2	Earth-moving machinery – Guidelines for assessment of exposure to whole-body vibration of ride-on machines – Use of harmonized data measured by international institutes, organizations and manufacturers	2006.10	GB/Z 26139-2010	土方机械 驾乘式机器暴露于全身振动的评价指南 国际协会、组织和制造商所测定协调数据的应用	IDT	已发布	修订
50	TC 127	Earth-moving machinery – Laboratory evaluation of operator seat vibration	2020.8	GB/T 8419-×××	土方机械 司机座椅振动的实验室评价	IDT	2022年底报批	修订
51	TC 127	Earth-moving machinery – Operator's controls	2020.10	GB/T 8595-×××	土方机械 司机的操纵装置	IDT	2022年底报批	修订
52	TC 127	Earth-moving machinery – Coupling of attachments to skid steer loaders	2020.8	GB/T 25619-×××	土方机械 滑移转向装载机附属装置的连接	IDT	2022年底报批	修订
53	TC 127	Earth-moving machinery – Safety – Part 15：Requirements for compact tool carriers	2019.11	GB/T 25684.15-×××	土方机械 安全 第15部分：小型工具承载架的要求	IDT	2022年底报批	制定

注：采标程度包括等同采用（IDT）、修改采用（MOD）、非等效采用（NEQ）。

ISO/TC 127/SC 2 拟制定国际标准目录　　　　　　　表 7-14

序号	技术机构	拟制定标准名称（英文）	拟制定标准名称（中文）	备注
1	TC 127/SC 2	Earth-moving machinery – Safety – Requirements for forklift wheel loaders	土方机械　安全　轮胎式叉装机的要求	叉装机为中国原创新机型，力求向全球推广

7.4　关于机器特性、电气和电子系统、操作和维护分技术委员会（TC 127/SC 3）

7.4.1　基本情况

分技术委员会名称：关于机器特性、电气和电子系统、操作和维护分技术委员会（Machine characteristics，electrical and electronic systems，operation and maintenance）

分技术委员会编号：ISO/ TC 127/SC 3

成立时间：1981 年

秘书处：日本工业标准委员会（JISC）

主席：Mr Minpei SHODA（任期至 2023 年）

委员会经理：Mr Tetsuo Nishiwaki

国内技术对口单位：天津工程机械研究院有限公司

网址：https：//www. iso. org/committee/52188. html

7.4.2　工作范围

TC 127/SC 3 的宗旨是制定一套完整的关于机器特性、电气和电子系统、操作和维护方法的国际土方机械标准，用来作为世界各国的土方机械标准法规的基础。

7.4.3　组织架构

TC 127/SC 3 目前由 5 个工作组组成，组织架构如图 7.4 所示。

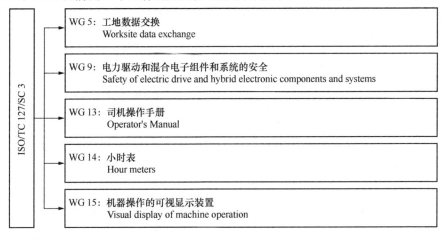

图 7.4　TC 127/SC 3 组织架构

7.4.4 相关技术机构

TC 127/SC 3 相关技术机构信息如表 7-15 所示。

ISO/TC 127/SC 3 相关技术机构 表 7-15

序号	技术机构	技术机构名称	工作范围
1	ISO/TC 195	建筑施工机械（Building construction machinery and equipment）	见第 12 章

7.4.5 工作开展情况

TC 127/SC 3 目前已发布标准 36 项，正在编制标准 1 项，相关技术机构国际标准 18 项，已转化为中国标准 30 项。这些标准的范围主要涉及机器特性、电气和电子系统、操作和维护方法等。TC 127/SC 3 分技术委员会国内标准的技术对口工作主要为组织国内相关领域专家完成日常投票活动。

7.4.6 ISO/TC 127/SC 3 国际标准目录

ISO/TC 127/SC 3 目前已发布国际标准 36 项，在编国际标准 1 项，已有 32 项国际标准转化为中国标准，标准详细信息如表 7-16～表 7-18 所示。

ISO/TC 127/SC 3 已发布国际标准目录 表 7-16

序号	技术机构	国际标准号	标准名称（英文）	标准名称（中文）	出版物类型	发布日期
1	TC 127/SC 3	ISO 4510-1：1987	Earth-moving machinery – Service tools – Part 1：Common maintenance and adjustment tools	土方机械 维修工具 第 1 部分：通用维修和调整工具	IS	1987.02
2	TC 127/SC 3	ISO 4510-2：1996	Earth-moving machinery – Service tools – Part 2：Mechanical pullers and pushers	土方机械 维修工具 第 2 部分：机械式拉拔器和推拔器	IS	1996.05
3	TC 127/SC 3	ISO 6011：2003	Earth-moving machinery – Visual display of machine operation	土方机械 机器操作的可视显示装置	IS	2003.02
4	TC 127/SC 3	ISO 6012：1997	Earth-moving machinery – Service instrumentation	土方机械 维修服务用仪器	IS	1997.07
5	TC 127/SC 3	ISO 6302：1993	Earth-moving machinery – Drain, fill and level plugs	土方机械 排液、加液和液位螺塞	IS	1993.07
6	TC 127/SC 3	ISO 6392-1：1996	Earth-moving machinery – Lubrication fittings – Part 1：Nipple type	土方机械 润滑油杯 第 1 部分：螺纹接头式	IS	1996.10

序号	技术机构	国际标准号	标准名称（英文）	标准名称（中文）	出版物类型	发布日期
7	TC 127/SC 3	ISO 6392-2：1996	Earth-moving machinery – Lubrication fittings – Part 2：Grease-gun nozzles	土方机械 润滑油杯 第2部分：油枪注油嘴	IS	1996.10
8	TC 127/SC 3	ISO 6405-1：2017	Earth-moving machinery – Symbols for operator controls and other displays – Part 1：Common symbols	土方机械 司机操纵装置和其他显示装置用符号 第1部分：通用符号	IS	2017.05
9	TC 127/SC 3	ISO 6405-2：2017	Earth-moving machinery – Symbols for operator controls and other displays – Part 2：Symbols for specific machines，equipment and accessories	土方机械 司机操纵装置和其他显示装置用符号 第2部分：机器、工作装置和附件的特殊符号	IS	2017.06
10	TC 127/SC 3	ISO 6749：1984	Earth-moving machinery – Preservation and storage	土方机械 防护与贮存	IS	1984.03
11	TC 127/SC 3	ISO 6750-1：2019	Earth-moving machinery – Operator's manual – Content and format	土方机械 司机手册 第1部分：内容和格式	IS	2019.08
12	TC 127/SC 3	ISO/TR6750-2：2021	Earth-moving machinery – Operator's manual – Part 2：List of references	土方机械 司机手册 第2部分：参考文献目录	IS	2021.09
13	TC 127/SC 3	ISO 7129：1997	Earth-moving machinery – Cutting edges used on tractor-dozers, graders and scrapers – Principal shapes and basic dimensions	土方机械 推土机、平地机和铲运机用刀片 主要形状和基本尺寸	IS	1997.09
14	TC 127/SC 3	ISO 7130：2013	Earth-moving machinery – Operator training – Content and methods	土方机械 司机培训 内容和方法	IS	2013.11
15	TC 127/SC 3	ISO 7852：1983	Earth-moving machinery – Plough bolt heads – Shapes and dimensions (excluding thread dimensions)	土方机械 沉头方颈螺栓	IS	1983.12
16	TC 127/SC 3	ISO 8152：1984	Earth-moving machinery – Operation and maintenance – Training of mechanics	土方机械 操作和维修 技工培训	IS	1984.08
17	TC 127/SC 3	ISO 8925：1989	Earth-moving machinery – Diagnostic ports	土方机械 检测孔	IS	1989.06
18	TC 127/SC 3	ISO 8927：1991	Earth-moving machinery – Machine availability – Vocabulary	土方机械 机器可用性术语	IS	1991.04

序号	技术机构	国际标准号	标准名称（英文）	标准名称（中文）	出版物类型	发布日期
19	TC 127/ SC 3	ISO 9247： 1990	Earth-moving machinery – Electrical wires and cables – Principles of identification and marking	土方机械　电线和电缆　识别和标记通则	IS	1990.10
20	TC 127/ SC 3	ISO 10261： 2021	Earth-moving machinery – Product identification numbering system	土方机械　产品识别代码系统	IS	2021.08
21	TC 127/ SC 3	ISO 11862： 1993	Earth-moving machinery – Auxiliary starting aid electrical connector	土方机械　辅助起动装置的电连接件	IS	1993.07
22	TC 127/ SC 3	ISO 12509： 2004	Earth-moving machinery – Lighting，signalling and marking lights，and reflex-reflector devices	土方机械　照明、信号和标志灯以及反射器	IS	2004.09
23	TC 127/ SC 3	ISO 12510： 2004	Earth-moving machinery – Operation and maintenance-Maintainability guidelines	土方机械　操作和维修　维护性指南	IS	2004.04
24	TC 127/ SC 3	ISO 12511： 1997	Earth-moving machinery – Hour meters	土方机械　计时表	IS	1997.10
25	TC 127/ SC 3	ISO 14990-1： 2016	Earth-moving machinery – Electrical safety of machines utilizing electric drives and related components and systems – Part 1：General requirements	土方机械　使用电力驱动的机械及其相关零件和系统的电安全　第1部分：一般要求	IS	2016.07
26	TC 127/ SC 3	ISO 14990-2： 2016	Earth-moving machinery – Electrical safety of machines utilizing electric drives and related components and systems – Part 2：Particular requirements for externally-powered machines	土方机械　使用电力驱动的机械及其相关零件和系统的电安全　第2部分：外部动力机器的特定要求	IS	2016.07
27	TC 127/ SC 3	ISO 14990-3： 2016	Earth-moving machinery – Electrical safety of machines utilizing electric drives and related components and systems – Part 3：Particular requirements for self-powered machines	土方机械　使用电力驱动的机械及其相关零件和系统的电安全　第3部分：自行式机器的特定要求	IS	2016.07
28	TC 127/ SC 3	ISO 15143-1： 2010	Earth-moving machinery and mobile road construction machinery – Worksite data exchange – Part 1：System architecture	土方机械和移动道路机械工地数据交换　第1部分：系统体系	IS	2010.05

续表

序号	技术机构	国际标准号	标准名称（英文）	标准名称（中文）	出版物类型	发布日期
29	TC 127/ SC 3	ISO 15143-2： 2010	Earth-moving machinery and mobile road construction machinery – Worksite data exchange – Part 2： Data dictionary	土方机械和移动道路机械 工地数据交换　第2部分： 数据库	IS	2010.05
30	TC 127/ SC 3	ISO/TS 15143-3： 2020	Earth-moving machinery and mobile road construction machinery – Worksite data exchange – Part 3： Telematics data	土方机械和移动式道路施工 机械　工地数据交换　第3 部分：远程信息处理数据	TS	2020.06
31	TC 127/ SC 3	ISO 15818： 2017	Earth-moving machinery – Lifting and tying-down attachment points – Performance requirements	土方机械　提升和捆系装置 性能要求	IS	2017.09
32	TC 127/ SC 3	ISO 15998： 2008	Earth-moving machinery – Machine-control systems (MCS) using electronic components-Performance criteria and tests for functional safety	土方机械　应用电子器件的 机器控制系统（MCS）功 能性安全的性能准则和试验	IS	2008.05
33	TC 127/ SC 3	ISO/TS 15998-2： 2012	Earth-moving machinery – Machine control systems (MCS) using electronic components – Part 2： Use and application of ISO 15998	土方机械　应用电子器件的 机器控制系统（MCS） 第2部分：ISO 15998的应 用指南	TS	2012.07
34	TC 127/ SC 3	ISO 16714： 2008	Earth-moving machinery – Recyclability and recoverability – Terminology and calculation method	土方机械　可再利用性和可 回收利用性　术语和计算 方法	IS	2008.10
35	TC 127/ SC 3	ISO 22448： 2010	Earth-moving machinery – Anti-theft systems – Classification and performance	土方机械　防盗系统　分类 和性能	IS	2010.06
36	TC 127/ SC 3	ISO 23727： 2009	Earth-moving machinery – Wheeled loader coupler for attachments	土方机械　轮胎式装载机附 属装置的连接装置	IS	2009.09

ISO/TC 127/SC 3 在编国际标准目录　　　表 7-17

序号	技术机构	国际标准号	标准名称（英文）	标准名称（中文）	出版物类型
1	TC 127/ SC 3	ISO 23285	Safety of electrical and electronic components and systems operating at 32 to 75 VDC and 21 to 50 VAC	在 32-75VDC 和 21-50VAC 下运行的电气和电子组件和 系统的安全性	IS (CD)

ISO/TC 127/SC 3 国际标准转化为中国标准目录

表 7-18

序号	国际标准信息			中国标准信息		采标程度	状态	备注
	技术机构	标准名称（英文）	发布日期	标准号	标准名称（中文）			
1	TC 127/SC 3	Earth-moving machinery – Service tools – Part 1: Common maintenance and adjustment tools	1987.2	GB/T 25688.1-2010	土方机械　维修工具　第 1 部分：通用维修和调整工具	IDT	已发布	修订
2	TC 127/SC 3	Earth-moving machinery – Service tools – Part 2: Mechanical pullers and pushers	1996.5	GB/T 25688.2-2010	土方机械　维修工具　第 2 部分：机械式拉拔器和推拔器	IDT	已发布	修订
3	TC 127/SC 3	Earth-moving machinery – Visual display of machine operation	2003.2	GB/T 25617-2010	土方机械　机器操作的可视显示装置	IDT	已发布	修订
4	TC 127/SC 3	Earth-moving machinery – Service instrumentation	1997.7	GB/T 14917-2008	土方机械　维修服务用仪器	IDT	已发布	修订
5	TC 127/SC 3	Earth-moving machinery – Drain, fill and level plugs	1993.7	GB/T 14780-2010	土方机械　排液、加液和液位螺塞	IDT	已发布	修订
6	TC 127/SC 3	Earth-moving machinery – Lubrication fittings – Part 1: Nipple type	1996.10	GB/T 25618.1-2010	土方机械　润滑油杯　第 1 部分：螺纹接头式	IDT	已发布	修订
7	TC 127/SC 3	Earth-moving machinery – Lubrication fittings – Part 2: Grease-gun nozzles	1996.10	GB/T 25618.2-2010	土方机械　润滑油杯　第 2 部分：油枪注油嘴	IDT	已发布	修订
8	TC 127/SC 3	Earth-moving machinery – Symbols for operator controls and other displays – Part 1: Common symbols	2017.5	GB/T 8593.1-×××	土方机械　司机操纵装置和其他显示装置用符号　第 1 部分：通用符号	IDT	待报批	修订
9	TC 127/SC 3	Earth-moving machinery – Symbols for operator controls and other displays – Part 2: Specific symbols for machines, equipment and accessories	2017.6	GB/T 8593.2-×××	土方机械　司机操纵装置和其他显示装置用符号　第 2 部分：机器、工作装置和附件的特殊符号	IDT	待报批	修订
10	TC 127/SC 3	Earth-moving machinery – Preservation and storage	1984.3	GB/T 22358-2008	土方机械　防护与贮存	IDT	已发布	修订
11	TC 127/SC 3	Earth-moving machinery – Cutting edges used on tractor-dozers, graders and scrapers – Principal shapes and basic dimensions	1997.9	GB/T 21940-2008	土方机械　推土机、平地机和铲运机用刀片　主要形状和基本尺寸	MOD	已发布	修订

序号	国际标准信息			中国标准信息				备注
	技术机构	标准名称（英文）	发布日期	标准号	标准名称（中文）	采标程度	状态	
12	TC 127/ SC 3	Earth-moving machinery – Operator training – Content and methods	2013.11	GB/T 25623-2017	土方机械 司机培训 内容和方法	IDT	已发布	修订
13	TC 127/ SC 3	Earth-moving machinery – Plough bolt heads – Shapes and dimensions (excluding thread dimensions)	1983.12	GB/T 21934-2008	土方机械 沉头方颈螺栓	MOD	已发布	修订
14	TC 127/ SC 3	Earth-moving machinery – Operation and maintenance – Training of mechanics	1984.8	GB/T 25621-2010	土方机械 操作和维修 技工培训	IDT	已发布	修订
15	TC 127/ SC 3	Earth-moving machinery – Diagnostic ports	1989.6	GB/T 14289-1993	土方机械 检测孔	eqv	已发布	修订
16	TC 127/ SC 3	Earth-moving machinery – Machine availability – Vocabulary	1991.4	GB/T 25602-2010	土方机械 机器可用性 术语	IDT	已发布	修订
17	TC 127/ SC 3	Earth-moving machinery – Electrical wires and cables – Principles of identification and marking	1990.10	GB/T 22353-2008	土方机械 电线和电缆 识别和标记通则	IDT	已发布	修订
18	TC 127/ SC 3	Earth-moving machinery – Product identification numbering system	2002.6	GB/T 25606-2010	土方机械 产品识别代码系统	IDT	已发布	修订
19	TC 127/ SC 3	Earth-moving machinery – Lighting, signalling and marking lights, and reflex-reflector devices	1993.7	GB/T 20418-2011	土方机械 照明、信号和标志灯以及反射器	MOD	已发布	修订
20	TC 127/ SC 3	Earth-moving machinery – Operation and maintenance – Maintainability guidelines	2004.9	GB/T 25620-2010	土方机械 操作和维修 维护性指南	IDT	已发布	修订
21	TC 127/ SC 3	Earth-moving machinery – Hour meters	2004.4	GB/T 21014-2007	土方机械 计时表	IDT	已发布	修订
22	TC 127/ SC 3	Earth-moving machinery – Electrical safety of machines utilizing electric drives and related components and systems – Part 1: General requirements	2016.7	GB/T 38943.1-2020	土方机械 使用电力驱动的机械及其相关零件和系统的电安全 第1部分：一般要求	IDT	已发布	制定

序号	国际标准信息			中国标准信息		采标程度	状态	备注
	技术机构	标准名称（英文）	发布日期	标准号	标准名称（中文）			
23	TC 127/SC 3	Earth-moving machinery – Electrical safety of machines utilizing electric drives and related components and systems – Part 2：Particular requirements for externally-powered machines	2016.7	GB/T 38943.2-2020	土方机械 使用电力驱动的机械及其相关零件和系统的电安全 第2部分：外部动力机器的特定要求	IDT	已发布	制定
24	TC 127/SC 3	Earth-moving machinery – Electrical safety of machines utilizing electric drives and related components and systems – Part 3：Particular requirements for self-powered machines	2016.7	GB/T 38943.3-2020	土方机械 使用电力驱动的机械及其相关零件和系统的电安全 第3部分：自行式机器的特定要求	IDT	已发布	制定
25	TC 127/SC 3	Earth-moving machinery and mobile road construction machinery – Worksite data exchange – Part 1：System architecture	2010.5	GB/T 35484.1-2017	土方机械和移动道路机械 工地数据交换 第1部分：系统体系	IDT	已发布	修订
26	TC 127/SC 3	Earth-moving machinery and mobile road construction machinery – Worksite data exchange – Part 2：Data dictionary	2010.5	GB/T 35484.2-2017	土方机械和移动道路机械 工地数据交换 第2部分：数据库	IDT	已发布	修订
27	TC 127/SC 3	Earth-moving machinery – Machine-control systems (MCS) using electronic components – Performance criteria and tests for functional safety	2017.9	GB/T 34353-2017	土方机械 应用电子器件的机器控制系统（MCS）功能性安全的性能准则和试验	IDT	已发布	修订
28	TC 127/SC 3	Earth-moving machinery – Recyclability and recoverability – Terminology and calculation method	2008.5	GB/T 30964-2014	土方机械 可再利用性和可回收利用性 术语和计算方法	IDT	已发布	修订
29	TC 127/SC 3	Earth-moving machinery – Anti-theft systems – Classification and performance	2012.7	GB/T 32820-2016	土方机械 防盗系统 分类和性能	IDT	已发布	修订
30	TC 127/SC 3	Earth-moving machinery – Wheeled loader coupler for attachments	2009.9	GB/T 32069-2015	土方机械 轮胎式装载机附属装置的连接装置	IDT	已发布	修订

续表

序号	国际标准信息			中国标准信息				备注
	技术机构	标准名称（英文）	发布日期	标准号	标准名称（中文）	采标程度	状态	
31	TC 127	Earth-moving machinery－Operator′s manual－Part 1：Content and format	2019.7	GB/T 25622.1-×××	土方机械　司机手册　第1部分：内容和格式	IDT	2022年底报批	修订
32	TC 127	Earth-moving machinery－Lifting and tying-down attachment points－Performance requirements	2017.7	GB/T ×××××-×××	土方机械　提升和捆系装置　性能要求	IDT	2022年底报批	制定

注：采标程度包括等同采用（IDT）、修改采用（MOD）、非等效采用（NEQ）。

7.5　关于安全及机器性能的试验方法分技术委员会（TC 127/SC 4）

7.5.1　基本情况

分技术委员会名称：关于术语、商业规格、分类和规格分技术委员会（Test methods relating to safety and machine performance）

分技术委员会编号：ISO/ TC 127/SC 4

成立时间：1981年

秘书处：意大利国家标准化协会（UNI）

主席：Dr Giorgio Garofani（任期至2024年）

委员会经理：Sig Lorenzo Rossignolo

国内技术对口单位：天津工程机械研究院有限公司

网址：https：//www. iso. org/committee/52192. html

7.5.2　工作范围

TC 127/SC 4的宗旨是制定一套完整的关于术语、商业规格、分类和规格的国际土方机械标准，用来作为世界各国的土方机械标准法规的基础。

7.5.3　组织架构

TC 127/SC 4目前由3个工作组组成，组织架构如图7.5所示。

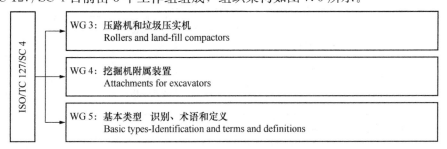

图 7.5　TC 127/SC 4 组织架构

7.5.4 相关技术机构

暂无。

7.5.5 工作开展情况

TC 127/SC 4 目前已发布标准 18 项，转化为中国标准 17 项，拟制定国际标准 1 项。这些标准的范围主要涉及术语、商业规格、分类和规格等。TC 127/SC 4 分技术委员会国内标准的技术对口工作主要为组织国内相关领域专家完成日常投票活动。

7.5.6 ISO/TC 127/SC 4 国际标准目录

ISO/TC 127/SC 4 目前已发布国际标准 18 项，已有 18 项国际标准转化为中国标准，拟制定国际标准 1 项，标准详细信息如表 7-19～表 7-21 所示。

ISO/TC 127/SC 4 已发布国际标准目录　　　　　　　　表 7-19

序号	技术机构	国际标准号	标准名称（英文）	标准名称（中文）	出版物类型	发布日期
1	TC 127/SC 4	ISO 6165：2012	Earth-moving machinery – Basic types – Identification and terms and definitions	土方机械　基本类型　识别、术语和定义	IS	2012.08
2	TC 127/SC 4	ISO 6746-1：2003	Earth-moving machinery – Definitions of dimensions and codes – Part 1：Base machine	土方机械　尺寸与符号的定义　第1部分：主机	IS	2003.03
3	TC 127/SC 4	ISO 6746-2：2003	Earth-moving machinery – Definitions of dimensions and codes – Part 2：Equipment and attachments	土方机械　尺寸与符号的定义　第2部分：工作装置和附属装置	IS	2003.03
4	TC 127/SC 4	ISO 6747：2013	Earth-moving machinery – Dozers – Terminology and commercial specifications	土方机械　推土机　术语和商业规格	IS	2013.06
5	TC 127/SC 4	ISO 7131：2009	Earth-moving machinery – Loaders – Terminology and commercial specifications	土方机械　装载机　术语和商业规格	IS	2009.10
6	TC 127/SC 4	ISO 7132：2003	Earth-moving machinery – Dumpers – Terminology and commercial specifications	土方机械　自卸车　术语和商业规格	IS	2003.06
7	TC 127/SC 4	ISO 7133：2013	Earth-moving machinery – Scrapers – Terminology and commercial specifications	土方机械　铲运机　术语和商业规格	IS	2013.07
8	TC 127/SC 4	ISO 7134：2013	Earth-moving machinery – Graders – Terminology and commercial specifications	土方机械　平地机　术语和商业规格	IS	2013.07

序号	技术机构	国际标准号	标准名称（英文）	标准名称（中文）	出版物类型	发布日期
9	TC 127/ SC 4	ISO 7135：2009	Earth-moving machinery – Hydraulic excavators – Terminology and commercial specifications	土方机械 液压挖掘机 术语和商业规格	IS	2009.10
10	TC 127/ SC 4	ISO 7136：2006	Earth-moving machinery – Pipelayers – Terminology and commercial specifications	土方机械 吊管机 术语和商业规格	IS	2006.05
11	TC 127/ SC 4	ISO 8811：2000	Earth-moving machinery – Rollers and compactors – Terminology and commercial specifications	土方机械 压路机和回填压实机 术语和商业规格	IS	2000.02
12	TC 127/ SC 4	ISO 8812：2016	Earth-moving machinery – Backhoe loaders – Terminology and commercial specifications	土方机械 挖掘装载机 术语和商业规格	IS	2016.08
13	TC 127/ SC 4	ISO 9245：1991	Earth-moving machinery – Machine productivity – Vocabulary, symbols and units	土方机械 机器生产率 术语、符号和单位	IS	1991.11
14	TC 127/ SC 4	ISO/TS 9250-1：2012	Earth-moving machinery – Multilingual listing of equivalent terms – Part 1：General	土方机械 同义术语的多语种列表 第1部分：综合	TS	2012.10
15	TC 127/ SC 4	ISO/TS 9250-2：2012	Earth-moving machinery – Multilingual listing of equivalent terms – Part 2：Performance and dimensions	土方机械 同义术语的多语种列表 第2部分：性能和尺寸	TS	2012.10
16	TC 127/ SC 4	ISO 13539：1998	Earth-moving machinery – Trenchers – Definitions and commercial specifications	土方机械 挖沟机 术语和商业规范	IS	1998.08
17	TC 127/ SC 4	ISO 15219：2004	Earth-moving machinery – Cable excavators – Terminology and commercial specifications	土方机械 机械挖掘机 术语	IS	2004.06
18	TC 127/ SC 4	ISO 16417：2020	Earth-moving machinery – Hydraulic breakers – Terminology and commercial specifications	土方机械 液压破碎锤 术语和商业规格	IS	2020.10

ISO/TC 127/SC 4 国际标准转化为中国标准目录 表 7-20

序号	国际标准信息			中国标准信息		采标程度	状态	备注
	技术机构	标准名称（英文）	发布日期	标准号	标准名称（中文）			
1	TC 127/SC 4	Earth-moving machinery – Basic types – Identification and terms and definitions	2012.8	GB/T 8498-2017	土方机械 基本类型 识别、术语和定义	IDT	已发布	修订
2	TC 127/SC 4	Earth-moving machinery – Definitions of dimensions and codes – Part 1: Base machine	2003.3	GB/T 18577.1-2008	土方机械 尺寸与符号的定义 第1部分：主机	IDT	已发布	修订
3	TC 127/SC 4	Earth-moving machinery – Definitions of dimensions and codes – Part 2: Equipment and attachments	2003.3	GB/T 18577.2-2008	土方机械 尺寸与符号的定义 第2部分：工作装置和附属装置	IDT	已发布	修订
4	TC 127/SC 4	Earth-moving machinery – dozers – Terminology and commercial specifications	2013.6	GB/T 8590-2018	土方机械 推土机 术语和商业规格	IDT	已发布	修订
5	TC 127/SC 4	Earth-moving machinery – Loaders – Terminology and commercial specifications	2009.10	GB/T 25604-2017	土方机械 装载机 术语和商业规格	IDT	已发布	修订
6	TC 127/SC 4	Earth-moving machinery – Dumpers – Terminology and commercial specifications	2003.6	GB/T 25605-2010	土方机械 自卸车 术语和商业规格	MOD	已发布	修订
7	TC 127/SC 4	Earth-moving machinery – scrapers – Terminology and commercial specifications	2013.7	GB/T 7920.8-2018	土方机械 铲运机 术语和商业规格	IDT	已发布	修订
8	TC 127/SC 4	Earth-moving machinery – Graders – Terminology and commercial specifications	2013.7	GB/T 7920.9-2020	土方机械 平地机 术语和商业规格	MOD	已发布	修订
9	TC 127/SC 4	Earth-moving machinery – Hydraulic excavators – Terminology and commercial specifications	2009.10	GB/T 6572-2014	土方机械 液压挖掘机 术语和商业规格	IDT	已发布	修订
10	TC 127/SC 4	Earth-moving machinery – Pipelayers – Definitions and commercial specifications	2006.5	GB/T 22352-2008	土方机械 吊管机 术语和商业规格	IDT	已发布	修订
11	TC 127/SC 4	Earth-moving machinery – Rollers and compactors – Terminology and commercial specifications	2000.2	GB/T 7920.5-2003	土方机械 压路机和回填压实机 术语和商业规格	MOD	已发布	修订

续表

序号	国际标准信息				中国标准信息				备注
	技术机构	标准名称（英文）	发布日期	标准号	标准名称（中文）	采标程度	状态		
12	TC 127/ SC 4	Earth-moving machinery – Backhoe loaders – Definitions and commercial specifications	2016.8	GB/T 10168-2020	土方机械 挖掘装载机 术语和商业规格	IDT	已发布	修订	
13	TC 127/ SC 4	Earth-moving machinery – Machine productivity – Vocabulary, symbols and units	1991.11	GB/T 22354-2008	土方机械 机器生产率 术语、符号和单位	IDT	已发布	修订	
14	TC 127/ SC 4	Earth-moving machinery – Multilingual listing of equivalent terms – Part 1：General	2012.10	GB/T 25687.1-2017	土方机械 同义术语的多语种列表 第1部分：综合	IDT	已发布	修订	
15	TC 127/ SC 4	Earth-moving machinery – Multilingual listing of equivalent terms – Part 2：Performance and dimensions	2012.10	GB/T 25687.2-2017	土方机械 同义术语的多语种列表 第2部分：性能和尺寸	IDT	已发布	修订	
16	TC 127/ SC 4	Earth-moving machinery – Trenchers – Definitions and commercial specifications	1998.8	GB/T 19931-2005	土方机械 挖沟机 术语和商业规范	MOD	已发布	修订	
17	TC 127/ SC 4	Earth-moving machinery – Cable excavators – Terminology and commercial specifications	2004.6	GB/T 22357-2008	土方机械 机械挖掘机 术语	IDT	已发布	修订	
18	TC 127/ SC 4	Earth-moving machinery – Hydraulic breakers – Terminology and commercial specifications	2020.6	GB/T ××××-××××	土方机械 液压破碎锤 术语和商业规格	IDT	2022年底报批	制定	

注：采标程度包括等同采用（IDT）、修改采用（MOD）、非等效采用（NEQ）。

ISO/TC 127/SC 4 拟制定国际标准目录　　　　　　　　表 7-21

序号	技术机构	拟制定标准名称（英文）	拟制定标准名称（中文）	备注
1	TC 127/ SC 4	Earth-moving machinery – Forklist wheel loaders – Terminology and commercial specifications	土方机械 轮胎式叉装机 术语和商业规格	叉装机为中国原创新机型，力求向全球推广

8 空气和其他气体的净化设备（TC 142）

空气和其他气体的净化设备技术委员会（ISO/TC 142 Cleaning equipment for air and other gases）主要开展一般通风和工业用通风领域中，空气和其他气体的净化及消毒设备的术语、分类、特性、试验方法和性能方法的标准化工作，行业主管部门为住房和城乡建设部。

8.0.1 基本情况

技术委员会名称：空气和其他气体的净化设备（Cleaning equipment for air and other gases）

技术委员会编号：ISO/TC 142

成立时间：1970 年

秘书处：意大利国家标准化协会（UNI）

主席：Mr Riccardo Romanò（任期至 2022 年）

委员会经理：Ms Anna Martino

国内技术对口单位：中国建筑科学研究院空气调节研究所

网址：https://www.iso.org/committee/52624.html

8.0.2 工作范围

ISO/TC 142 主要开展一般通风和工业用通风领域中，空气和其他气体的净化及消毒设备的术语、分类、特性、试验方法和性能方法的标准化工作，不包括用于移动设备的燃气轮机和集成电路发动机的废气净化器，这在其他 ISO 技术委员会的范围内；ISO/TC 94 技术委员会的工作领域：个人防护设备过滤器；ISO/TC 22、23 和 127 所覆盖的移动设备中的舱室过滤器。

8.0.3 组织架构

ISO/TC 142 目前由 12 个工作组组成，组织架构如图 8.1 所示。

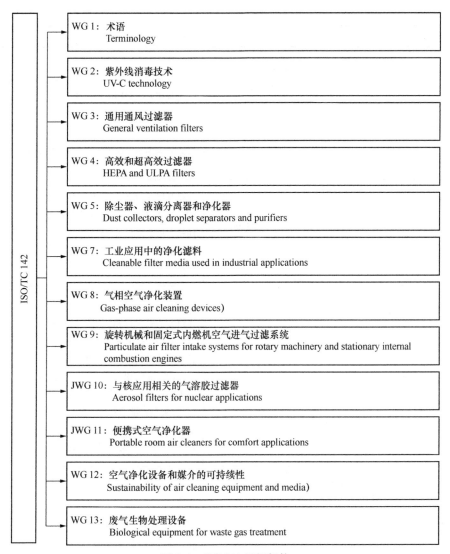

WG 1：术语
Terminology

WG 2：紫外线消毒技术
UV-C technology

WG 3：通用通风过滤器
General ventilation filters

WG 4：高效和超高效过滤器
HEPA and ULPA filters

WG 5：除尘器、液滴分离器和净化器
Dust collectors, droplet separators and purifiers

WG 7：工业应用中的净化滤料
Cleanable filter media used in industrial applications

WG 8：气相空气净化装置
Gas-phase air cleaning devices)

WG 9：旋转机械和固定式内燃机空气进气过滤系统
Particulate air filter intake systems for rotary machinery and stationary internal combustion engines

JWG 10：与核应用相关的气溶胶过滤器
Aerosol filters for nuclear applications

JWG 11：便携式空气净化器
Portable room air cleaners for comfort applications

WG 12：空气净化设备和媒介的可持续性
Sustainability of air cleaning equipment and media)

WG 13：废气生物处理设备
Biological equipment for waste gas treatment

ISO/TC 142

图 8.1　TC 142 组织架构

8.0.4　相关技术机构

TC 142 相关技术机构信息如表 8-1 所示。

ISO/TC 142 相关技术机构　　　　　　　　　　　　表 8-1

序号	技术机构	技术机构名称	工作范围
1	ISO/TC 22/SC34	推进系统、动力系统及动力系统流体（Propulsion, power-train and powertrain fluids）	主要开展各种公路车辆的推进系统、动力系统及动力系统流体等的标准化工作
2	ISO/TC 22/SC40	(Specific aspects for light and heavy commercial vehicles, busses and trailers)	主要开展重型卡车、商用车、公共汽车、挂车以及它们的车身和接口（例如，联轴器）的标准化工作
3	ISO/TC 23	农林拖拉机和机械（Tractors and machinery for agriculture and forestry）	主要开展应用于农业、林业、园艺、园林绿化、灌溉领域以及其他相关领域的拖拉机、机械设备和系统，各类动物的电子识别系统等的标准化工作

序号	技术机构	技术机构名称	工作范围
4	ISO/TC 24	粒子特性（包括筛分）（Particle characterization including sieving）	主要开展用于对固态或液态颗粒材料进行粒度分类的设备和方法的标准化工作
5	ISO/TC 24/SC 4	粒子特性（Particle characterization）	主要开展用于对固态或液态粒子特性的标准化工作
6	ISO/TC 70	内燃机（Internal combustion engines）	主要开展往复式和回转式内燃机领域的标准化工作，包括定义、性能/试验和特殊要求，也包括发动机、被驱动机械和环境三者之间的关系，不包括用于推动道路车辆和飞机的往复式和旋转置换发动机
7	ISO/TC 82	采矿（Mining）	主要开展如下标准化工作：与用于露天矿山（如输送机、高壁采煤机、岩石钻机和连续式地面采煤机）用于提取固体矿物的所有地下采矿机械和设备有关的专门采矿机械和设备的规范；矿山测量中使用的平面图和图纸的介绍推荐做法；矿产储量计算方法；矿山复垦管理；矿山结构设计；特别保护区/救援室；轴钻孔机。不包括 ISO/TC 195、IEC/TC 31、ISO/TC 118、ISO/TC 127；ISO/TC 182、ISO/TC 195 和集料加工机的内容
8	ISO/TC 85/SC 2	辐射防护（Radiological protection）	主要开展核能、核技术领域中辐射防护的标准化工作
9	ISO/TC 86	制冷和空调（Refrigeration and air-conditioning）	主要开展制冷和空调领域的标准化工作，包括术语、机械安全、设备测试和定级方法、声级测量、与环保相关的制冷剂和制冷润滑油。具体涉及组合式空调制冷设备、热水泵、除湿机、制冷剂及其回收设备，以及不在其他 ISOTC 范围内的用于空调和制冷系统的加湿、通风、自控设备
10	ISO/TC 94	个人安全——个人防护装备（Personal safety – Personal protective equipment）	主要开展个人防护设备性能的标准化工作，保护穿戴者避免所有已知的可能危险
11	ISO/TC 118/SC 4	压缩空气处理技术（Compressed air treatment technology）	主要开展气体压缩相关领域的标准化工作
12	ISO/TC 127	土方机械（Earth-moving machinery）	见第 7 章

序号	技术机构	技术机构名称	工作范围
13	ISO/TC 146	空气质量（Air quality）	主要开展空气质量特性的标准化工作，包括大气排放，工作区空气、环境空气、室内空气，以及空气污染物测量方法（颗粒、气体、气味、微生物）和气象参数，测量计划，质量保证/质量控制（QA/QC）程序和包括不确定度在内的结果评价方法，不包括大气污染物限值的确定、洁净室的空气质量、放射性物质
14	ISO/TC 146/SC 1	静态源排放（Stationary source emissions）	主要开展空气质量特性中静态源排放的标准化工作
15	ISO/TC 146/SC 6	室内空气（indoor air）	主要开展室内空气相关的标准化工作
16	ISO/TC 192	蒸汽轮机（Gas turbines）	主要开展燃气轮机设计、应用、安装、运行和维护的标准化工作，包括简单水轮机循环、联合循环系统的定义、采购、验收、性能、环境影响（对燃气轮机本身和外部环境）和试验方法
17	ISO/TC 205	建筑环境设计（Building environment design）	见第 13 章
18	ISO/TC 209	洁净室和相关受控环境（Cleanrooms and associated controlled environments）	主要开展洁净室和相关受控环境的标准化工作，包括洁净度控制，以及与设施、可持续性、设备、过程和操作相关的其他属性和特征
19	ISO/TC 229	纳米技术（Nanotechnologies）	主要开展纳米技术领域的标准化工作，包括制定术语和定义，计量及相关仪表（包括标准物质的规格），测试方法，建模和仿真，以及基于科学的健康、安全和环境实践
20	IEC/TC 59	家用及类似电器的性能（Performance of household and similar electrical appliances）	主要开展家用及类似用途电热器具性能测量方法的标准化工作

8.0.5　工作开展情况

ISO/TC 142 对口国内 SAC/TC 143 全国暖通空调和净化设备标委会中的"空气净化"分技术委员会（SC 6），但其涉及内容远比国内的"净化"概念要大得多，除一般所指通风净化之外，还涉及紫外线消毒、除尘、旋转机械和固定式内燃气空气过滤器、核应用相关的气溶胶过滤器，因此 ISO/TC 142 的中国注册专家涉及面也比较广，专家梯队在研究方向、就职单位性质、年龄分布比较合理，有利于专家团队的可持续发展。

近年，ISO/TC 142 中国注册专家参与工作比较活跃，一直积极参与 ISO 相关标准活动。ISO/TC 142 共设有 12 个工作组，截至 2022 年 6 月，ISO/TC 142 归口管理 ISO 现行标准 23 项、在编标准 20 项。中国专家承担其中 2 个工作组的召集人，其中深圳市智慧安防行业协会黄永衡教授级高工任 WG2 召集人，清华大学席劲瑛副教授任 WG13 召集人。2018 年，国内技术对口单位承办了"ISO/TC 142 第 14 次全体大会和工作组会议"，得到了与会专家的一致好评，加强了中外专家的交流。除此之外，中国专家积极跟踪 ISO 标准的编制，实质性参与并主导了若干项标准。第一，2019 年 4 月 16 日，我国在 ISO/TC 142 主导立项了第 1 个标准：ISO 29461-7 Air filter intake systems for rotary machinery—Test methods—Part 7：Water endurance test for air filter elements（《旋转式空气动力设备进风过滤系统—试验方法 第 7 部分：空气过滤器抗水雾性能试验方法》），提案单位为国电科学技术研究院有限公司，目前为 FDIS 投票阶段，预计 2022 年发布。第二，2020 年 9 月 30 日，我国在 ISO/TC 142 主导立项了第 2 个标准：ISO 23139 Biological equipment for treating air and other gases-Application guidance for deodorization in wastewater treatment plan（《废气生物净化设备：污水处理厂除臭应用指南》），提案单位为清华大学和上海市政工程设计研究总院（集团）有限公司，已于 2021 年 9 月 30 日完成 CD 阶段投票，预计 2023 年 9 月完成。第三，2020 年，基于新冠肺炎疫情，我国主导提出了一个预工作项目 ISO 5371 High efficiency filtration units in exhaust ventilation system of biosafety facilities（《生物安全设施用排风高效过滤装置》），负责单位为中国建筑科学研究院有限公司，已于 2020 年 7 月通过预工作项目 PWI 的投票，并于 2022 年 2 月 14 日开始 NP 投票，如 5 月 9 日投票通过，则是我国在 ISO/TC 142 主导立项的第 3 个标准。除了主导标准，中国专家作为项目负责人重新激活了 3 项国外专家在几年前主导提出但没有能力编制完成的项目，并已陆续发布。此外，中国专家还实质性参与了 10 余项 ISO 标准的编写。

在国内净化相关标准的制修订过程中，有 3 项中国建筑科学研究院有限公司负责的产品国家标准修订参考了 ISO/TC 142 标准，包括《空气过滤器》GB/T14295、《高效空气过滤器》GB/T13554 和《高效空气过滤器性能试验方法 效率和阻力》GB/T6165。此 3 项标准已分别于 2019 年、2020 年和 2021 年发布。

未来几年，将以中国主导 ISO 标准为契机，逐步加强 ISO/TC 142 中国注册专家队伍，加强在传统空气净化、废气生物治理、电力设备进气过滤系统等方面相关的国际标准编制工作，逐步加强 ISO 标准的实质性采标工作。通过更加积极主动地参与此方面工作，不但要继续保持中国在 ISO/TC 142 中 P 成员国的位置，还要在专业领域施加中国技术的影响，实现中国技术作为国际标准引领的目标。

为实现上述目标，需要不断完善相应管理制度，国内技术对口单位应秉承科学、客观的态度，从维护国家利益、促进行业技术发展角度出发，严格按照国标委《参加国际标准化组织（ISO）和国际电工委员会（IEC）国际标准化活动管理办法》组织国内注册专家参与 ISO 标准制修订工作。为保证中国注册专家参与 ISO 工作的有效性，2019 年国内对口技术单位制定了《中国注册专家参加 ISO/TC 142 国际标准化活动管理办法》，除规定专家应履行的职责和应遵守的外事纪律、国内技术对口单位应对专家实行动态管理并定期检查工作情况外，特针对 PWI 标准提案进行了具体规定，以确保提案符合我国产业发展需求。

8.0.6　ISO/TC 142 国际标准目录

ISO/TC 142 目前已发布国际标准 23 项，在编国际标准 20 项，相关技术机构国际标准 11 项，拟制定国际标准 1 项，标准详细信息如表 8-2～表 8-5 所示。

ISO/TC 142 已发布国际标准目录　　　　表 8-2

序号	技术机构	国际标准号	标准名称（英文）	标准名称（中文）	出版物类型	发布日期
1	ISO/TC 142	ISO 10121-1：2014	Test method for assessing the performance of gas-phase air cleaning media and devices for general ventilation – Part 1: Gas-phase air cleaning media	全面通风用气相空气净化剂及洁净设备的性能评价测定方法 第1部分：气相空气净化材料	IS	2014.04
2	ISO/TC 142	ISO 10121-2：2013	Test methods for assessing the performance of gas-phase air cleaning media and devices for general ventilation – Part 2: Gas-phase air cleaning devices (GPACD)	全面通风用气相空气净化剂及设备的性能评价测定方法 第2部分：气相空气净化设备（GPACD）	IS	2013.04
3	ISO/TC 142	ISO 15714：2019	Method of evaluating the UV dose to airborne microorganisms transiting in-duct ultraviolet germicidal irradiation devices	紫外线空气消毒设备中UC剂量的评测方法	IS	2019.07
4	ISO/TC 142	ISO 15727：2020	UV-C devices – Measurement of output of UV-C lamp	UV-C设备 UV-C灯输出量的测量	IS	2020.01
5	ISO/TC 142	ISO 15858：2016	UV-C Devices – Safety information – Permissible human exposure	UV-C设备 安全信息 人体容许暴露程度	IS	2016.07
6	ISO/TC 142	ISO 15957：2015	Test dusts for evaluating air cleaning equipment	空气洁净设备评价用测试尘	IS	2015.03
7	ISO/TC 142	ISO 16170：2016	In situ test methods for high efficiency filter systems in industrial facilities	工业设施的高效过滤系统的现场测试方法	IS	2016.07
8	ISO/TC 142	ISO 16890-1：2016	Air filters for general ventilation – Part 1: Technical specifications, requirements and classification system based upon particulate matter efficiency (ePM)	一般通风用空气过滤器 第1部分：基于颗粒物效率（ePM）的技术规格、要求和能效分级系统	IS	2016.12
9	ISO/TC 142	ISO 16890-2：2016	Air filters for general ventilation – Part 2: Measurement of fractional efficiency and air flow resistance	一般通风用空气过滤器 第2部分：分级效率和气流阻力的测量	IS	2016.12
10	ISO/TC 142	ISO 16890-3：2016	Air filters for general ventilation – Part 3: Determination of the gravimetric efficiency and the air flow resistance versus the mass of test dust captured	一般通风用空气过滤器 第3部分：对去除测试尘计重效率和气流阻力的测定	IS	2016.12

序号	技术机构	国际标准号	标准名称（英文）	标准名称（中文）	出版物类型	发布日期
11	ISO/TC 142	ISO 16890-4：2016	Air filters for general ventilation – Part 4：Conditioning method to determine the minimum fractional test efficiency	一般通风用空气过滤器 第4部分：确定最小分级测试效率的调节方法	IS	2016.12
12	ISO/TC 142	ISO 16891：2016	Test methods for evaluating degradation of characteristics of cleanable filter media	可净化过滤介质的性能衰退评估的测试方法	IS	2016.01
13	ISO/TC 142	ISO 21083-1：2018	Test method to measure the efficiency of air filtration media against spherical nanomaterials – Part 1：Size range from 20 nm to 500 nm	空气过滤介质去除球形纳米材料效率的测试方法 第1部分：粒径尺寸为20～500nm	IS	2018.11
14	ISO/TC 142	ISO/TS 21083-2：2019	Test method to measure the efficiency of air filtration media against spherical nanomaterials – Part 2：Particle size range from 3 nm to 30 nm	空气过滤介质去除球形纳米材料效率的测试方法 第2部分：粒径尺寸为3～30nm	TS	2019.03
15	ISO/TC 142	ISO 22031：2021	Sampling and test method for cleanable filter media taken from filters of systems in operation	工作中过滤器系统可净化过滤材料的取样和试验方法	IS	2021.01
16	ISO/TC 142	ISO 29461-1：2021	Air intake filter systems for rotary machinery – Test methods – Part 1：Static filter elements	旋转机械的进气过滤系统测定方法 第1部分：静态过滤元件	IS	2021.09
17	ISO/TC 142	ISO 29462：2013	Field testing of general ventilation filtration devices and systems for in situ removal efficiency by particle size and resistance to airflow	一般通风用过滤装置和系统计径过滤效率及阻力的现场测试	IS	2013.03
18	ISO/TC 142	ISO 29463-1：2017	High efficiency filters and filter media for removing particles from air – Part 1：Classification, performance, testing and marking	清除空气中微粒用高效过滤器和过滤材料 第1部分：分级、性能要求、测试与标识	IS	2017.09
19	ISO/TC 142	ISO 29463-2：2011	High-efficiency filters and filter media for removing particles in air – Part 2：Aerosol production, measuring equipment and particle-counting statistics	清除空气中微粒用高效过滤器和过滤材料 第2部分：气溶胶产品，测量设备和粒子计数统计计量	IS	2011.10

续表

序号	技术机构	国际标准号	标准名称（英文）	标准名称（中文）	出版物类型	发布日期
20	ISO/TC 142	ISO 29463-3：2011	High-efficiency filters and filter media for removing particles in air – Part 3：Testing flat sheet filter media	清除空气中微粒用高效过滤器和过滤材料　第3部分：测试平板过滤介质	IS	2011.10
21	ISO/TC 142	ISO 29463-4：2011	High-efficiency filters and filter media for removing particles in air – Part 4：Test method for determining leakage of filter elements-Scan method	清除空气中微粒用高效过滤器和过滤材料　第4部分：测定过滤器元件渗漏的试验方法-扫描法	IS	2011.10
22	ISO/TC 142	ISO 29463-5：2022	High-efficiency filters and filter media for removing particles in air – Part 5：Test 20method for filter elements	清除空气中微粒用高效过滤器和过滤材料　第5部分：过滤元件的测试方法	IS	2022.03
23	ISO/TC 142	ISO 29464：2017	Cleaning of air and other gases – Terminology	空气或其他气体的净化设备术语	IS	2017.09

注：出版物类型包括 IS（国际标准）、TS（技术规范），以下相同。

ISO/TC 142 在编国际标准目录　　　　表 8-3

序号	技术机构	国际标准号	标准名称（英文）	标准名称（中文）	出版物类型
1	ISO/TC 142	ISO/DIS 10121-3	Test method for assessing the performance of gas-phase air cleaning media and devices for general ventilation – Part 3：Classification system for treatment of make up air	全面通风用气相空气净化剂及设备的性能评价测定方法　第3部分：新风处理的分级系统	IS
2	ISO/TC 142	ISO/AWI 16313-1	Laboratory test of dust collection systems utilizing porous filter media online cleaned using pulses of compressed gas – Part 1：Systems utilizing integrated fans	利用脉冲压缩气体对使用多孔过滤介质在线清洗粉尘收集系统的实验室测试方法　第1部分：有整体风扇的系统	IS
3	ISO/TC 142	ISO/DIS 16890-2	Air filters for general ventilation – Part 2：Measurement of fractional efficiency and air flow resistance	一般通风用空气过滤器　第2部分：分级效率和气流阻力的测量	IS
4	ISO/TC 142	ISO/AWI 16890-3	Air filters for general ventilation – Part 3：Determination of the gravimetric efficiency and the air flow resistance versus the mass of test dust captured	一般通风用空气过滤器　第3部分：对去除测试尘计重效率和气流阻力的测定	IS
5	ISO/TC 142	ISO/DIS 16890-4	Air filters for general ventilation – Part 4：Conditioning method to determine the minimum fractional test efficiency	一般通风用空气过滤器　第4部分：确定最小分级测试效率的调节方法	IS

序号	技术机构	国际标准号	标准名称（英文）	标准名称（中文）	出版物类型
6	ISO/TC 142	ISO/AWI 16890-5	Air filters for general ventilation – Part 5：Measurement of fractional efficiency and air flow resistance for flat sheet filter media	一般通风用空气过滤器 第5部分：平板过滤介质的分级效率和气流阻力的测量	IS
7	ISO/TC 142	ISO/CD 23137-1	Requirements for aerosol filters used in nuclear facilities against specified severe conditions – Part 1：General requirements	严格条件下核设施中使用的气溶胶过滤器的要求 第1部分：一般要求	IS
8	ISO/TC 142	ISO/AWI 23138	Biological equipment for treating air and other gases – General requirements	处理空气和其他气体的生物装置 一般要求	IS
9	ISO/TC 142	* ISO/CD 23139	Biological equipment for treating air and other gases-Application guidance for deodorization in wastewater treatment plants	废气生物净化设备：污水处理厂除臭应用指南	IS
10	ISO/TC 142	ISO/AWI 23742	Test method for the evaluation of permeability and filtration efficiency distribution of bag filter medium	袋式过滤介质的渗透性和过滤效率分布评价的试验方法	IS
11	ISO/TC 142	ISO/CD 29461-3	Air filter intake systems for rotary machinery – Test methods – Part 3：Mechanical integrity of filter elements	旋转式空气动力设备进风过滤系统 试验方法 过滤元件的机械完整性	IS
12	ISO/TC 142	ISO/AWI 29461-4	Air intake filter systems for rotary machinery – Test methods – Part 4：Test methods for static filter systems in marine and offshore environments	旋转式空气动力设备进风过滤系统 试验方法 海洋和海上环境静态过滤系统的试验方法	IS
13	ISO/TC 142	* ISO/FDIS 29461-7	Air filter intake systems for rotary machinery-Test methods-Part 7：Water endurance test for air filter elements	旋转式空气动力设备进风过滤系统 试验方法 第7部分：空气过滤器抗水雾性能试验方法	IS
14	ISO/TC 142	ISO/FDIS 29462	Field testing of general ventilation filtration devices and systems for in situ removal efficiency by particle size and resistance to airflow	一般通风用过滤装置和系统计径过滤效率及阻力的现场测试	IS
15	ISO/TC 142	ISO/AWI 29463-1	High-efficiency filters and filter media for removing particles in air – Part 1：Classification, performance, testing and marking	清除空气中微粒用高效过滤器和过滤材料 第1部分：分类、性能、测试和标定	IS
16	ISO/TC 142	ISO/AWI 29464	Cleaning of air and other gases – Terminolog	空气和其他气体的净化术语	IS

序号	技术机构	国际标准号	标准名称（英文）	标准名称（中文）	出版物类型
17	ISO/TC 142	IEC/CD 63086-2-1	Household and similar electrical air cleaning appliances-Methods for measuring the performance – Part 2-1：Particular requirements for determination of reduction of particles	家用和类似用途的电动空气净化器具　性能的测试方法　第2-1部分：颗粒减少量测定的特殊要求	IS
18	ISO/TC 142	IEC/AWI 63086-2-2	Household and similar electrical air cleaning appliances-Methods for measuring the performance – Part 2-2：Particular requirements for determination of chemical gases reduction	家用和类似用途的电动空气净化器具　性能的测试方法　第2-2部分：化学气体减少量测定的特殊要求	IS
19	ISO/TC 142	IEC/AWI 63086-2-5	Household and similar electrical air cleaning appliances – Methods for measuring the performance – Part 2-5：Particulate requirements for measurement of performance change with particle loading	家用和类似用途的电动空气净化器具　性能的测试方法　第2-5部分：性能随颗粒载荷变化测量的特殊要求	IS
20	ISO/TC 142	IEC/WD 63086-2-6	Household and similar electrical air cleaning appliances – Methods for measuring the performance – Part 2-6：Particular requirements for fresh-air air cleaners	家用和类似用途的电动空气净化器具　性能的测试方法　第2-1部分：新风空气净化器的特殊要求	IS

注：＊表示该标准由中国提案。

ISO/TC 142 相关技术机构国际标准目录　　　　　　　表 8-4

序号	技术机构	国际标准号	标准名称（英文）	标准名称（中文）	出版物类型	发布日期
1	ISO/TC 22/ SC 34	ISO 19724：2020	Gasoline engines with direct injection – Cleanliness assessment of fuel injection equipment	直接喷射汽油发动机　燃油喷射设备的净化度评定	IS	2020.06
2	ISO/TC 22/ SC 34	ISO 16332：2018	Diesel engines – Fuel filters – Method for evaluating fuel/water separation efficiency	柴油发动机　燃料过滤器　燃料/水分离效率的评价方法	IS	2018.04
3	ISO/TC 24	ISO 19430：2016	Particle size analysis – Particle tracking analysis (PTA) method	粒度分析-颗粒跟踪分析（PTA）方法	IS	2016.12
4	ISO/TC 24	ISO 27891：2015	Aerosol particle number concentration – Calibration of condensation particle counters	气溶胶粒子数浓度　冷凝粒子计数器的校准	IS	2015.03

续表

序号	技术机构	国际标准号	标准名称（英文）	标准名称（中文）	出版物类型	发布日期
5	ISO/TC 70	ISO 4548-12：2017	Methods of test for full-flow lubricating oil filters for internal combustion engines – Part 12：Filtration efficiency using particle counting and contaminant retention capacity	内燃机用全流量润滑油过滤器的试验方法 第12部分：使用颗粒计数和污染物滞留能力的过滤效率	IS	2017.05
6	ISO/TC 85	ISO 11933-4：2001	Components for containment enclosures – Part 4：Ventilation and gas-cleaning systems such as filters，traps，safety and regulation valves，control and protection devices	安全壳用部件 第4部分：通风和气体清洗系统，如过滤器、疏水器、安全和调节阀、控制和保护装置	IS	2001.05
7	ISO/TC 94	ISO 16900-3：2012	Respiratory protective devices – Methods of test and test equipment – Part 3：Determination of particle filter penetration	呼吸保护装置 试验方法和试验设备 第3部分：颗粒过滤器渗透性的测定	IS	2012.11
8	ISO/TC 94	ISO 16900-4：2011	Respiratory protective devices – Methods of test and test equipment – Part 4：Determination of gas filter capacity and migration，desorption and carbon monoxide dynamic testing	呼吸保护装置 试验和试验设备方法 第4部分：气体过滤器容量和迁移、解吸和一氧化碳动态试验的测定	IS	2011.09
9	ISO/TC 146	ISO 16000-1：2004	Indoor air – Part 1：General aspects of sampling strategy	室内空气 第1部分：取样策略的一般方面	IS	2004.07
10	ISO/TC 209	ISO 14644-1：2015	Cleanrooms and associated controlled environments – Part 1：Classification of air cleanliness by particle concentration	洁净室和相关的受控环境 第1部分：按颗粒浓度分类的空气净化度	IS	2015.12
11	IEC/TC 59	IEC 63086-1：2020	Household and similar electrical air cleaning appliances-Methods for measuring the performance-Part 1：General requirements	家用和类似用途电气空气净化器 性能测量方法 第1部分：一般要求	IS	2020.04

ISO/TC 142 拟制定国际标准目录 表 8-5

序号	技术机构	拟制定标准名称（英文）	拟制定标准名称（中文）	备注
1	ISO/TC 142	High efficiency filtration units in exhaust ventilation systems of biosafety facilities	生物安全设施用排风高效过滤装置	JGJ/T497-2016

9 燃气和/或燃油控制和保护装置 (TC 161)

ISO/TC 161 成立于 1974 年，最近十多年才比较活跃，尤其是近 5 年，大量的推进标准制修订，尤其欧盟和美国以及日本，在不断地将本国的标准技术努力推向 ISO 标准或在其中加入各自的内容，因此不仅标准项目大增，标准技术协调难度大、不一致的讨论也越来越激烈，无疑拉长了标准的制定周期，以及国内对口工作的难度。

同时随着燃气行业全球技术的越发自动化、智能化、互联化，安全控制相关的标准亦越发被重视，标准也面临着定位升级，尤其是与智能控制紧密相关的安全控制的功能安全的考虑，以及相关的类似风险分析和评估，甚至与相关领域的交叉衔接，包括双碳背景下，氢能在燃气行业的结合应用技术等。标准技术内容的制定也将面临巨大的挑战。国内技术对口工作也在重新调整定位，需要评估和权衡各方风险，更加谨慎参与以及推进中国燃气安全控制标准内容进入 ISO 标准。

燃气和/或燃油控制和保护装置技术委员会主要开展燃气民用、商用、工业用以及燃气输送和分配供应系统所使用的控制和保护装置/设备相关领域的国际标准化工作，国内行业主管部门为住房和城乡建设部。

9.0.1 基本情况

技术机构名称：燃气和/或燃油控制和保护装置（Controls and protective devices for gas and/or oil）

技术机构编号：ISO/TC 161

成立时间：1974 年

秘书处：德国标准化协会（DIN）

主席：Mr Dipl. -Ing. (FH) Thomas Gnoss（任期至 2027 年）

委员会经理：Mr Dipl. -Ing Gero Schröder-Kohlmay

国内技术对口单位：中国市政工程华北设计研究总院有限公司

网址：https：//livelink. din. de/livelink/livelink

(https：//livelink. din. de/livelink/livelink？func＝ll&objid＝5750122&objaction＝browse&sort＝name)

9.0.2 工作范围

TC161 主要开展燃气和燃油燃烧器和燃烧器具、燃烧设备用控制和保护装置，包括民用、商用、工业用燃烧器和燃烧器具/设备所使用的，以及高压燃气输送和分配供应管网和相关设施所使用的控制和保护装置/设备相关领域的国际标准化工作。不包括 ISO/TC 67 工作范围内石油、石化和天然气工业应用的材料、设备和结构的国际标准化工作。

9.0.3 组织构架

TC 161 目前由 6 个工作组组成，组织架构如图 9-1 所示：

注：图中 WG1、WG2 工作已暂停，其工作领域标准分到其他工作组进行。

图 9-1 TC 161 组织架构

9.0.4 相关技术机构

TC 161 相关技术机构信息如表 9-1 所示：

ISO/TC 161 相关技术机构 表 9-1

序号	技术机构	技术机构名称	工作范围
1	ISO/TC 11	锅炉及压力容器（Boilers and pressure vessels）	主要开展除下列之外的锅炉及压力容器的相关标准化： ISO/TC 8 归口的铁路和海洋领域用锅炉； ISO/TC 58 归口的燃气钢瓶； ISO/TC 20 归口的飞机和车辆部件； ISO/TC 21 归口的消防设备； ISO/TC 94 归口的个人防护设备； 旋转或往复装置部件； ISO/TC 85 归口的核压力设备； 管道系统； ISO/TC 220 归口的低温容器
2	ISO/TC 67/SC 6	加工设备和系统（Processing equipment and systems）	主要开展 ISO/TC 8 之外的石油、石化和天然气工业中液态和气态烃过程设备和输送系统用的设备和海上结构物
3	ISO/TC 70	内燃机（Internal combustion engines）	主要开展往复和旋转位移内燃机的标准化 （道路车辆和飞机用往复式、旋转式排量发动机除外）
4	ISO/TC 109	燃油和燃气燃烧器（Oil and gas burners）	主要开展燃气和燃油燃烧器领域的标准化。（不构成燃烧器组件中一部分的储罐和管道除外）

序号	技术机构编号	技术机构名称	工作范围
5	ISO/TC 244	工业炉及其相关工艺设备（Furnaces and associated thermal processing equipment）	主要开展工业热处理设备及其组成的加工设备的标准化
6	ISO/TC 291	家用燃气烹饪器具（Domestic gas cooking appliances）	主要开展家用燃气烹饪器具领域的标准化（ISO/TC 285 归口的领域除外）
7	IEC/TC 72	自动电气控制器（Automatic electrical controls）	主要开展家用和类似用途电器及其他电气、非电气设备的自动电气控制装置的标准化。包括： 1. 自动电控装置（机械、机电、电气或电子操作，响应或温度等方面）； 2. 家用和类似用途的电器小型电机启动用自动电气控制装置（可内置或与电机分离）； 3. 与自动控制装置相关联的非自动控制装置
8	CEN/TC 58	燃烧气体或液体燃料的燃烧器和燃烧器具用安全和控制装置（Safety and control devices for burners and appliances burning gaseous or liquid fuels）	主要开展从小型家用器具到大型工业燃烧器用燃烧气体或液体燃料的安全和控制装置的标准化。 （非燃气控制的机械控制及燃气输配设备用装置除外）
9	CEN/TC 235	燃气输配系统用调压器及组成的安全装置（Gas pressure regulators and associated safety devices for use in gas transmission and distribution）	主要开展燃气输配系统用压力不大于 100bar 的调压器及其组成的安全装置的标准化

9.0.5 工作开展情况

TC 161 原有 12 个 P 成员国（积极成员国），分别为中国（SAC）、比利时（NBN）、哥伦比亚（ICONTEC）、法国（AFNOR）、德国（DIN）、意大利（UNI）、日本（Japan）、韩国（KATS）、荷兰（NEN）、西班牙（UNE）、美国（ANSI）、英国（BSI），于 2018 年初，哥伦比亚失去 P 成员资格，P 成员新增丹麦（DS）、澳大利亚（SA）、加拿大（SCC），变为 14 位 P 成员，另外还有 22 个 O 成员国。中国一直以 P 成员国身份参与具体工作。

ISO/TC 161 目前各工作组开展情况如下：

• WG1，Gas/air ratio controls 燃气/空气比例控制装置，自最初"燃气/空气比例控制装置"有关的 2 项标准（ISO 23551-3、ISO 23552-1）发布后，无新工作开展，后该 2 项标准的维护、复审、修订等工作分别纳入 WG4、WG3 管理；

• WG2，Shut-off valves of oil burners and appliances，早期主要负责燃油燃烧器和燃烧器具用安全控制装置的国际标准化工作；自最初版 ISO 23553-1（燃油燃烧器和燃烧器具自动切断装置）发布后，无新工作开展，后期 ISO 23553-1 的维护、复审、修订等工作纳入 WG6 的管理；

• WG3，Controls 控制装置，该 WG 原名称为"IEC/TC72 和 ISO/TC161 标准的统一"，成立目的为协调两 TC 之间的标准交叉问题，2014 年年会会议，确定更名为"控制装置"，目前主要负责除 WG4、WG5 工作领域之外、ISO/TC161 工作领域之内的国际标准化工作，现归口管理 8 项 ISO 标准；

• WG4，Multifunctional Controls 多功能控制装置，负责多功能控制装置国际标准以及下属各系列国际标准的管理和制定，现归口管理 8 项 ISO 标准；

• WG5 ，High pressure control 高压控制装置，为 2014 年年会上确定新成立的工作组，主要负责工作压力超过 0.5MPa 以上的燃气燃烧器和燃烧用具用安全控制装置的国际标准化领域工作，现归口管理 3 项 ISO 标准；

• WG6，Oil controls 油控制装置，2018 年年会上确定新成立的工作组，主要负责燃油燃烧器和燃烧用具用安全控制装置的国际标准化领域工作，现归口管理 1 项 ISO 标准。

TC 161 每年举行 2 次国际会议，春季年会及工作组会、秋季工作组会，每次会期 5 天。中国市政工程华北设计研究总院有限公司作为国内技术对口单位，自 2009 年，每年都率团参加，并于 2015 年 4 月 13 日～17 日在天津成功承办该 TC 第 19 届年会及工作组会，会议取得了一定效果，得到了 TC 秘书处及与会专家的一致好评，进一步促进了国际标准技术交流，增进了相互理解和包容。

最近十多年，该 TC 国内技术对口工作相对比较繁重，平均每年 10 个左右的标准项目在同时推进，每年陆陆续续涉及 100 多项 ISO 相关文件，相关投票也多，仅 2020 年，就已有 20 项，作为国内技术对口单位，除了研究标准技术内容，对标中国标准及技术，并代表中国按要求和程序在限期内给出意见和建议，还要探索是否有可能将中国标准技术上升为 ISO 标准，寻求潜在承担国际标准项目的机会，以及其他互利合作。

期间，中国市政工程华北设计研究总院有限公司已顺利将 9 项 ISO 标准转换为我国标准，2 项同步项目，国内先一步同步编制国标；并多次筹划中国标准提案（点火装置）准备事宜，积极与美国、加拿大、日本等专家交流意见和建议，以争取支持。

未来的工作重点和发展方向：

• 尽快将尚未转化为我国标准的 ISO 标准转化为我国标准；

• 根据 ISO/TC 161 的工作动态和方向，目前燃气输配系统及设施用安全和控制装置、工商业系统用高压的安全控制装置以及氢能在本领域内应用的相关技术是其工作重点，在开展的工作项目有 3 项，尚有一些暂时列入标准发展框架的项目，对此类标准的关注、研究，以及对应国内标准技术工作同步开展也是作为国内技术对口工作的工作重点之一；

• 时刻关注 TC 商业战略计划变动，及时了解其国际标准技术动向，提前研究已列入或计划列入该 TC 发展框架内的标准，对应国内尽快制定出或完善相应标准，为下一步对应 ISO 标准的国内技术对口工作提前做准备，可与上述 2 同步开展；

• 分析该 TC 标准体系中可以被纳入的出版物类型，梳理我国对应体系及可发展为 ISO 标准的标准，在深层次研究各国类似标准技术的基础上，结合国内产品技术发展现状和进出口情况，确定计划提交 ISO 标准提案的目标；

• 继续加强和扩展国际上多方面的标准技术交流，寻找合作机会，有效互动，相互支持。

9.0.6 ISO/TC 161 国际标准目录

ISO/TC 161 目前已发布国际标准 16 项（含 2022 年将废止的 ISO 23551-3：2005），在编国际标准 6 项，相关技术机构国际标准 13 项，已有 15 项国际标准转化为中国标准，拟制定国际标准 5 项，详细信息如表 9-2～表 9-6 所示。

ISO/TC 161 已发布国际标准目录   表 9-2

序号	技术机构	国际标准号	标准名称（英文）	标准名称（中文）	出版物类型	发布日期
1	ISO/TC 161	ISO 23550：2018	Safety and control devices for gas and/or oil burners and appliances – General requirements	燃气和/或燃油燃烧器和燃烧器具用安全和控制装置 通用要求	IS	2018.04
2	ISO/TC 161	ISO 23551-1：2012	Safety and control devices for gas burners and gas-burning appliances – Particular requirements – Part 1：Automatic and semi-automatic valves	燃气油燃烧器和燃烧器具用安全和控制装置 特殊要求 第 1 部分：自动和半自动阀	IS	2012.08
3	ISO/TC 161	ISO 23551-2：2018	Safety and control devices for gas burners and gas-burning appliances – Particular requirements – Part 2：Pressure regulators	燃气燃烧器和燃烧器具用安全和控制装置 特殊要求 第 2 部分：调压装置	IS	2018.09
4	ISO/TC 161	ISO 23551-3：2005	Safety and control devices for gas burners and gas-burning appliances – Particular requirements – Part 3：Gas/air ratio controls, pneumatic type	燃气燃烧器和燃烧器具用安全和控制装置 特殊要求 第 3 部分：气动式燃气/空气比例控制装置	IS	2005.03
5	ISO/TC 161	ISO 23551-4：2018	Safety and control devices for gas burners and gas-burning appliances – Particular requirements – Part 4：Valve-proving systems for automatic shut-off valves	燃气和/或燃油燃烧器和燃烧器具用安全和控制装置 特殊要求 第 4 部分：自动切断阀的阀门检验系统	IS	2018.04
6	ISO/TC 161	ISO 23551-5：2014	Safety and control devices for gas burners andgas-burning appliances – Particular requirements – Part 5：Manual gas valves	燃气和/或燃油燃烧器和燃烧器具用安全和控制装置 特殊要求 第 5 部分：手动燃气阀	IS	2014.05
7	ISO/TC 161	ISO 23551-6：2014	Safety and control devices for gas burners and gas-burning appliances – Particular requirements – Part 6：Thermoelectric flame supervision controls	燃气燃烧器和燃烧器具用安全和控制装置 特殊要求 第 6 部分：热电式火焰监控装置	IS	2014.08
8	ISO/TC 161	ISO 23551-8：2016	Safety and control devices for gas burners and gas-burning appliances – Particular requirements – Part 8：Multifunctional controls	燃气燃烧器和燃烧器具用安全和控制装置 特殊要求 第 8 部分：多功能控制装置	IS	2016.02
9	ISO/TC 161	ISO 23551-8：2016/AMD 1：2019	Safety and control devices for gas burners and gas-burning appliances – Particular requirements – Part 8：Multifunctional controls – Amendment 1：Overheating safety devices	燃气燃烧器和燃烧器具用安全和控制装置 特殊要求 第 8 部分：多功能控制器 修改单 1：过热安全装置	IS	2019.06

序号	技术机构	国际标准号	标准名称（英文）	标准名称（中文）	出版物类型	发布日期
10	ISO/TC 161	ISO 23551-9：2022	Safety and control devices for gas burners and gas-burning appliances – Particular requirements – Part 9：Mechanical gas thermostats	燃气燃烧器和燃烧器具用安全和控制装置　特殊要求　第9部分：机械式温控器	IS	2022.01
11	ISO/TC 161	ISO 23551-10：2016	Safety and control devices for gas burners and gas-burning appliances – Particular requirements – Part 10：Vent valves	燃气和/或燃油燃烧器和燃烧器具用安全和控制装置　特殊要求　第10部分：排气阀	IS	2016.08
12	ISO/TC 161	ISO 23552-1：2007	Safety and control devices for gas and/or oil burners and gas and/or oil appliances – Particular requirements – Part 1：Fuel/air ratio controls, electronic type	燃气和/或燃油燃烧器和燃烧器具用安全和控制装置　特殊要求　第1部分：电子式燃气/空气比例控制系统	IS	2007.10
13	ISO/TC 161	ISO 23552-1：2007/AMD 1：2010	Safety and control devices for gas and/or oil burners and gas and/or oil appliances – Particular requirements – Part 1：Fuel/air ratio controls, electronic type – Amendment 1：Addition to the specific regional requirements in Japan	燃气和/或燃油燃烧器和燃烧器具用安全和控制装置　特殊要求　第1部分：电子式燃气/空气比例控制系统　修改单1：日本特殊区域补充要求	IS	2010.10
14	ISO/TC 161	ISO 23553-1：2022	Safety and control devices foroil-burners and oil-burning appliances – Particular requirements – Part 1：Automatic and semi-automatic valves	燃油燃烧器和燃烧器具用安全和控制装置　特殊要求　第1部分：自动半自动阀	IS	2022.01
15	ISO/TC 161	ISO 23555-1：2022	Gas pressure safety and control devices for use in gas transmission, distribution and installations for inlet pressures up to and including 10 MPa - Part 1：General requirements	进口压力不大于10MPa的燃气输配和设施用安全和控制装置　第1部分：通用要求	IS	2022.01
16	ISO/TC 161	ISO 23555-2：2022	Gas pressure safety and control devices for use in gas transmission, distribution and installations for inlet pressures up to and including 10 MPa - Part 2：Gas pressure regulator	进口压力不大于10MPa的燃气输配和设施用安全和控制装置　第2部分：调压装置	IS	2022.01

ISO/TC 161 在编国际标准目录　　　　　　　　　　　　　表 9-3

序号	技术机构	国际标准号	标准名称（英文）	标准名称（中文）	出版物类型
1	ISO/TC 161	ISO 23551-1：2012	Safety and control devices for gas burners and gas-burning appliances – Particular requirements – Part 1: Automatic and semi-automatic valves	燃气油燃烧器和燃烧器具用安全和控制装置　特殊要求　第1部分：自动和半自动阀	IS
2	ISO/TC 161	ISO 23551-5：2014	Safety and control devices for gas burners and gas-burning appliances – Particular requirements – Part 5: Manual gas valves	燃气和/或燃油燃烧器和燃烧器具用安全和控制装置　特殊要求　第5部分：手动燃气阀	IS
3	ISO/TC 161	ISO 23551-8：2016/DAMD 2	Safety and control devices for gas burners and gas-burning appliances – Particular requirements – Part 8: Multifunctional controls – Amendment 2: Optional requirements for components of burner control systems	燃气燃烧器和燃烧器具用安全和控制装置　特殊要求　第8部分：多功能控制器　修改单2：燃烧控制系统组件可选要求	IS
4	ISO/TC 161	ISO 23551-11	Safety and control devices for gas burners and gas-burning appliances – Particular requirements – Part 11: Automatic shut-off valves for operating pressure of above 500 kPa up to and including 6300kPa	燃气燃烧器和燃烧器具用安全和控制装置　特殊要求　第11部分：工作压力大于500kPa且不超过6300kPa的自动切断阀	IS
5	ISO/TC 161	ISO 23551-12	Safety and control devices for gas burners and gas-burning appliances – Particular requirements – Part 12: Multifunctional pressure limiter for portable gas cooker with LPG cartridge	燃气燃烧器和燃烧器具用安全和控制装置　特殊要求　第12部分：LPG丁烷灶用多功能调压限制器	IS
6	ISO/TC 161	ISO 23555-3	Gas pressure safety and control devices for use in gas transmission, distribution and installations for inlet pressures up to and including 10MPa – Part 3: Safety shut-off devices	燃气输配系统及设施用进口压力不超过10MPa的燃气压力安全和控制装置　第3部分：安全切断阀	IS

ISO/TC 161 相关技术机构国际标准目录　　　　　　　　表 9-4

序号	技术机构	国际标准号	标准名称（英文）	标准名称（中文）	出版物类型	发布日期
1	ISO/TC 11	ISO 16528-1：2007	Boilers and pressure vessels – Part 1: Performance requirements	锅炉和压力容器　第1部分：性能要求	IS	2007.08

序号	技术机构	国际标准号	标准名称（英文）	标准名称（中文）	出版物类型	发布日期
2	ISO/TC 11	ISO 16528-2：2007	Procedures for fulfilling the requirements of ISO 16528-1	锅炉和压力容器　第3部分：满足ISO 16528-1要求的程序	IS	2007.08
3	ISO/TC 67/SC 6	ISO 28300：2008	Petroleum, petrochemical and natural gas industries – Venting of atmospheric and low-pressure storage tanks	石油，石化和天然气工业常压和低压储罐的放散	IS	2008.06
4	ISO/TC 67/SC 6	ISO 23251：2019	Petroleum, petrochemical and natural gas industries – Pressure-relieving and depressuring systems	石油，石化和天然气工业减压和减压系统	IS	2019.03
5	ISO/TC 67/SC 6	ISO 10438-1：2007	Petroleum, petrochemical and natural gas industries – Lubrication, shaft-sealing and control-oil systems and auxiliaries – Part 1：General requirements	石油、石化和天然气工业润滑、轴封和控油系统及辅助设备　第1部分：一般要求	IS	2007.12
6	ISO/TC 67/SC 6	ISO/TS 27469：2010	Petroleum, petrochemical and natural gas industries- Method of test for fire dampers	石油石化天然气工业　防火阀试验方法	IS	2010.02
7	ISO/TC 70	ISO 8528-13：2016	Reciprocating internal combustion engine driven alternating current generating sets – Part 13：Safety	往复式内燃机驱动交流电发电机组　第13部分：安全	IS	2016.05
8	ISO/TC 70	ISO 7967-9：2010	Reciprocating internal combustion engines – Vocabulary of components and systems – Part 9：Control and monitoring systems	往复式内燃机-部件和系统词汇　第9部分：控制和监测系统	IS	2010.04
9	ISO/TC 109	ISO 22967：2010	Forced draught gas burners	强制通风燃气燃烧器	IS	2010.11
10	ISO/TC 109	ISO 22968：2010	Forced draught oil burners	强制通风燃油燃烧器	IS	2010.11
11	ISO/TC 244	ISO 13577-1：2016	Industrial furnaces and associated processing equipment – Safety – Part 1：General requirements	工业炉和相关加工设备　安全　第1部分：一般要求	IS	2016.09
12	ISO/TC 244	ISO 13577-2：2014	Industrial furnaces and associated processing equipment – Safety – Part 2：Combustion and fuel handling systems	工业炉和相关加工设备　安全　第2部分：燃烧和燃料处理系统	IS	2014.09
13	ISO/TC 244	ISO 13577-4：2014	Industrial furnace and associated processing equipment – Safety – Part 4：Protective systems	工业炉和相关加工设备　安全　第4部分：防护系统	IS	2014.09

ISO/TC 161 国际标准转化为中国标准目录

表 9-5

序号	国际标准信息				中国标准信息				
	技术机构	国际标准号	标准名称（英文）	发布日期	标准号	标准名称	采标程度	状态	备注
1	ISO/TC 161	ISO 23550：2018	Safety and control devices for gas and/or oil burners and appliances – General requirements	2018.4	GB/T 30597-2014	燃气燃烧器和燃烧器具用安全和控制装置通用要求	MOD	已发布	—
2	ISO/TC 161	ISO 23551-1：2012	Safety and control devices for gas burners and gas-burning appliances – Particular requirements – Part 1：Automatic and semi-automatic valves	2012.8	GB/T 37499-2019	燃气燃烧器和燃烧器具用安全和控制装置特殊要求 自动和半自动阀	MOD	已发布	—
3	ISO/TC 161	ISO 23551-2：2018	Safety and control devices for gas burners and gas-burning appliances – Particular requirements – Part 2：Pressure regulators	2018.9	GB/T 39493-2020	燃气燃烧器和燃烧器具用安全和控制装置特殊要求 压力调节装置	MOD	已发布	
4	ISO/TC 161	ISO 23551-3：2005	Safety and control devices for gas burners and gas-burning appliances – Particular requirements – Part 3：Gas/air ratio controls, pneumatic type	2005.3	—	燃气燃烧器具气动式燃气与空气比例调节装置	MOD	国标已启动	
5	ISO/TC 161	ISO 23551-4：2018	Safety and control devices for gas burners and gas-burning appliances – Particular requirements – Part 4：Valve-proving systems for automatic shut-off valves	2018.4	GB/T 37992-2019	燃气燃烧器和燃烧器具用安全和控制装置特殊要求 自动截止阀的阀门检验系统	MOD	已发布	—
6	ISO/TC 161	ISO 23551-5：2014	Safety and control devices for gas burners and gas-burning appliances – Particular requirements – Part 5：Manual gas valves	2014.5	GB/T 39485-2020	家用燃气器具旋塞阀总成	MOD	已发布	

序号	国际标准信息				中国标准信息				备注
	技术机构	国际标准号	标准名称（英文）	发布日期	标准号	标准名称	采标程度	状态	
7	ISO/TC 161	ISO 23551-6：2014	Safety and control devices for gas burners and gas-burning appliances – Particular requirements – Part 6：Thermoelectric flame supervision controls	2014.8	GB/T 38693-2020	燃气燃烧器和燃烧器具用安全和控制装置 特殊要求 热电式熄火保护装置	MOD	已发布	
8	ISO/TC 161	ISO 23551-8：2016	Safety and control devices for gas burners and gas-burning appliances – Particular requirements – Part 8：Multifunctional controls	2016.2	—	燃气燃烧器和燃烧器具用安全和控制装置 特殊要求 多功能控制装置	MOD	国标已启动	
9	ISO/TC 161	ISO 23551-9：2015	Safety and control devices for gas burners and gas-burning appliances – Particular requirements – Part 9：Mechanical gas thermostats	2015.8	GB/T 38595-2020	燃气燃烧器和燃烧器具用安全和控制装置 特殊要求 机械式温度控制装置	MOD	已发布	
10	ISO/TC 161	ISO 23551-10：2016	Safety and control devices for gas burners and gas-burning appliances – Particular requirements – Part 10：Vent valves	—	—	燃油燃烧器和燃烧器具用安全和控制装置 特殊要求 自动半自动阀	MOD	待编	
11	ISO/TC 161	ISO 23551-11	Safety and control devices for gas burners and gas-burning appliances – Particular requirements – Part 11：Automatic shut-off valves for operating pressure of above 500 kPa up to and including 6300 kPa	2022.3	GB/T 41315-2022	城镇燃气输配系统用安全切断阀		已发布	
12	ISO/TC 161	ISO 23552-1：2007	Safety and control devices for gas and/or oil burners and gas and/or oil appliances – Particular requirements – Part 1：Fuel/air ratio controls, electronic type	2007.10	CJ/T 398-2012、GB/T 39488-2020	燃气燃烧器和燃烧器具用安全和控制装置 特殊要求 电子式燃气与空气比例控制系统	MOD	国标待发布	

续表

序号	国际标准信息				中国标准信息				
	技术机构	国际标准号	标准名称（英文）	发布日期	标准号	标准名称	采标程度	状态	备注
13	ISO/TC 161	ISO 23555-2	Safety and control devices for operating pressure greater than 500 kPa - Part 2：Gas pressure regulator	2020.11	GB 27790-2020	城镇燃气调压器	—	待发布	
14	ISO/TC 161	ISO 23555-3	Gas pressure safety and control devices for use in gas transmission, distribution and installations for inlet pressures up to and including 10 MPa - Part 3：Safety shut-off devices	2022.3	GB/T 41315-2022	城镇燃气输配系统用安全切断阀	—	已发布	
15	ISO/TC 161	ISO 23553-1：2022	Safety and control devices for oil-burners and oil-burning appliances - Particular requirements - Part 1：Automatic and semi-automatic valves	—	—	燃油燃烧器和燃烧器具用安全和控制装置 特殊要求 自动半自动阀	MOD	待编	

注：采标程度包括等同采用（IDT）、修改采用（MOD）、非等效采用（NEQ）。

ISO/TC 161 拟制定国际标准目录   表 9-6

序号	技术机构	拟制定标准名称（英文）	拟制定标准名称（中文）	备注
1	ISO/TC 161	Safety and control devices for gas burners and gas-burning appliances - Particular requirements - Ignition unit	燃气燃烧器和燃烧器具用安全和控制装置 特殊要求 点火装置	GB/T 38756-2020
2	ISO/TC 161	Safety and control devices for gas burners and gas-burning appliances - Particular requirements - Electronic controller	燃气燃烧器和燃烧器具用安全和控制装置 特殊要求 电子控制器	GB/T 38603-2020
3	ISO/TC 161	Gas filter	燃气过滤器	GB/T 36051-2018
4	ISO/TC 161	Pressure regulators for liquefied petroleum gas cylinders	瓶装液化石油气调压器	GB 35844-2018
5	ISO/TC 161	Domestic and small-scale catering kitchen combustible gas alarms and sensors	家用和小型餐饮厨房用燃气报警器及传感器	GB/T 34004-2017

10 门、窗和幕墙（TC 162）

TC 162 技术委员会主要开展门窗、幕墙领域的标准化工作，由城乡建设领域归口管理。

10.0.1 基本情况

技术委员会名称：门、窗和幕墙（Doors，windows and curtain walling）
技术委员会编号：ISO/TC 162
成立时间：1975 年
秘书处：日本工业标准委员会（JISC）
主席：Dr Yasuo Omi（任期至 2022 年）
委员会经理：Mr Akira Kudo
国内技术对口单位：中国建筑标准设计研究院有限公司
网址：https：//www.iso.org/committee/53444.html

10.0.2 工作范围

TC 162 主要开展包含门、门组件、窗和幕墙（包括五金），针对特定性能要求的材料的生产、术语、生产规格和尺寸和测试方法的标准化。

不包含：与建筑物其他部分的尺寸协调和建筑整体的一般性能需求，这些工作被安排到 ISO/TC 59。

10.0.3 组织架构

TC 162 目前由 3 个工作组组成，组织架构如图 10.1 所示。

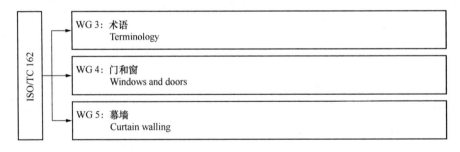

图 10.1　TC 162 组织架构

10.0.4 相关技术机构

TC 162 相关技术机构信息如表 10-1 所示。

ISO/TC 162 相关技术机构　　　　　　　　　　　　　　　　　表 10-1

序号	技术机构	技术机构名称	工作范围
1	ISO/TC 43/SC 2	建筑声学（Building acoustics）	暂无
2	ISO/TC 92	防火安全（Fire safety）	主要开展评估方法的标准化，包括火灾危险以及对生命和财产的火灾风险，设计、材料、建筑材料、产品和部件对消防安全的贡献等
3	ISO/TC 136	家具（Furniture）	主要开展家具领域的标准化，包括：术语和定义；性能、安全和尺寸要求；对特定部件（如五金件）的要求；测试方法
4	ISO/TC 160	建筑玻璃（Glass in building）	主要开展建筑玻璃领域的标准化，包括术语、性能要求、计算和试验方法、设计和施工规则、材料的分类和规范，包括尺寸特性
5	ISO/TC 163	建筑环境热性能和能源利用（Thermal performance and energy use in the built environment）	主要开展建筑和土木工程领域的标准化工作：1）材料、产品、部件、元件和系统的热湿性能，包括新建和现有的完整建筑，以及它们与技术建筑系统的相互作用；2）建筑和工业应用的保温材料、产品和系统，包括建筑安装设备的保温。技术内容包括热湿传递、温度和湿度条件的试验和计算方法；建筑物用能的测试和计算方法，包括工业建筑环境；建筑物供热和制冷负荷的试验和计算方法；采光、通风和空气渗入的试验和计算方法；建筑物和建筑构件的热、湿、能效的现场测试方法以及用于计算的输入数据，包括气候数据；保温材料、产品和系统的规范及相关的测试方法和合格标准；术语；在 ISO 范围内对热、湿热性能的工作进行全面的审查和协调。技术内容不包括 ISO/TC 205 工作范围、新建筑设计和改造的建筑环境设备性能的测试和评定方法、采光、通风和空气渗透的设计方法和标准

10.0.5　工作开展情况

TC 162 的主要技术领域和为建筑门和窗，2015 年增加了建筑幕墙，并正式更名为"门、窗和幕墙技术委员会"，ISO/TC 162 的国内技术对口单位为中国建筑标准设计研究院有限公司。与之相关的国内技术关联标委会为全国建筑幕墙门窗标准化技术委员会 SAC/TC 448，SAC/TC 448 秘书处承担单位为中国建筑科学研究院有限公司和中国建筑标准设计研究院有限公司。

近年来，我国与 TC 162 日本秘书处交流密切，参与委员会各项活动积极，研究并转化了 TC 162 的 12 项标准，申请和拟申请的新项目总计 7 项，是 TC 162 最为活跃的成员体。2016 年，我国成功申请到《幕墙术语》ISO 标准的编制，并作为新成立的术语工作组召集人。2017 年 6 月 23 日，ISO/TC 162/WG3 "建筑门窗幕墙术语工作组"成立暨第一次会议在杭州召开。会议中来自中国、日本、韩国、俄罗斯的专家参加了此处会议。会议任命了王洪涛先生为工作组的召集人。2020 年，工作组召集人重新发起投票，王洪涛再次作为工作组召集人开始新的一轮任期。

2016 年，由我国向 TC 162 秘书处递交基于 5 项国家标准的 ISO 新项目提案申请，分别是：

(1) 建筑门窗防沙尘性能分级及检测方法；

(2) 建筑幕墙层间变形性能检测方法；

(3) 建筑幕墙抗震性能振动台试验方法；

(4) 建筑幕墙和门窗抗风携碎物冲击性能检测方法；

(5) 建筑幕墙动态风压作用下水密性能检测方法。

2017 年 10 月 24 日，ISO/TC 162 全体会在德国柏林召开。来自 20 多个国家的参会代表就 ISO/TC 162 未来发展进行了讨论。来自中国建筑科学研究院有限公司的阎强工程师代表中方对包括《幕墙层间层间变形检测方法》在内的 5 项拟申请立项标准提案做了介绍，得到了与会各国代表的一致认可。与会代表一致同意就后期我方提出的提案开展相关工作，并提议组成 ISO/TC 162/WG4 "门窗工作组" 和 ISO/TC 162/WG5 "幕墙工作组"，2 个工作组于 2018 年正式成立。

2020 年，经过与 ISO/TC 162 国内技术对口单位、国内外专家充分沟通，由建科环能科技有限公司、中国建筑标准设计研究院有限公司、中国建筑金属结构协会建筑门窗配套件委员会联合提案的《门窗五金件-术语》ISO 标准已完成标准草案稿以及立项前期的文件资料等起草准备工作。目前，正进行预工作项目专家组的筹备工作，该标准预计将于 2021 年第一季度进入立项投票阶段。

多年来，我国在 TC 162 的各项事务中发挥了积极的作用，受到了秘书处和各国专家代表的一致好评。

10.0.6 ISO/TC 162 国际标准目录

ISO/TC 162 目前已发布国际标准 21 项，在编国际标准 5 项，已有 12 项国际标准转化为中国标准，拟制定国际标准 6 项，标准详细信息如表 10-2～表 10-5 所示。

ISO/TC 162 已发布国际标准目录　　　　　　　　表 10-2

序号	技术机构	国际标准号	标准名称（英文）	标准名称（中文）	出版物类型	发布日期
1	TC 162	ISO 1804：1972	Doors – Terminology	门　术语	IS	1972.05
2	TC 162	ISO 6442：2005	Door leaves – General and local flatness – Measurement method	门扇　一般和局部平整度测量方法	IS	2005.10
3	TC 162	ISO 6443：2005	Door leaves – Method for measurement of height, width, thickness and squareness	门扇　高度、宽度、厚度和方正度测量方法	IS	2005.10
4	TC 162	ISO 6444：2005	Door leaves – Determination of the behaviour under humidity variations in successive uniform climates	门扇　湿度变化下的性能试验（气候持续不变）	IS	2005.10

续表

序号	技术机构	国际标准号	标准名称（英文）	标准名称（中文）	出版物类型	发布日期
5	TC 162	ISO 6445：2005	Doors – Behaviour between two different climates – Test method	门和整樘门　处于两种不同气候之间的性能试验	IS	2005.10
6	TC 162	ISO 6612：1980	Windows and door height windows – Wind resistance tests	窗和落地窗　抗风试验	IS	1980.10
7	TC 162	ISO 6613：1980	Windows and door height windows – Air permeability test	窗和落地窗　透气性试验	IS	1980.10
8	TC 162	ISO 8248：1985	Windows and door height windows – Mechanical tests	窗和落地窗　力学测试	IS	1985.10
9	TC 162	ISO 8269：1985	Doorsets – Static loading test	整樘门　静荷试验	IS	1985.06
10	TC 162	ISO 8270：1985	Doorsets – Soft heavy body impact test	整樘门　软重物体撞击试验	IS	1985.06
11	TC 162	ISO 8271：2005	Door leaves – Determination of the resistance to hard body impact	门扇　抗硬物撞击性能检测方法	IS	2005.1
12	TC 162	ISO 8272：1985	Doorsets – Air permeability test	整樘门　透气性能试验	IS	1985.06
13	TC 162	ISO 8273：1985	Doors and doorsets – Standard atmospheres for testing the performance of doors and doorsets placed between different climates	门和整樘门　对处于不同气候之间的门和整樘门进行性能试验的标准大气压	IS	1985.06
14	TC 162	ISO 8274：2005	Windows and doors – Resistance to repeated opening and closing – Test method	门窗　耐重复开闭力　试验方法	IS	2005.10
15	TC 162	ISO 8275：1985	Doorsets – Vertical load test	整樘门　垂直载荷试验	IS	1985.08
16	TC 162	ISO 9379：2005	Operating forces – Test method – Doors	操纵力　试验方法　门	IS	2005.10
17	TC 162	ISO 9380：1990	Doorses – Repeated torsion test	整樘门　反复扭曲试验	IS	1990.02
18	TC 162	ISO 9381：2005	Hinged or pivoted doors – Determination of the resistance to static torsion	交链门或枢轴门　静扭转抗性的测定	IS	2005.10
19	TC 162	ISO 15821：2007	Doorsets and windows – Water-tightness test under dynamic pressure – Cyclonic aspects	门和窗　动态压力下不透水性试验　气旋方面	IS	2007.06
20	TC 162	ISO 15822：2007	Test method of doorset opening performance in diagonal deformation – Seismic aspects	对角变形时门具开启性能试验方法　地震方面	IS	2007.06
21	TC 162	＊ISO 22497：2021	Curtain walling – Terminology	门、窗和幕墙　幕墙　词汇	IS	2021.06

注：＊表示该标准由中国提案。

ISO/TC 162 在编国际标准目录   表 10-3

序号	技术机构	国际标准号	标准名称（英文）	标准名称（中文）	出版物类型
1	TC 162	ISO/DIS 6612	Windows and door – resistance to wind load – test method	门和窗 抗风荷载 试验方法	IS
2	TC 162	ISO/DIS 6613	Windows and door – Air permeability – test method	门和窗 透气性 试验方法	IS
3	TC 162	ISO/DIS 8270	Windows and door – Determination of the resistance to soft and heavy body impact for doors	门和窗 门对软重物体抗冲击确定	IS
4	TC 162	ISO/DIS 8275	Hinged or pivoted doors – Determination of the resistance to vertical load	铰链或轴心门 抵抗垂直载荷的确定	IS
5	TC 162	ISO/DIS 24084	Curtain walling – Inter-storey displacement resistance – Test method	幕墙 层间变形抗力 测试方法	IS

注：＊表示该标准由中国提案。

ISO/TC 162 国际标准转化为中国标准目录   表 10-4

序号	国际标准信息			中国标准信息				备注
	技术机构	标准名称（英文）	发布日期	标准号	标准名称	采标程度	状态	
1	TC 162	ISO 6442：2005 Door leaves – General and local flatness – Measurement method	2005.10	GB/T 22636-2008	门扇 尺寸、直角度和平面度检测方法	MOD	已发布	
2	TC 162	ISO 6443：2005 Door leaves – Method for measurement of height, width, thickness and squareness	2005.10	GB/T 22636-2008	门扇 尺寸、直角度和平面度检测方法	MOD	已发布	
3	TC 162	ISO 6444：2005 Door leaves – Determination of the behaviour under humidity variations in successive uniform climates	2005.10	GB/T 22635-2008	门扇 湿度影响稳定性检测方法	MOD	已发布	
4	TC 162	ISO 6445：2005 Doors – Behaviour between two different climates – Test method	2005.10	GB/T 24494-2009	门两侧在不同气候条件下的变形检测方法	MOD	已发布	
5	TC 162	ISO 6612：1980 Windows and door height windows – Wind resistance tests	1980.10	GB/T 7106-2008	建筑外门窗气密、水密、抗风压性能分级及检测方法	NEQ	已发布	

续表

序号	国际标准信息				中国标准信息				备注
	技术机构	标准名称（英文）	发布日期	标准号	标准名称	采标程度	状态	
6	TC 162	ISO 8248：1985 Windows and door height windows - Mechanical tests	1985.10	GB/T 9158-1988	建筑用窗承受机械力的检测方法	NEQ	已发布	
7	TC 162	ISO 8270：1985 Doorsets - Soft heavy body impact test	1985.06	GB/T 14155-2008	整樘门 软重物体撞击试验	IDT	已发布	
8	TC 162	ISO 8271：2005 Door leaves - Determination of the resistance to hard body impact	2005.1	GB/T 22632-2008	门扇 抗硬物撞击性能检测方法	IDT	已发布	
9	TC 162	ISO 8274：2005 Windows and doors - Resistance to repeated opening and closing - Test method	2005.10	GB/T 29739-2013	门窗反复启闭耐久性试验方法	MOD	已发布	
10	TC 162	ISO 8275：1985 Doorsets - Vertical load test	1985.08	GB/T 14154-1993 GB/T 29049-2012	塑料门 垂直荷载试验方法整樘门 垂直荷载试验	NEQ IDT	已发布	
11	TC 162	ISO 9379：2005 Operating forces - Test method - Doors	2005.10	GB/T 29555-2013	门的启闭力试验方法	MOD	已发布	
12	TC 162	ISO 9381：2005 Hinged or pivoted doors - Determination of the resistance to static torsion	2005.10	GB/T 29530-2013	平开门和旋转门抗静扭曲性能的测定	IDT	已发布	

注：采标程度包括：等同采用（IDT）、修改采用（MOD）、非等效采用（NEQ）。

ISO/TC 162 拟制定国际标准（ISO）目录   表 10-5

序号	技术机构	拟制定标准名称（英文）	拟制定标准名称（中文）	备注
1	TC 162	Hardware for doors and windows	门窗五金 术语	
2	TC 162	Graduations and test method of sand and dust resistance performance for building external windows and doors	建筑门窗防沙尘性能分级及检测方法	对应国家标准编号：GB/T 29737-2013
3	TC 162	Test method for performance of deformation between stories of building curtain wall	建筑幕墙层间变形性能检测方法	对应国家标准编号 GB/T 18250-2015
4	TC 162	Building curtain wall - seismic performance - Test method using shaking table	建筑幕墙抗震性能振动台试验方法	对应国家标准编号 GB/T 18575-2017
5	TC 162	Test method of exterior windows，doors，curtain walls performance - Impacted by windborne debris in hurricanes	建筑幕墙和门窗抗风携碎物冲击性能检测方法	对应国家标准编号 GB/T 29738-2013
6	TC 162	Test method for watertightness of curtain walls under dynamic wind pressure	建筑幕墙动态风压作用下水密性能检测方法	对应国家标准编号 GB/T 29907-2013

11 木结构（TC 165）

木结构技术委员会主要开展木材、木基板材、其他工程木产品、竹材以及相关木质纤维材料的结构应用标准化工作，行业主管部门为住房和城乡建设部。

11.0.1 基本情况

技术委员会名称：木结构（Timber Structures）
技术委员会编号：ISO/TC 165
成立时间：1976 年
秘书处：加拿大标准委员会（SCC）
主席：Mr. Ying Chui（任期至 2024 年）
委员会经理：Mr. Paul Jaehrlich
国内技术对口单位：中国建筑西南设计研究院有限公司
网址：https://www.iso.org/committee/53584.html

11.0.2 工作范围

TC 165 主要开展木材、木基板材、其他工程木产品、竹材以及相关木质纤维材料的结构应用标准化工作。主要包括：

- 设计要求；
- 材料、产品、构件和组合构件的结构特征、性能以及设计值；
- 建立测定相关结构、力学、物理特征和性能的试验方法及相关要求。

注意：

TC 165 的部分内容，与非结构性的相关产品或材料的委员会（如 TC 89 或 TC 218）有着紧密的联系。

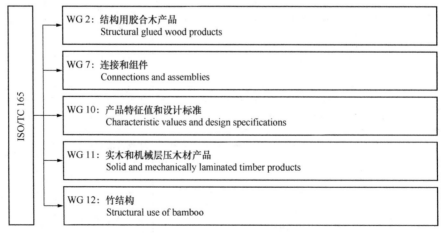

图 11.1 ISO/TC 165 组织架构

11.0.3 组织架构

ISO/TC 165 目前由 5 个工作组组成，组织架构如图 11.1 所示。

11.0.4 相关技术机构

TC 165 相关技术机构信息如表 11-1 所示。

ISO/TC 165 相关技术机构

表 11-1

序号	技术机构	技术机构名称	工作范围
1	ISO/TC 59/SC 15	住宅性能描述的框架（Framework for the description of housing performance）	见第 3.6 节
2	ISO/TC 89	人造木基板材（Wood-based panels）	主要开展包括纤维板、刨花板和胶合板在内的人造板标准化技术工作。提出名词术语、分类、尺寸公差、试验方法、抽样检验、加工性能以及质量要求等方面的标准技术文件
3	ISO/TC 98	结构设计基础（Bases for design of structures）	见第 6 章
4	ISO/TC 218	木材（Timber）	主要开展原木、锯材、加工木材以及其他木质材料的标准化技术工作，包括名词术语、规格和测试方法。不包含"ISO/TC 165 木结构"中所涵盖的木材应用
5	ISO/TC 296	竹藤材料（Bamboo and rattan）	主要开展竹、藤和衍生材料的标准化，提出术语、分类、规格、试验方法和质量要求等方面的标准文件

11.0.5 工作开展情况

TC 165 注册成立的日期是 1976 年。截至 2020 年 10 月底，ISO/TC 165 已发布 49 部国际标准（不含正在修订的标准），另有 8 部国际标准正在修订新版本中。ISO/TC 165 包含正式成员国（P 成员国，有表决权）30 个，观察成员国（O 成员国，无表决权）34 个。我国为正式成员国。

在过去的工作中，ISO 木结构技术委员会（ISO/TC 165）为消除国际木材市场间的贸易壁垒做出了重要贡献。委员会借鉴了 60 多个国家（木材的主要生产及消费地区）的专家意见，制定了系列国际标准，建立了国际木材分类体系，解决了包括木材的目测分级、机械分级及测试方法的问题，为木材的国际贸易提供了一套能被各国接受的国际木材分类系统框架，在全球范围内促进了木材贸易。这些标准包括：

- ISO 9709，结构用木材 目测强度分等 基本原则
- ISO 12122-1，木结构 特征值的确定 第 1 部分：基本要求
- ISO 12122-2，木材结构 特性值的测定 第 2 部分：锯材

- ISO 13912，结构用木材　机械分级　基本原则
- ISO 13910，木结构　强度分等木材　结构特性试验方法
- ISO 16598，木材结构　锯材的分类
- ISO 18100，木结构　指接木材　加工及产品要求

目前 TC 165 国内技术对口单位除负责完成 TC 165 管理的国际标准的网上投票工作外，还积极组织我国专家参与国际标准的制定工作，已推荐 11 名木竹行业的学者成为 TC 165 木结构专业委员会及其下设工作组的专家，尤其是在竹结构方面，推荐的专家已向 TC 165 木结构专业委员会提出 3 项标准申请，其中 1 项已正式立项，另外 2 项正在积极准备中。

将来，我国在 ISO/TC 165 木结构专业委员会的工作重点将放在以下几方面的标准制定：

（1）参与新型工程木产品应用的相关标准的制定，如正交胶合木（CLT）、旋切板胶合木（LVL）等：此类新型的工程木产品力学性能优越，可推动木结构在多高层、大跨度建筑中的应用，是将来的发展方向。我国积极参与该方面的标准编制，可以了解和借鉴国外的先进技术，提高我国木结构的技术水平。

（2）参与新型连接技术相关标准，如自攻螺钉、植筋等新型连接技术。连接是木结构最关键的部位，连接的创新可大幅提升木结构的技术水平，随时关注国际在连接标准化工作的进展十分有必要。

（3）主导竹材在结构中应用的相关标准，我国在工程竹材的产品研发、结构应用都处于全球领先水平，在国际上话语权大，今后一段时间可在该领域申请更多的国际标准，巩固我国在该领域的地位。

11.0.6　ISO/TC 165 国际标准目录

ISO/TC 165 目前已发布国际标准 49 项，在编国际标准 7 项，相关技术机构国际标准 52 项，已有 3 项国际标准转化为中国标准，拟制定国际标准 1 项，标准详细信息如表 11-2～表 11-6所示。

ISO/TC 165 已发布国际标准目录　　　　　　　　　表 11-2

序号	技术机构	国际标准号	标准名称（英文）	标准名称（中文）	出版物类型	发布日期
1	TC 165	ISO 6891：1983	Timber structures- Joints mde with mechanical fasteners -General principles for the determination of strength and deformation characteristics	木结构　机械紧固件连接确定强度和变形特性的基本要求	IS	1983. 05
2	TC 165	ISO 8375：2017	Timber structures – Glued laminated timber – Test methods for determination of physical and mechanical properties	木结构　胶合木　确定物理和力学特性的试验方法	IS	2017. 06
3	TC 165	ISO 8969：2011	Timber structures – Testing of punched metal plate fasteners and joints	木结构　穿孔金属板紧固件节点试验方法	IS	2011. 11

续表

序号	技术机构	国际标准号	标准名称（英文）	标准名称（中文）	出版物类型	发布日期
4	TC 165	ISO 8970：2020	Timber structures – Testing of joints made with mechanical fasteners – Requirements for timber density	木结构　机械紧固件连接试验　木材密度要求	IS	2020.03
5	TC 165	ISO 9087：1998	Wood – Determination of nail and screw holding power under axial load application	木材　轴向负荷下钉子和螺钉握钉力的测定	IS	1998.10
6	TC 165	ISO 9709：2018	Structural timber – Visual strength grading – Basic principles	结构用木材　目测强度分等基本原则	IS	2018.10
7	TC 165	ISO 10983：2014	Timber – Finger joints – Minimum production requirements and testing methods	木结构　指接连接　最低生产要求与测试方法	IS	2014.04
8	TC 165	ISO 10984-1：2009	Timber structures – Dowel-type fasteners – Part 1：Determination of yield moment	木结构　销钉连接　第一部分：屈服弯矩的确定	IS	2009.08
9	TC 165	ISO 10984-2：2009	Timber structures – Dowel-type fasteners – Part 2：Determination of embedding strength	木结构　销钉连接　第二部分：销槽承压强度的确定	IS	2009.08
10	TC 165	ISO 12122-1：2014	Timber structures – Determination of characteristic values – Part 1：Basic requirements	木结构　特征值　第一部分：基本规定	IS	2014.03
11	TC 165	ISO 12122-2：2014	Timber structures – Determination of characteristic values – Part 2：Sawn timber	木结构　特征值　第二部分：原木方木	IS	2014.03
12	TC 165	ISO 12122-3：2016	Timber structures – Determination of characteristic values – Part 3：Glued laminated timber	木结构　特征值　第三部分：胶合木	IS	2016.07
13	TC 165	ISO 12122-4：2017	Timber structures – Determination of characteristic values – Part 4：Engineered wood products	木结构　特征值　第四部分：工程木产品	IS	2017.01
14	TC 165	ISO 12122-5：2018	Timber structures – Determination of characteristic values – Part 5：Mechanical connections	木结构　特征值　第五部分：机械连接	IS	2018.11
15	TC 165	ISO 12122-6：2017	Timber structures – Determination of characteristic values – Part 6：Large components and assemblies	木结构　特征值　第六部分：大尺寸构件和组合构件	IS	2017.07

续表

序号	技术机构	国际标准号	标准名称（英文）	标准名称（中文）	出版物类型	发布日期
16	TC 165	ISO 12578：2016	Timber structures – Glued laminated timber – Component performance requirements	木结构 胶合木 构件性能和生产要求	IS	2016.05
17	TC 165	ISO 12579：2007	Timber structures – Glued laminated timber – Method of test for shear strength of glue lines	木结构 胶合木 胶缝抗剪强度测试方法	IS	2007.10
18	TC 165	ISO 12580：2007	Timber structures – Glued laminated timber – Methods of test for glue-line delamination	木结构 胶合木 胶缝剥离的试验方法	IS	2007.10
19	TC 165	ISO/TR 12910：2010	Light-frame timber construction – Comparison of four national design documents	轻型木结构 四部国家设计规范的比较	TR	2010.04
20	TC 165	ISO 13910：2014	Timber structures – Strength graded timber – Test methods for structural properties	木结构 强度分等木材 结构特性试验方法	IS	2014.05
21	TC 165	ISO 13912：2017	Structural timber – Machine strength grading – Basic principles	结构用木材 机械分级 基本原则	IS	2017.11
22	TC 165	ISO 15206：2010	Timber poles – Basic requirements and test methods	木杆件 基本要求与试验方法	IS	2010.04
23	TC 165	ISO 16507：2013	Timber structures – Uniform, concentrated static and concentrated impact loads on wood-based roof and floor panel assemblies – Test methods	木结构 均布或集中静力与集中冲击荷载作用的木基屋盖和楼板 试验方法	IS	2013.09
24	TC 165	ISO 16572：2008	Timber structures – Wood-based panels – Test methods for structural properties	木结构 木基板材 结构特性试验方法	IS	2008.06
25	TC 165	ISO 16598：2015	Timber structures – Structural classification for sawn timber	木结构 锯材的分类	IS	2015.09
26	TC 165	ISO 16670：2003	Timber structures – Joints made with mechanical fasteners – Quasi-static reversed-cyclic test method	木结构 机械紧固件节点拟静力反复循环加载试验方法	IS	2013.12
27	TC 165	ISO 16696-1：2019	Timber structures – Cross laminated timber – Part 1: Component performance, production requirements and certification scheme	木结构 正交胶合木 构件性能、生产要求及产品认证制度	IS	2019.02

续表

序号	技术机构	国际标准号	标准名称（英文）	标准名称（中文）	出版物类型	发布日期
28	TC 165	ISO 17754：2014	Timber structures - Test methods - Torsional resistance of driving in screws	木结构 实验方法 拧入螺栓时扭曲强度测试方法	IS	2014. 05
29	TC 165	ISO 18100：2017	Timber structures - Finger-jointed timber - Manufacturing and production requirements	木结构 指接木材 加工及产品要求	IS	2017. 03
30	TC 165	ISO/TR 18267：2013	Timber structures - Review of design standards	木结构 设计标准审查	TR	2013. 04
31	TC 165	ISO 18324：2016	Timber structures - Test methods - Floor vibration performance	木结构 楼板振动性能测试方法	IS	2016. 04
32	TC 165	ISO 18402：2016	Timber structures - Structural insulated panel roof construction - Test methods	木结构 结构用隔热板屋盖的测试要求	IS	2016. 09
33	TC 165	ISO 19049：2016	Timber structures - Test method - Static load tests for horizontal diaphragms including floors and roofs	木结构 横膈（楼盖、屋盖）的静载试验方法	IS	2016. 05
34	TC 165	ISO 19323：2018	Timber structures - Joist hangers - Test methods	木结构 搁栅吊件的试验方法	IS	2018. 09
35	TC 165	ISO/TR 19623：2019	Timber structures - Glued laminated timber - Assignment of glued laminated timber characteristic values from laminate properties	木结构 胶合木 从层压板特性中得到胶合木特征值	TR	2019. 06
36	TC 165	ISO 19624：2018	Bamboo structures - Grading of bamboo culms - Basic principles and procedures	竹结构 竹分级的基本原理与步骤	IS	2018. 09
37	TC 165	ISO 19993：2020	Timber structures - Glued laminated timber - Face and edge joint cleavage test	木结构 胶合木 面和边缘节点抗劈裂试验	IS	2020. 04
38	TC 165	ISO 20152-1：2010	Timber structures - Bond performance of adhesives - Part 1: Basic requirements	木结构 胶的粘结性能 第一部分：基本要求	IS	2010. 08
39	TC 165	ISO 20152-2：2011	Timber structures - Bond performance of adhesives - Part 2: Additional requirements	木结构 胶的粘结性能 第二部分：附加要求	IS	2011. 07

续表

序号	技术机构	国际标准号	标准名称（英文）	标准名称（中文）	出版物类型	发布日期
40	TC 165	ISO/TR 20152-3：2013	Timber structures – Bond performance of adhesives – Part 3: Use of alternative species for bond tests	木结构 胶的粘结性能 第三部分：新木材种类用胶的性能测试	TR	2013.05
41	TC 165	ISO/TR21136：2017	Timber structures – Vibration performance criteria for timber floors	木结构 木楼盖的振动性能标准	TR	2017.04
42	TC 165	ISO 21581：2010	Timber structures – Static and cyclic lateral load test methods for shear walls	木结构 剪力墙静载和低周反复水平加载试验方法	IS	2010.06
43	TC 165	ISO 21887：2007	Durability of wood and wood-based products – Use classes	木材和木制品的耐久性 使用类别	IS	2007.11
44	TC 165	ISO 22156：2021	Bamboo – Structural design	竹结构 结构设计	IS	2021.06
45	TC 165	ISO 22157：2019	Bamboo structures – Determination of physical and mechanical properties of bamboo culms – Test methods	竹结构 确定竹材物理和力学特性的试验方法	IS	2019.01
46	TC 165	ISO 22389-1：2010	Timber structures – Bending strength of I-beams – Part 1: Testing, evaluation and characterization	木结构 工字梁抗弯强度 第一部分：试验、评价以及特征化	IS	2010.05
47	TC 165	ISO 22389-2：2020	Timber structures – Bending applications of I-beams – Part 2: Component performance and manufacturing requirements	木结构 工字梁抗弯强度 第二部分：构件性能及生产要求	IS	2020.04
48	TC 165	ISO 22390：2020	Timber structures – Laminated veneer lumber – Structural properties	木结构 单板层积材（LVL）的结构特性	IS	2020.03
49	TC 165	ISO 22452：2011	Timber structures – Structural insulated panel walls – Test methods	木结构 结构用隔热墙板的试验方法	IS	2011.06

ISO/TC 165 在编国际标准目录　　　　表 11-3

序号	技术机构	国际标准号	标准名称（英文）	标准名称（中文）	出版物类型
1	TC 165	ISO/WD TR 3446	Timber Structures-Determination of characteristic values of sawn timber from tests on Small Clear Wood Specimens	木结构 根据无疵小试样本试验确定锯材的特征值	TR

续表

序号	技术机构	国际标准号	标准名称（英文）	标准名称（中文）	出版物类型
2	TC 165	ISO/CD 5257	Bamboo Structures - Engineered bamboo composites - Evaluation requirements	竹结构　工程用复合竹材料评估要求	IS
3	TC 165	ISO/AWI 7567	Bamboo Structures - Glued laminated bamboo - Product specification	竹结构　胶合竹　产品规格	IS
4	TC 165	ISO/CD TR 21141	Timber structures-Timber connections and assemblies-Determination of yield and ultimate characteristics and ductility from test data	木结构　木连接和组件　据试验数据确定屈服强度、极限强度及延性	TR
5	TC 165	ISO/CD 24322	Timber structures - Methods of test for evaluation of long-term performance - Part 1: wood-based products in bending	木结构　评估长期荷载作用下的构件性能　第1部分：受弯木基构件	IS
6	TC 165	ISO/CD 24323	Design methods for vibrational serviceability of timber floors	木楼盖的震动可靠性设计方法	IS
7	TC 165	ISO/AWI 7567	Bamboo Structures - Glued laminated bamboo - Product specification	竹结构　胶合竹　产品规格	IS

ISO/TC 165 相关技术机构国际标准目录　　　表 11-4

序号	技术机构	国际标准号	标准名称（英文）	标准名称（中文）	出版物类型	发布日期
1	TC 89	ISO 3340：1976	Fibre building boards - Determination of sand content	纤维板材　含砂量的测定	IS	1976.04
2	TC 89	ISO 9424：2003	Wood-based panels - Determination of dimensions of test pieces	木基板材　试件尺寸的确定	IS	2003.06
3	TC 89	ISO 9426：2003	Wood-based panels - Determination of dimensions of panels	木基板材　板材尺寸的确定	IS	2003.06
4	TC 89	ISO 9427：2003	Wood-based panels - Determination of density	木基板材　密度的测定	IS	2003.07
5	TC 89	ISO 12460-1：2007	Wood-based panels - Determination of formaldehyde release - Part 1: Formaldehyde emission by the 1-cubic-metre chamber method	木基板材　甲醛释放量测定第一部分：单位立方米气候箱法	IS	2007.09
6	TC 89	ISO 12460-2：2018	Wood-based panels - Determination of formaldehyde release - Part 2: Small-scale chamber method	木基板材　甲醛释放量测定第二部分：小气候箱法	IS	2018.09

续表

序号	技术机构	国际标准号	标准名称（英文）	标准名称（中文）	出版物类型	发布日期
7	TC 89	ISO 12460-3：2020	Wood-based panels – Determination of formaldehyde release – Part 3：Gas analysis method	木基板材　甲醛释放量测定　第三部分：气体分析法	IS	2020.10
8	TC 89	ISO 12460-4：2016	Wood-based panels – Determination of formaldehyde release – Part 4：Desiccator method	木基板材　甲醛释放量测定　第四部分：干燥剂法	IS	2016.01
9	TC 89	ISO 12460-5：2015	Wood-based panels – Determination of formaldehyde release – Part 5：Extraction method (called the perforator method)	木基板材　甲醛释放量测定　第五部分：萃取法（又称穿孔法）	IS	2015.11
10	TC 89	ISO 16978：2003	Wood-based panels – Determination of modulus of elasticity in bending and of bending strength	木基板材　测定弹性模量和弯曲强度	IS	2003.07
11	TC 89	ISO 16979：2003	Wood-based panels – Determination of moisture content	木基板材　测定含水率	IS	2003.05
12	TC 89	ISO 16981：2003	Wood-based panels – Determination of surface soundness	木基板材　测定表面硬度	IS	2003.07
13	TC 89	ISO 16983：2003	Wood-based panels – Determination of swelling in thickness after immersion in water	木基板材　浸水板材的膨胀厚度的测定	IS	2003.05
14	TC 89	ISO 16984：2003	Wood-based panels – Determination of tensile strength perpendicular to the plane of the panel	木基板材　测定受力方向为垂直板平面时的拉伸强度	IS	2003.05
15	TC 89	ISO 16985：2003	Wood-based panels – Determination of dimensional changes associated with changes in relative humidity	木基板材　测定与相对湿度变化有关的尺寸变化	IS	2003.05
16	TC 89	ISO 16987：2003	Wood-based panels – Determination of moisture resistance under cyclic test conditions	木基板材　循环试验下耐湿性的测定	IS	2003.09
17	TC 89	ISO 16998：2003	Wood-based panels – Determination of moisture resistance – Boil test	木基板材　耐湿性测定　沸腾试验	IS	2003.07
18	TC 89	ISO 16999：2003	Wood-based panels – Sampling and cutting of test pieces	木基板材　试样的取样与切割	IS	2003.07

续表

序号	技术机构	国际标准号	标准名称（英文）	标准名称（中文）	出版物类型	发布日期
19	TC 89	ISO 20585：2005	Wood-based panels - Determination of wet bending strength after immersion in water at 70 degrees C or 100 degrees C (boiling temperature)	木基板材　浸入 70 摄氏度或 100 摄氏度（沸腾温度）的水中后的湿弯曲强度测定	IS	2005.10
20	TC 89	ISO 27528：2009	Wood-based panels - Determination of resistance to axial withdrawal of screws	木基板材　螺钉轴向拔出阻力的测定	IS	2009.07
21	TC 89/SC1	ISO 16895：2016	Wood-based panels - Dry-process fibreboard	木基板材　干燥处理的纤维板	IS	2016.02
22	TC 89/SC1	ISO 17064：2016	Wood-based panels - Fibreboard, particleboard and oriented strand board (OSB) - Vocabulary	木基板材　纤维板，刨花板和定向刨花板（OSB）术语	IS	2016.10
23	TC 89/SC1	ISO 27769：2016	Wood-based panels - Wet process fibreboard	木基板材　湿法硬质纤维板	IS	2016.12
24	TC 89/SC2	ISO 16893：2016	Wood-based panels - Particleboard	木基板材　刨花板	IS	发布日期：2016.01 勘误版本日期：2016.03
25	TC 89/SC2	ISO 16894：2009	Wood-based panels - Oriented strand board (OSB) - Definitions, classification and specifications	木基板材　定向刨花板　定义、分类及规格	IS	2009.11
26	TC 89/SC3	ISO 1096：2021	Plywood - Classification	胶合板　分类	IS	2021.05
27	TC 89/SC3	ISO 1954：2013	Plywood - Tolerances on dimensions	胶合板　尺寸公差	IS	2013.11
28	TC 89/SC3	ISO 2074：2007	Plywood - Vocabulary	胶合板　术语	IS	2007.08
29	TC 89/SC3	ISO 2074：2007/AMD 1：2017	Plywood - Vocabulary - Amendment 1	胶合板　术语（修正案 1）	IS	2017.07
30	TC 89/SC3	ISO 2426-1：2020	Plywood - Classification by surface appearance - Part 1：General	胶合板　按表面外观分类第一部分：总则	IS	2020.04
31	TC 89/SC3	ISO 2426-2：2020	Plywood - Classification by surface appearance - Part 2：Hardwood	胶合板　按表面外观分类第二部分：硬木	IS	2020.04

序号	技术机构	国际标准号	标准名称（英文）	标准名称（中文）	出版物类型	发布日期
32	TC 89/SC3	ISO 2426-3：2000	Plywood – Classification by surface appearance – Part 3：Softwood	胶合板　按表面外观分类　第三部分：软木	IS	2000.12
33	TC 89/SC3	ISO 2426-4：2018	Plywood – Classification by surface appearance – Part 4：Palm-plywood	胶合板　按表面外观分类　第四部分：棕榈胶合板	IS	2018.09
34	TC 89/SC3	ISO 10033-1：2011	Laminated Veneer Lumber (LVL) – Bonding quality – Part 1：Test methods	单板层积材（LVL）　粘结质量　第一部分：测试方法	IS	2011.04
35	TC 89/SC3	ISO 10033-2：2011	Laminated Veneer Lumber (LVL) – Bonding quality – Part 2：Requirements	单板层积材（LVL）　粘结质量　第二部分：要求	IS	2011.04
36	TC 89/SC3	ISO 12465：2007	Plywood – Specifications	胶合板　规格	IS	2007.04
37	TC 89/SC3	ISO 12466-1：2007	Plywood – Bonding quality – Part 1：Test methods	胶合板　粘结质量　第一部分：测试方法	IS	2007.11
38	TC 89/SC3	ISO 12466-1：2007/AMD 1：2013	Plywood – Bonding quality – Part 1：Test methods – Amendment 1	胶合板　粘结质量　第一部分：测试方法（修正案1）	IS	2013.06
39	TC 89/SC3	ISO 12466-2：2007	Plywood – Bonding quality – Part 2：Requirements	胶合板　粘结质量　第二部分：要求	IS	2007.11
40	TC 89/SC3	ISO 13608：2014	Plywood – Decorative veneered plywood	胶合板　饰面胶合板	IS	2014.02
41	TC 89/SC3	ISO 13609：2021	Wood-based panels – Plywood – Blockboards and battenboards	木基板材　胶合板　细木工板	IS	2021.06
42	TC 89/SC3	ISO 18775：2020	Veneers – Terms and definitions, determination of physical characteristics and tolerances	单板　术语、定义、物理特性和公差	IS	2020.11
43	TC 89/SC3	ISO 18776：2008	Laminated veneer lumber (LVL) – Specifications	单板层积材（LVL）　规格	IS	2008.02
44	TC 89/SC3	ISO 18776：2008/AMD 1：2013	Laminated veneer lumber (LVL) – Specifications – Amendment 1	单板层积材（LVL）　规格（修正案1）	IS	2013.06

续表

序号	技术机构	国际标准号	标准名称（英文）	标准名称（中文）	出版物类型	发布日期
45	TC 89/SC3	ISO 27567：2009	Laminated veneer lumber – Measurement of dimensions and shape – Method of test	单板层积材 尺寸和形状的测量 试验方法	IS	2009.05
46	TC 287	ISO 38200：2018	Chain of custody of wood and wood-based products	木材和木制品产销监管链	IS	2018.10
47	TC 296	ISO 21625	Vocabulary related to bamboo and bamboo products	与竹和竹制品有关的术语	IS	2020.07
48	TC 296	ISO/PRF 21626-1：2020	Bamboo charcoal – Part 1：Generalities	竹炭 第一部分：概述	IS	2020.12
49	TC 296	ISO/PRF 21626-2：2020	Bamboo charcoal – Part 2：Fuel applications	竹炭 第二部分：燃料应用	IS	2020.12
50	TC 296	ISO/PRF 21626-3：2020	Bamboo charcoal – Part 3：Purification applications	竹炭 第三部分：净化应用	IS	2020.12
51	TC 296	ISO/DIS 21629-1：2021	Bamboo floorings – Part 1：Indoor use	竹地板 第一部分：应用于室内	IS	2021.06
52	TC 296	ISO/DIS 23066：2021	Vocabulary related to rattan materials and products	与藤制材料和产品有关的术语	IS	2021.02

ISO/TC 165 国际标准转化为中国标准目录   表 11-5

序号	国际标准信息			中国标准信息				备注
	技术机构	标准名称（英文）	发布日期	标准号	标准名称	采标程度	状态	
1	TC 165	Timber structures - Static and cyclic lateral load test methods for shear walls	2010.06	GB/T 37745-2019	木结构剪力墙静载和低周反复水平加载试验方法	修改采用（MOD）	已发布实施	无
2	TC 165	Timber structures – Structural insulated panel walls – Test methods	2011.06	GB/T 36785-2018	结构用木质覆面板保温墙体试验方法	非等效（NEQ）	已发布实施	无
3	TC 165	Timber structures – Bond performance of adhesives – Part 1：Basic requirements	2010.08	GB/T 37315-2019	木结构胶粘剂胶合性能基本要求	非等效（NEQ）	已发布实施	无

注：采标程度包括等同采用（IDT）、修改采用（MOD）、非等效采用（NEQ）。

ISO/TC 165 拟制定国际标准目录

表 11-6

序号	技术机构	拟制定标准名称（英文）	拟制定标准名称（中文）	备注
1	TC 165	Bamboo Structures-Engineered bamboo products-Design of Engineered Bamboo Structures	竹结构　工程竹产品工程竹设计	已向 ISOTC165 提出意向申请

12　建筑施工机械与设备（TC 195）

建筑施工机械与设备技术委员会主要开展施工现场使用的机械和设备领域的标准化工作。

12.0.1　基本情况

技术委员会名称：建筑施工机械与设备（Building construction machinery and equipment）
技术委员会编号：ISO/TC 195
成立时间：1989 年
秘书处：中国国家标准化管理委员会（SAC）
主席：李静（任期至 2022 年）
委员会经理：刘双
国内技术对口单位：北京建筑机械化研究院有限公司
网址：https：//www. iso. org/committee/54540. html

12.0.2　工作范围

施工现场使用的机械和设备领域的标准化工作，包括：
- 混凝土机械（例如配料机，搅拌机，泵，撒布机，输送设备，振动器，抹平机）；
- 基础施工机械（例如打桩设备，连续墙设备，钻机，喷射设备，灌浆设备，用于土壤和岩石混合物的钻机）；
- 骨料加工机械（例如筛分，破碎）；
- 道路施工与养护机械设备；
- 隧道掘进机（TBMs）以及相关的机器和设备；
- 脚手架；
- 用于建筑材料生产和加工的机器和设备，包括：
  —天然石材加工；
  —制造精细、重质黏土和耐火陶瓷；
  —平板、中空和特殊玻璃的生产，处理和加工；
- 现场加工建筑材料的机器和设备；
- 道路作业机械设备和相关服务所涉及的，包括：
  —术语；
  —应用；
  —分类；
  —分级；
  —技术要求；
  —试验方法；

　　—安全要求。

不包括：

- 固体矿物开采设备（ISO/TC 82）；
- 起重机（ISO/TC 96）；
- 土方机械（ISO/TC 127）；
- 升降工作平台（ISO/TC 214）；
- 建筑和土木工程（ISO/TC 59）。

12.0.3 组织架构

TC 195 目前由 3 个分技术委员会和 5 个工作组组成，组织架构如图 12.1 所示。

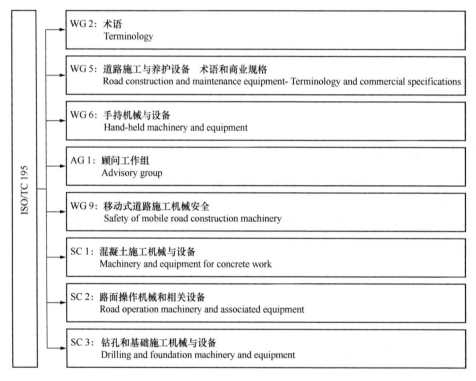

图 12.1　ISO/TC 195 组织架构

12.0.4 相关技术机构

TC 195 相关技术机构信息如表 12-1 所示。

ISO/TC 195 相关技术机构　　　　　　　　　表 12-1

序号	技术机构	技术机构名称	工作范围
1	ISO/TC 96	起重机（Cranes）	主要开展通过负载处理装置悬挂负载的起重机和相关设备领域的标准化

序号	技术机构	技术机构名称	工作范围
2	ISO/TC 127	土方机械（Earth-moving machinery）	见第 7 章
3	ISO/TC 214	升降工作平台（Elevating work platforms）	见第 14 章

12.0.5　工作开展情况

TC 195 秘书处曾由德国和中国联合承担，自 2020 年 5 月开始由中国独立承担。北京建筑机械化研究院同时承担 TC 195 国际秘书处和国内对口单位。恪守国际标准化的原则，掌握频繁变动的国际标准化工作程序和规则，加强与国际同行的合作和协作，切实做好承担国际秘书处的各项工作是本阶段工作重点。

12.0.6　ISO/TC 195 国际标准目录

ISO/TC 195 目前已发布国际标准 18 项，在编国际标准 8 项，相关技术机构国际标准 1 项，已有 17 项国际标准转化为中国标准，拟制定国际标准 1 项，标准详细信息如表 12-2～表 12-6 所示。

ISO/TC 195 已发布国际标准目录　　　表 12-2

序号	技术机构	国际标准号	标准名称（英文）	标准名称（中文）	出版物类型	发布日期
1	TC 195	ISO 11375：1998	Building construction machinery and equipment – Terms and definitions	建筑施工机械与设备　术语和定义	IS	1998.04
2	TC 195	ISO 15642：2003	Road construction and maintenance equipment – Asphalt mixing plants – Terminology and commercial specifications	道路施工与养护设备　沥青混合料搅拌设备术语和商业规格	IS	2003.05
3	TC 195	ISO 15643：2020	Road construction and maintenance equipment – Bituminous binder sprayers and synchronous bituminous binder sprayers-chip spreaders – Terminology and commercial specifications	道路施工与养护设备　沥青喷洒机和同步沥青石屑喷雾撒布机　术语和商业规格	IS	2020.10
4	TC 195	ISO 15644：2002	Road construction and maintenance equipment – Chippings spreaders – Terminology and commercial specifications	道路施工与养护设备　石屑撒布机术语和商业规格	IS	2002.05
5	TC 195	ISO 15645：2018	Road construction and maintenance equipment – Road milling machinery – Terminology and commercial specifications	道路施工与养护设备　路面铣刨机术语和商业规格	IS	2002.05

续表

序号	技术机构	国际标准号	标准名称（英文）	标准名称（中文）	出版物类型	发布日期
6	TC 195	ISO 15688：2012	Road construction and maintenance equipment – Soil stabilizers – Terminology and commercial specifications	道路施工与养护机械设备 稳定土拌和机术语和商业规格	IS	2012.09
7	TC 195	ISO 15689：2003	Road construction and maintenance equipment – Powder binder spreaders – Terminology and commercial specifications	道路施工与养护机械设备 粉料撒布机术语和商业规格	IS	2003.09
8	TC 195	ISO 15878：2021	Road construction and maintenance equipment – Paver-finishers – Commercial specifications	道路施工与养护机械设备 摊铺机 商业规格	IS	2021.07
9	TC 195	ISO 16039：2004	Road construction and maintenance equipment – Slipform pavers – Definitions and commercial specifications	道路施工与养护机械设备 滑模摊铺机术语和商业规格	IS	2004.04
10	TC 195	ISO 19432-1：2020	Building construction machinery and equipment – Portable, hand-held, internal combustion engine-driven abrasive cutting machines – Part 1: Safety requirements for cut-off machines for centre-mounted rotating abrasive wheels	建筑施工机械与设备 便携、手持、内燃机驱动的切断机 第1部分：中心安装的旋转砂轮切割机的安全要求	IS	2020.01
11	TC 195	ISO 19433：2008	Building construction machinery and equipment – Pedestrian-controlled vibratory plates – Terminology and commercial specifications	建筑施工机械与设备 手扶随行式振动平板夯术语和商业规格	IS	2008.04
12	TC 195	ISO 19452：2008	Building construction machinery and equipment – Pedestrian-controlled vibratory (percussion) rammers – Terminology and commercial specification	建筑施工机械与设备 手扶随行式振动冲击夯术语和商业规格	IS	2008.04
13	TC 195	ISO 21537-1：2004	Clamping flanges for superabrasive cutting-off wheels – Part 1: Natural stone	超磨料切割砂轮用夹具法兰 第1部分：天然石	IS	2004.10
14	TC 195	ISO 21537-2：2004	Clamping flanges for superabrasive cutting-off wheels – Part 2: Building and construction	超磨料切割砂轮用夹具法兰 第2部分：建筑和施工	IS	2004.10

续表

序号	技术机构	国际标准号	标准名称（英文）	标准名称（中文）	出版物类型	发布日期
15	TC 195	ISO 21873-1：2015	Building construction machinery and equipment – Mobile crushers – Part 1：Terminology and commercial specifications	建筑施工机械与设备　移动式破碎机　第1部分：术语和商业规格	IS	2015.08
16	TC 195	ISO 21873-2：2019	Building construction machinery and equipment – Mobile crushers – Part 2：Safety requirements and verification	建筑施工机械与设备　移动式破碎机　第2部分：安全要求	IS	2019.05
17	TC 195	ISO 22242：2005	Road construction and road maintenance machinery and equipment – Basic types – Identification and description	道路施工与养护机械设备基本类型识别和描述	IS	2005.09
18	TC 195	ISO/TR12603：2010	Building construction machinery and equipment – Classification	建筑施工机械与设备　分类	TR	2010.03

ISO/TC 195 在编国际标准目录　　　　　　　　　　　　表 12-3

序号	技术机构	国际标准号	标准名称（英文）	标准名称（中文）	出版物类型
1	TC 195	ISO/DIS 15878	Road construction and maintenance equipment – Paver-finishers – Terminology and commercial specifications	道路施工与养护机械设备　摊铺机　术语和商业规格	IS
2	TC 195	ISO/DIS 20500-1	Mobile road construction machinery – Safety – Part 1：Common requirements	移动式道路施工机械　安全第1部分：通用要求	IS
3	TC 195	ISO/DIS 20500-2	Mobile road construction machinery – Safety – Part 2：Specific requirements for road-milling machines	移动式道路施工机械　安全第2部分：路面铣刨机的特殊要求	IS
4	TC 195	ISO/DIS 20500-3	Mobile road construction machinery – Safety – Part 3：Specific requirements for soil-stabilising machines and recycling machines	移动式道路施工机械　安全第3部分：稳定土拌合机和冷再生机的特殊要求	IS
5	TC 195	ISO/DIS 20500-4	Mobile road construction machinery – Safety – Part 4：Specific requirements for compaction machines	移动式道路施工机械　安全第4部分：压实机械的特殊要求	IS
6	TC 195	ISO/DIS 20500-5	Mobile road construction machinery – Safety – Part 5：Mobile Specific requirements for paver-finishers	移动式道路施工机械　安全第5部分：摊铺机的特殊要求	IS

序号	技术机构	国际标准号	标准名称（英文）	标准名称（中文）	出版物类型
7	TC 195	ISO/DIS 20500-6	Mobile road construction machinery – Safety – Part 6：Specific requirements for mobile feeders	移动式道路施工机械 安全 第6部分：沥青混凝土转运机的特殊要求	IS
8	TC 195	ISO/DIS 20500-7	Mobile road construction machinery – Safety – Part 7：Specific requirements for slipform paver and texture curing machines	移动式道路施工机械 安全 第7部分：滑模摊铺机的特殊要求	IS

ISO/TC 195 相关技术机构国际标准目录 表 12-4

序号	技术机构	国际标准号	标准名称（英文）	标准名称（中文）	出版物类型
1	TC 96	ISO 7363：1986	Cranes and lifting appliances – Technical characteristics and acceptance documents	起重机和起重机械 技术性能和验收文件	IS

ISO/TC 195 国际标准转化为中国标准目录 表 12-5

序号	国际标准信息			中国标准信息				备注
	技术机构	标准名称（英文）	发布日期	标准号	标准名称	采标程度	状态	
1	TC 195	Building construction machinery and equipment – Terms and definitions	1998.04	GB/T 18576-2001	建筑施工机械与设备 术语和定义	IDT	现行	
2	TC 195	Building construction machinery and equipment – Pile driving and extracting equipment – Terminology and commercial specifications	2002.08	GB/T 7920.6-2005	建筑施工机械与设备 打桩和拔桩设备术语和商业规格	MOD	现行	
3	TC 195	Road construction and maintenance equipment – Bituminous binder spreaders/sprayers – Terminology and commercial specifications	2002.03	GB/T 7920.14-2004	道路施工与养护设备 沥青洒布机/喷洒机术语和商业规格	IDT	现行	
4	TC 195	Road construction and maintenance equipment – Chippings spreaders – Terminology and commercial specifications	2002.05	GB/T 7920.16-2004	道路施工与养护设备 石屑撒布机术语和商业规格	IDT	现行	
5	TC 195	Road construction and maintenance equipment – Asphalt mixing plants – Terminology and commercial specifications	2003.05	GB/T 7920.11-2006	道路施工与养护设备 沥青混合料搅拌设备术语和商业规格	IDT	现行	

序号	国际标准信息			中国标准信息				备注
	技术机构	标准名称（英文）	发布日期	标准号	标准名称	采标程度	状态	
6	TC 195	Road construction and maintenance equipment – Powder binder spreaders – Terminology and commercial specifications	2003.09	GB/T 23579-2009	道路施工与养护机械设备　粉料撒布机术语和商业规格	IDT	现行	
7	TC 195	Road construction and maintenance equipment – Slipform pavers – Definitions and commercial specifications	2004.04	GB/T 23578-2009	道路施工与养护机械设备　滑模摊铺机术语和商业规格	IDT	现行	
8	TC 195	Building construction machinery and equipment – Concrete mixers – Part 1: Vocabulary and general specifications	2004.11	GB/T 25637.1-2010	建筑施工机械与设备　混凝土搅拌机　第1部分：术语与一般规格	IDT	现行	
9	TC 195	Road construction and road maintenance machinery and equipment – Basic types – Identification and description	2005.09	GB/T 23577-2009	道路施工与养护机械设备　基本类型识别和描述	IDT	现行	
10	TC 195	Road construction and maintenance equipment – Asphalt pavers – Terminology and commercial specifications	2008.03	GB/T 7920.12-2013	道路施工与养护机械设备　混凝土摊铺机术语和商业规格	MOD	现行	
11	TC 195	Building construction machinery and equipment – Pedestrian-controlled vibratory plates – Terminology and commercial specifications	2008.04	GB/T 32273-2015	建筑施工机械与设备　手扶随行式振动平板夯术语和商业规格	MOD	现行	
12	TC 195	Building construction machinery and equipment – Pedestrian-controlled vibratory (percussion) rammers – Terminology and commercial specifications	2008.04	GB/T 32274-2015	建筑施工机械与设备　手扶随行式振动冲击夯术语和商业规格	MOD	现行	
13	TC 195	Building construction machinery and equipment – Mobile crushers – Part 2: Safety requirements and verification	2009.10	GB/T 30751-2014	建筑施工机械与设备　移动式破碎机　第2部分：安全要求	MOD	现行	
14	TC 195	Road construction and maintenance equipment – Soil stabilizers – Terminology and commercial specifications	2012.9	GB/T 7920.10-2006	道路施工与养护机械设备　稳定土拌和机术语和商业规格	MOD	现行	

续表

序号	国际标准信息			中国标准信息				备注
	技术机构	标准名称（英文）	发布日期	标准号	标准名称	采标程度	状态	
15	TC 195	Clamping flanges for superabrasive cutting-off wheels – Part 1: Natural stone	2004.10	GB/T 25638.1-2010	建筑施工机械与设备 混凝土泵 第1部分：术语和商业规格	IDT	现行	
16	TC 195	Building construction machinery and equipment – Mobile crushers – Part 1: Terminology and commercial specifications	2015.8	GB/T 29009-2012	建筑施工机械与设备 移动式破碎机 第1部分：术语和商业规格	MOD	现行	
17	TC 195	Road construction and maintenance equipment – Road milling machinery – Terminology and commercial specifications	2018.9	GB/T 20315-2006	道路施工与养护设备 路面铣刨机术语和商业规格	IDT	现行	

注：采标程度包括等同采用（IDT）、修改采用（MOD）、非等效采用（NEQ）。

ISO/TC 195 拟制定国际标准目录 表 12-6

序号	技术机构	拟制定标准名称（英文）	拟制定标准名称（中文）	备注
1	TC 195	Building construction machinery and equipment - Concrete machinery - Worksite data exchange	建筑施工机械与设备 混凝土机械 工作现场数据交换	

13 建筑环境设计（TC 205）

建筑环境设计（TC 205）技术委员会主要开展建筑技术及相关建筑设计相关标准化工作，行业主管部门为住房和城乡建设部。

13.0.1 基本情况

技术委员会名称：建筑环境设计（Building environment design）
技术委员会编号：ISO/TC 205
成立时间：1992 年
秘书处：美国国家标准协会（ANSI）
主席：Mr Drake Erbe（任期至 2022 年）
委员会经理：Mrs Stephanie C. Reiniche
国内技术对口单位：中国建筑科学研究院建筑物理研究所
网址：https：//www.iso.org/committee/54740.html

13.0.2 工作范围

TC 205 主要就新建或改建建筑的设计制订标准，从而在保证室内环境质量的前提下有效降低能耗。建筑环境设计主要针对建筑技术及相关建筑设计，包括设计流程、设计方法、设计成果以及设计阶段的建筑调试。室内环境则包括室内空气品质、热环境、声环境以及视觉环境。具体包括：
- 室内环境品质与能耗相关的可持续问题；
- 建筑环境设计一般原则；
- 节能建筑设计；
- 建筑自动控制系统的设计；
- 室内热环境设计与改造；
- 室内热环境设计与改造；
- 室内声环境设计与改造；
- 室内视觉环境设计与改造；
- 供热和制冷系统涉及含辐射式；
- 建筑环境相关设备性能测试与分级方法应用。

不包含：
- 其他人体工效学指标；
- 空气污染物，声、光、热环境测试方法；
- 建筑环境热性能和能耗（ISO TC 163）；
- 既有建筑环境相关设备性能测试与分级方法；
- 既有建筑检查与分级；

• 构造。

13.0.3 组织架构

TC 205 目前由 10 个工作组组成，组织架构如图 13.1 所示：

ISO/TC 205

WG 1：一般原则
General principles

WG 2：节能建筑设计
Design of energy-efficient buildings

WG 3：建筑自动控制系统
Building automation and control systems

WG 5：室内热环境
Indoor thermal environment

WG 7：室内视觉环境
Indoor visual environment

WG 8：辐射供热和制冷系统
Radiant heating and cooling systems

WG 9：供热和制冷系统
Heating and cooling systems

WG 10：调适
Commissioning

JWG 11：潮湿损坏
Moisture damage

AG 1：与ISO 52000的协调
Coordination of ISO 52000 family

图 13.1　TC 205 组织架构

13.0.4 相关技术机构

TC 205 相关技术机构信息如表 13-1 所示。

ISO/TC 205 相关技术机构　　　　　　　　表 13-1

序号	技术机构	技术机构名称	工作范围
1	ISO/TC 43/SC1	噪声（Noise）	暂无
2	ISO/TC 43/SC2	建筑声学（Building acoustics）	暂无
3	TC 59/SC13	建筑和土木工程的信息组织和数字化，包含建筑信息模型（BIM）（Organization and digitization of information about buildings and civil engineering works，including building information modelling（BIM））	见第 3.3 节

续表

序号	技术机构	技术机构名称	工作范围
4	TC 86/SC 6	空调器和热泵的试验和评定（Testing and rating of air-conditioners and heat pumps）	见第 5 章
5	ISO/TC 115	泵（Pumps）	主要开展泵领域的标准化工作，包括尺寸和技术要求、测试方法、所有液体的旋转动力泵和容积泵的测试和验收、完整泵的安装、安装和特殊应用以及用于废水的转子动力混合器
6	ISO/TC 117	风机（Fans）	主要开展工业用风机领域的标准化工作，包括建筑物和矿井的通风。不包括吊顶、基座及类似循环类型的风扇，例如一般用于非工业目的的风机
7	ISO/TC 142	空气和其他气体的净化设备（Cleaning equipment for air and other gases）	见第 8 章
8	ISO/TC 146/SC 6	空气质量/室内空气（Air quality/Indoor air）	主要开展空气质量相关标准化工作，包括排放、工作区空气、环境空气、室内空气，特别是空气污染物（颗粒物、气体、气味、微生物）的测量方法、气象参数、测量方案、质量保证或质量控制（QA/QC）规程以及结果评估方法（包括不确定度的确定）。不包括污染物限值、洁净室空气质量和放射性物质。与 TC 205 直接相关的为 SC6 室内空气（indoor air）
9	ISO/TC159/SC 5	物理环境的人体工程学（Ergonomics of the physical environment）	暂无
10	ISO/TC 163	建筑环境热性能和能源利用（Thermal performance and energy use in the built environment）	主要开展建筑和土木工程领域的标准化工作：1）材料、产品、部件、元件和系统的热湿性能，包括新建和现有的完整建筑，以及它们与技术建筑系统的相互作用；2）建筑和工业应用的保温材料、产品和系统，包括建筑安装设备的保温。技术内容包括热湿传递、温度和湿度条件的试验和计算方法；建筑物用能的测试和计算方法，包括工业建筑环境；建筑物供热和制冷负荷的试验和计算方法；采光、通风和空气渗入的试验和计算方法；建筑物和建筑构件的热、湿、能效的现场测试方法以及用于计算的输入数据，包括气候数据；保温材料、产品和系统的规范及相关的测试方法和合格标准；术语；在 ISO 范围内对热、湿热性能的工作进行全面的审查和协调。技术内容不包括 ISO/TC 205 工作范围、新建筑设计和改造的建筑环境设备性能的测试和评定方法、采光、通风和空气渗透的设计方法和标准

序号	技术机构	技术机构名称	工作范围
11	ISO/TC 163/SC 2	计算方法（Calculation methods）	主要开展以下标准化工作：热湿传递、温度和湿度条件的计算方法；建筑物用能的计算方法；建筑物供热和制冷负荷的计算方法；采光、通风和空气渗入的计算方法；建筑物和建筑构件的热、湿、能效的用于计算的输入数据，包括气候数据
12	ISO/TC 274	光与照明（Light and lighting）	国际照明委员会（CIE）为适应照明领域激烈的国际竞争形势，拓展国际战略标准，积极与国际标准化组织合作，于2012年11月成立了ISO TC274 "light and lighting"（光与照明）技术委员会。其工作范围包括：在照明技术领域，对CIE工作项目补充的特定案例的标准化，并且协调CIE草案，依照19/1984和10/1989理事会决议，涉及视觉、光度和色度学，光谱范围涵盖紫外、可见和红外的自然光和人工光，技术领域覆盖所有光应用、室内外照明、能效，包括环境、非可视化生物和健康影响

13.0.5 工作开展情况

TC 205 已发布 40 项 ISO 标准，在编 14 项；P 成员国（积极成员国）为 28 个，O 成员国（观察员身份成员国）为 31 个。目前 TC 205 的主席均为美国人。该技术委员会主要就新建或改建建筑的设计制订标准，从而在保证室内环境质量的前提下有效降低能耗。

中国建筑科学研究院建筑物理研究所（现名称为中国建筑科学研究院有限公司建筑环境与能源研究院）承担国际标准化组织建筑环境设计技术委员会 ISO/TC 205（Building Environment Design）的国内技术对口单位业务工作。这部分工作主要包括对国际标准文件表态、审查我国提案和国际标准的中文译稿，以及提出开展国际标准化交流活动的建议等。

近几年，我国在 ISO/TC 205 中的参与度逐步提高，在 8 个工作组中已经注册了专家。我国在标准制订过程中所提出的意见也逐步得到了国际同行的认可。但我国在 ISO/TC 205 中尚未有主导标准，与邻国日本、韩国相比，我国仍较为落后。

增加会议的参与度也是提升我国话语权的前提，当前在建筑环境设计领域仍需加强宣传，吸引更多专家参与该领域国际标准化活动，仍然是当前的重要任务。

接下来将进一步发挥好 TC 205 国内秘书处工作，秘书处具有上承下接的工作职能，如何更好地发挥好将国际标准转化为国家标准，并选择我国较好的标准提升国际标准，以及通过相关活动扩大秘书处影响力仍是当前需要重点考虑的工作。

13.0.6 ISO/TC 205 国际标准目录

TC 205 目前已发布国际标准 40 项，在编国际标准 18 项，相关技术机构国际标准 54 项，已有 5 项国际标准转化为中国标准，拟制定国际标准 1 项，标准详细信息如表 13-2～表 13-6 所示。

ISO/TC 205 已发布国际标准目录　　　　　　　　　表 13-2

序号	技术机构	国际标准号	标准名称（英文）	标准名称（中文）	出版物类型	发布日期
1	TC 205	ISO 11855-1：2021	Building environment design – Embedded radiant heating and cooling systems – Part 1: Definitions，symbols，and comfort criteria	建筑环境设计　嵌入式辐射供暖和制冷系统　第 1 部分：定义、符号和舒适标准	IS	2021.08
2	TC 205	ISO 11855-2：2021	Building environment design – Embedded radiant heating and cooling systems – Part 2: Determination of the design heating and cooling capacity	建筑环境设计　嵌入式辐射供暖和制冷系统　第 2 部分：设计供热制冷容量的测定	IS	2021.09
3	TC 205	ISO 11855-3：2021	Building environment design – Embedded radiant heating and cooling systems – Part 3: Design and dimensioning	建筑环境设计　嵌入式辐射供暖和制冷系统　第 3 部分：设计和尺寸	IS	2021.08
4	TC 205	ISO 11855-4：2021	Building environment design – Embedded radiant heating and cooling systems – Part 4: Dimensioning and calculation of the dynamic heating and cooling capacity of Thermo Active Building Systems（TABS）	建筑环境设计　嵌入式辐射供暖和制冷系统　第 4 部分：热活性建筑系统（TABS）动态供热和制冷能力的容量估算和计算	IS	2021.08
5	TC 205	ISO 11855-5：2021	Building environment design – Embedded radiant heating and cooling systems – Part5: Installation	建筑环境设计　嵌入式辐射供暖和制冷系统　第 5 部分：安装	IS	2021.08
6	TC 205	ISO 11855-6：2018	Building environment design – Design，dimensioning，installation and control of embedded radiant heating and cooling systems – Part 6: Control	建筑物环境设计　嵌入式辐射供暖和制冷系统的设计、尺寸、安装和控制　第 6 部分：控制	IS	2018.09
7	TC 205	ISO 11855-7：2019	Building environment design – Design，dimensioning，installation and control of embedded radiant heating and cooling systems – Part 7: Input parameters for the energy calculation	建筑环境设计　嵌入式辐射供暖和制冷系统的设计、尺寸、安装和控制　第 7 部分：能源计算的输入参数	IS	2019.09
8	TC 205	ISO 13153：2012	Framework of the design process for energy-saving single-family residential and small commercial buildings	节能型单户住宅和小型商业建筑的设计过程	IS	2012.09

序号	技术机构	国际标准号	标准名称（英文）	标准名称（中文）	出版物类型	发布日期
9	TC 205	ISO 13612-1：2014	Heating and cooling systems in buildings – Method for calculation of the system performance and system design for heat pump systems – Part 1：Design and dimensioning	建筑供热和制冷系统　热泵系统能效计算和设计方法　第1部分：设计和尺寸	IS	2014.05
10	TC 205	ISO 13612-2：2014	Heating and cooling systems in buildings – Method for calculation of the system performance and system design for heat pump systems – Part 2：Energy calculation	建筑供热和制冷系统　热泵系统能效计算和设计方法　第2部分：能耗计算	IS	2014.05
11	TC 205	ISO 13675：2013	Heating systems in buildings – Method and design for calculation of the system energy performance – Combustion systems (boilers)	建筑供热系统　能效计算方法和设计　燃烧系统（锅炉）	IS	2013.11
12	TC 205	ISO 16484-1：2010	Building automation and control systems (BACS) – Part 1：Project specification and implementation	建筑自动化和控制系统（BACS）　第1部分：项目规范和实施	IS	2010.11
13	TC 205	ISO 16484-2：2004	Building automation and control systems （BACS） – Part 2：Hardware	建筑自动化和控制系统（BACS）　第2部分：硬件	IS	2004.08
14	TC 205	ISO 16484-3：2005	Building automation and control systems (BACS) – Part 3：Functions	建筑自动化和控制系统（BACS）　第3部分：功能	IS	2005.01
15	TC 205	ISO 16484-5：2017	Building automation and control systems (BACS) – Part 5：Data communication protocol	建筑自动化和控制系统（BACS）　第5部分：数据通信协议	IS	2017.05
16	TC 205	ISO 16484-5：2017/Amd 1：2020	Building automation and control systems (BACS) – Part 5：Data communication protocol – Amendment 1	建筑自动化和控制系统（BACS）　第5部分：数据通信协议　1号修改单	IS	2020.04
17	TC 205	ISO 16484-6：2020	Building automation and control systems (BACS) – Part 6：Data communication conformance testing	建筑自动化和控制系统（BACS）　第6部分：数据通讯一致性测试	IS	2020.04
18	TC 205	ISO 16813：2006	Building environment design – Indoor environment – General principles	建筑环境设计　室内环境一般原则	IS	2006.05

序号	技术机构	国际标准号	标准名称（英文）	标准名称（中文）	出版物类型	发布日期
19	TC 205	ISO 16814：2008	Building environment design – Indoor air quality – Methods of expressing the quality of indoor air for human occupancy	建筑环境设计 室内空气质量 室内人居环境空气质量的表示方法	IS	2008.10
20	TC 205	ISO 16817：2017	Building environment design – Indoor environment – Design process for the visual environment	建筑环境设计 室内环境 视觉环境设计流程	IS	2017.05
21	TC 205	ISO 16818：2008	Building environment design – Energy efficiency – Terminology	建筑环境设计 能效 术语	IS	2008.02
22	TC 205	ISO/TR 16822：2016	Building environment design – List of test procedures for heating, ventilating, air-conditioning and domestic hot water equipment related to energy efficiency	建筑环境设计 能效相关暖气、通风、空调及家用热水设备的测试程序一览表	TR	2016.07
23	TC 205	ISO 17800：2017	Facility smart grid information model	设施与智能电网信息模型	IS	2017.12
24	TC 205	ISO 18566-1：2017	Building environment design – Design, test methods and control of hydronic radiant heating and cooling panel systems – Part 1：Vocabulary, symbols, technical specifications and requirements	建筑环境设计 循环辐射供暖和制冷系统的设计、测试方法和控制 第1部分：词汇、符号、技术规范和要求	IS	2017.06
25	TC 205	ISO 18566-2：2017	Building environment design – Design, test methods and control of hydronic radiant heating and cooling panel systems – Part 2：Determination of heating and cooling capacity of ceiling mounted radiant panels	建筑环境设计 循环辐射供暖和制冷系统的设计、测试方法和控制 第2部分：顶棚安装辐射板的供暖和制冷能力的测定	IS	2017.06
26	TC 205	ISO 18566-3：2017	Building environment design – Design, test methods and control of hydronic radiant heating and cooling panel systems – Part 3：Design of ceiling mounted radiant panels	建筑环境设计 循环辐射供暖和制冷系统的设计、测试方法和控制 第3部分：顶棚安装辐射板的设计	IS	2017.06
27	TC 205	ISO 18566-4：2017	Building environment design – Design, test methods and control of hydronic radiant heating and cooling panel systems – Part 4：Control of ceiling mounted radiant heating and cooling panels	建筑环境设计 循环辐射供暖和制冷系统的设计、测试方法和控制 第4部分：顶棚安装供暖和制冷辐射板的控制	IS	2017.06

序号	技术机构	国际标准号	标准名称（英文）	标准名称（中文）	出版物类型	发布日期
28	TC 205	ISO 18566-6：2019	Building environment design – Design, test methods and control of hydronic radiant heating and cooling panel systems – Part 6：Input parameters for the energy calculation	建筑环境设计 循环辐射供暖和制冷系统的设计、测试方法和控制 第6部分：能耗计算的输入参数	IS	2019.08
29	TC 205	ISO 19454：2019	Building environment design – Indoor environment – Daylight opening design for sustainability principles in visual environment	建筑环境设计 室内环境 基于视觉环境可持续性的采光口设计过程	IS	2019.08
30	TC 205	ISO 19455-1：2019	Planning for functional performance testing for building commissioning – Part 1：Secondary hydronic pump, system and associated controls	建筑调试的功能性测试方案 第1部分：二级循环泵、系统和相关控制器	IS	2019.11
31	TC 205	ISO 22185-1：2021	Diagnosing moisture damage in buildings and implementing countermeasures – Part 1：Principles, nomenclature and moisture transport mechanisms	建筑物潮湿损伤诊断和实施对策 第1部分：原则、术语和湿气输送机制	IS	2021.02
32	TC 205	ISO 22510：2019	Open data communication in building automation, controls and building management – Home and building electronic systems – KNXnet/IP communication	建筑自动化、控制和建筑管理系统的开放性数据通信 家庭和建筑电子系统 KNX/IP通信	IS	2019.11
33	TC 205	ISO 23045：2008	Building environment design – Guidelines to assess energy efficiency of new buildings	建筑环境设计 新建建筑能效评估指南	IS	2008.12
34	TC 205	ISO/TS 23764：2021	Methodology for achieving non-residential zero-energy buildings (ZEBs)	非住宅类零能耗建筑实施方法	TS	2021.09
35	TC 205	ISO 52031：2020	Energy performance of buildings – Method for calculation of system energy requirements and system efficiencies – Space emission systems (heating and cooling)	建筑能效 能源需求和系统能效计算方法 空间喷射系统（供热和制冷）	IS	2020.04

序号	技术机构	国际标准号	标准名称（英文）	标准名称（中文）	出版物类型	发布日期
36	TC 205	ISO 52032-1：2022	Energy performance of buildings – Energy requirements and efficiencies of heating，cooling and domestic hot water（DHW）distribution systems – Part 1：Calculation procedures	建筑能效 供暖、制冷和生活热水（DHW）分布系统的效率和能耗要求 第1部分：计算程序	IS	2022.03
37	TC 205	ISO 52120-1：2021	Energy performance of buildings – Contribution of building automation，controls and building management – Part 1：General framework and procedures	建筑能效 建筑自动化、控制和建筑管理的贡献 第1部分：一般准则和程序	IS	2021.12
38	TC 205	ISO/TR 52120-2：2021	Energy performance of buildings – Contribution of building automation，controls and building management – Part 2：Explanation and justification of ISO 52120-1	建筑能效 建筑自动化、控制和建筑管理的贡献 第2部分：ISO 52120-1解读	TR	2021.12
39	TC 205	ISO 52127-1：2021	Energy performance of buildings – Building management system – Part 1：Module M10-12	建筑能效 建筑管理系统 第1部分：模块M10-12	IS	2021.02
40	TC 205	ISO/TR 52127-2：2021	Energy performance of buildings – Building automation，controls and building management – Part 2：Explanation and justification of ISO 52127-1	建筑能效 建筑自动化、控制和建筑管理 第2部分：ISO 52127-1解读	TR	2021.02

ISO/TC 205 在编国际标准目录 表 13-3

序号	技术机构	国际标准号	标准名称（英文）	标准名称（中文）	出版物类型
1	TC 205	ISO/AWI TR 5242	Technical analysis for a new perspective on thermal comfort	热舒适新观点的技术分析	TR
2	TC 205	ISO/WD TR 5863	Integrative design of the building envelope – General principles	建筑维护结构集成设计 一般原则	TR
3	TC 205	ISO 11855-1：2021/CD Amd 1	Building environment design – Embedded radiant heating and cooling systems – Part 1：Definitions，symbols，and comfort criteria – Amendment 1	建筑环境设计 嵌入式辐射供暖和制冷系统 第1部分：定义、符号和舒适标准 1号修改单	IS
4	TC 205	ISO 11855-2：2021/AWI Amd 1	Building environment design – Embedded radiant heating and cooling systems – Part 2：Determination of the design heating and cooling capacity – Amendment 1	建筑环境设计 嵌入式辐射供暖和制冷系统 第2部分：设计供热制冷容量的测定 1号修改单	IS

序号	技术机构	国际标准号	标准名称（英文）	标准名称（中文）	出版物类型
5	TC 205	ISO 11855-3：2021/AWI Amd 1	Building environment design－Embedded radiant heating and cooling systems－Part 3：Design and dimensioning－Amendment 1	建筑环境设计 嵌入式辐射供暖和制冷系统 第3部分：设计和尺寸 1号修改单	IS
6	TC 205	ISO 11855-4：2021/AWI Amd 1	Building environment design－Embedded radiant heating and cooling systems－Part 4：Dimensioning and calculation of the dynamic heating and cooling capacity of Thermo Active Building Systems (TABS)－Amendment 1	建筑环境设计 嵌入式辐射供暖和制冷系统 第4部分：热活性建筑系统（TABS）动态供热和制冷能力的容量估算和计算 1号修改单	IS
7	TC 205	ISO 11855-5：2021/AWI Amd 1	Building environment design－Embedded radiant heating and cooling systems－Part 5：Installation－Amendment 1	建筑环境设计 嵌入式辐射供暖和制冷系统 第5部分：安装 1号修改单	IS
8	TC 205	ISO 11855-6：2018/AWI Amd 1	Building environment design－Design, dimensioning, installation and control of embedded radiant heating and cooling systems－Part 6：Control－Amendment 1	建筑物环境设计 嵌入式辐射供暖和制冷系统的设计、尺寸、安装和控制 第6部分：控制 1号修改单	IS
9	TC 205	ISO 11855-7：2019/AWI Amd 1	Building environment design－Design, dimensioning, installation and control of embedded radiant heating and cooling systems－Part 7：Input parameters for the energy calculation－Amendment 1	建筑环境设计 嵌入式辐射供暖和制冷系统的设计、尺寸、安装和控制 第7部分：能源计算的输入参数 1号修改单	IS
10	TC 205	ISO/AWI 11855-8	Building environment design－Design, dimensioning, installation and control of embedded radiant heating and cooling systems－Part 8：Electrical heating systems	建筑环境设计嵌入式辐射供暖和制冷系统的设计、尺寸、安装和控制 第8部分：电供暖系统	IS
11	TC 205	ISO/WD 16813	Building environment design－Indoor environment－General principles	建筑环境设计 室内环境 一般原则	IS
12	TC 205	ISO/PWI 20734	Building Enviroment Design－Daylighting design procedure for indoor visual environment	建筑环境设计 室内视觉环境采光设计程序	IS
13	TC 205	ISO/WD 22185-2	Diagnosing moisture damage in buildings and implementing countermeasures－Part 2：Condition assessment	建筑物潮湿损害诊断和实施对策 第2部分：条件评估	IS

序号	技术机构	国际标准号	标准名称（英文）	标准名称（中文）	出版物类型
14	TC 205	ISO/PWI 22511	Design process of natural ventilation for reducing cooling demand in energy-efficient non-residential buildings	非居住节能建筑减少制冷需求的自然通风设计过程	IS
15	TC 205	ISO/PWI 23744	Building environment design – Indoor environment – Diagnostic of existing buildings	建筑环境设计　室内环境　既有建筑诊断	IS
16	TC 205	ISO/WD 24359-1	Building commissioning process planning – Part 1：New buildings	建筑调试过程规划　第1部分：新建建筑	IS
17	TC 205	ISO/DIS 24365	Radiators and convectors – Methods and rating for determining the heat output	辐射和对流散热器　传热量确定方法和分级	IS
18	TC 205	ISO/AWI TR 52032-1	Energy performance of buildings – Energy requirements and efficiencies of heating, cooling and domestic hot water (DHW) distribution systems – Part 2：Explanation and justification of ISO 52032-1	建筑能效　供暖、制冷和生活热水（DHW）分布系统的效率和能耗要求　第2部分：ISO 52032-1解读	TR

ISO/TC 205 相关技术机构国际标准目录　　　　表 13-4

序号	技术机构	国际标准号	标准名称（英文）	标准名称（中文）	出版物类型	发布日期
1	ISO/TC 43/SC 1	ISO 3381：2021	Railway applications – Acoustics – Noise measurement inside railbound vehicles	铁路应用　声学　机车内部的噪声测量	IS	2021.09
2	ISO/TC 43/SC 1	ISO 3743.2：2018	Acoustics – Determination of sound power levels of noise sources using sound pressure – Engineering methods for small, movable sources in reverberant fields – Part 2：Methods for special reverberation test rooms	声学　声压法测定噪声源的声功率级　小型可移动噪声源的工程测量方法　第2部分：特殊混响室测试方法	IS	2018.02
3	ISO/TC 43/SC 1	ISO/TR 11690.3：1997	Acoustics – Recommended practice for the design of low. noise workplaces containing machinery – Part 3：Sound propagation and noise prediction in workrooms	声学　存在机械设备的低噪声工作场所设计推荐　第3部分：室内工作场所的声音传播与噪声预测	TR	1997.02
4	ISO/TC 43/SC 1	ISO 12913.1：2014	Acoustics – Soundscape – Part 1：Definition and conceptual framework	声学　声景　第1部分：定义和概念框架	IS	2014.09
5	ISO/TC 43/SC 1	ISO 12913.2：2018	Acoustics – Soundscape – Part 2：Data collection and reporting requirements	声学　声景　第2部分：数据收集和报告要求	IS	2018.08

序号	技术机构	国际标准号	标准名称（英文）	标准名称（中文）	出版物类型	发布日期
6	ISO/TC 43/SC 1	ISO 12913.3：2019	Acoustics – Soundscape – Part 3: Data analysis	声学 声景 第3部分：数据分析	IS	2019.12
7	ISO/TC 43/SC 1	ISO 17624：2004	Acoustics – Guidelines for noise control in offices and workrooms by means of acoustical screens	声学 隔音屏法控制办公和工作房间噪声指南	IS	2004.05
8	ISO/TC 43/SC 2	ISO 354：2003	Acoustics – Measurement of sound absorption in a reverberation room	声学 混响室吸声的测量	IS	2003.05
9	ISO/TC 43/SC 2	ISO 717-1：2020	Acoustics – Rating of sound insulation in buildings and of building elements – Part 1: Airborne sound insulation	声学 建筑物和建筑构件隔声等级 第1部:空气传播隔声	IS	2020.12
10	ISO/TC 43/SC 2	ISO 717-2：2020	Acoustics – Rating of sound insulation in buildings and of building elements – Part 2: Impact sound insulation	声学 建筑物和建筑构件隔声等级 第2部:撞击声隔声	IS	2020.12
11	ISO/TC 43/SC 2	ISO 3382-1：2009	Acoustics – Measurement of room acoustic parameters – Part 1: Performance spaces	声学 房间声学参数的测量 第1部分：表演空间	IS	2009.06
12	ISO/TC 43/SC 2	ISO 3382-2：2008	Acoustics – Measurement of room acoustic parameters – Part 2: Reverberation time in ordinary rooms	声学 房间声学参数的测量 第2部分：普通房间的混响时间	IS	2008.06
13	ISO/TC 43/SC 2	ISO 3382-3：2022	Acoustics – Measurement of room acoustic parameters – Part 3: Open plan offices	声学 房间声学参数的测量 第3部分：开放办公室	IS	2022.01
14	ISO/TC 43/SC 2	ISO 10052：2004	Acoustics – Field measurements of airborne and impact sound insulation and of service equipment sound – Survey method	声学 空气和撞击声隔声和服务设施声的现场测量 调查法	IS	2004.12
15	ISO/TC 43/SC 2	ISO 10848-1：2017	Acoustics – Laboratory and field measurement of flanking transmission for airborne, impact and building service equipment sound between adjoining rooms – Part 1: Frame document	声学 相邻房间空气、撞击和建筑服务设备声侧向传输的实验室和现场测量 第1部:框架文件	IS	2017.09
16	ISO/TC 43/SC 2	ISO 10848-2：2017	Acoustics – Laboratory and field measurement of flanking transmission for airborne, impact and building service equipment sound between adjoining rooms – Part 2: Application to Type B elements when the junction has a small influence	声学 相邻房间空气、撞击和建筑服务设备声侧向传输的实验室和现场测量 第2部:应用于具有较小影响的B类构件	IS	2017.09

序号	技术机构	国际标准号	标准名称（英文）	标准名称（中文）	出版物类型	发布日期
17	ISO/TC 43/SC 2	ISO 10848-3：2017	Acoustics – Laboratory and field measurement of flanking transmission for airborne, impact and building service equipment sound between adjoining rooms – Part 3: Application to Type B elements when the junction has a substantial influence	声学 相邻房间空气、撞击和建筑服务设备声侧向传输的实验室和现场测量 第3部：应用于具有实质影响的B类构件	IS	2017.09
18	ISO/TC 43/SC 2	ISO 10848-4：2017	Acoustics – Laboratory and field measurement of flanking transmission for airborne, impact and building service equipment sound between adjoining rooms – Part 4: Application to junctions with at least one Type A element	声学 相邻房间空气、撞击和建筑服务设备声侧向传输的实验室和现场测量 第4部：应用于至少采用1种A类构件的连接	IS	2017.09
19	ISO/TC 43/SC 2	ISO 15186-2：2003	Acoustics – Measurement of sound insulation in buildings and of building elements using sound intensity – Part 2: Field measurements	声学 声强法测量建筑和建筑构件的隔声 第2部分：现场测量	IS	2003.06
20	ISO/TC 43/SC 2	ISO 16283-1：2014	Acoustics – Field measurement of sound insulation in buildings and of building elements – Part 1: Airborne sound insulation	声学 建筑和建筑构件隔声的现场测量 第1部分：空气隔声	IS	2014.02
21	ISO/TC 43/SC 2	ISO 16283-2：2020	Acoustics – Field measurement of sound insulation in buildings and of building elements – Part 2: Impact sound insulation	声学 建筑和建筑构件隔声的现场测量 第2部分：撞击隔声	IS	2020.07
22	ISO/TC 43/SC 2	ISO 16283-3：2016	Acoustics – Field measurement of sound insulation in buildings and of building elements – Part 3: Façade sound insulation	声学 建筑和建筑构件隔声的现场测量 第3部分：外墙隔声	IS	2016.02
23	ISO/TC 43/SC 2	ISO 18233：2006	Acoustics – Application of new measurement methods in building and room acoustics	声学 建筑和室内声学新型测量方法的应用	IS	2006.06
24	ISO/TC 43/SC 2	ISO/TS 19488：2021	Acoustics – Acoustic classification of dwellings	声学 住宅的声学分类	TS	2021.04
25	ISO/TC 43/SC 2	ISO 23591：2021	Acoustic quality criteria for music rehearsal rooms and spaces	音乐排练房间或场所的声学标准	IS	2021.09
26	ISO/TC 146 SC 6	ISO 16000-1：2004	Indoor air – Part 1: General aspects of sampling strategy	室内空气 第1部分：一般取样策略	IS	2004.07
27	ISO/TC 146 SC 6	ISO 16000-40：2019	Indoor air – Part 40: Indoor air quality management system	室内空气 第40部分：室内空气质量管理系统	IS	2019.07

序号	技术机构	国际标准号	标准名称（英文）	标准名称（中文）	出版物类型	发布日期
28	ISO/TC 159 SC 5	ISO 7730：2005	Ergonomics of the thermal environment – Analytical determination and interpretation of thermal comfort using calculation of the PMV and PPD indices and local thermal comfort criteria	热环境工效学 用PMV和PPD指数和当地热舒适标准的计算分析、确定和解释热舒适	IS	2005.11
29	ISO/TC 159 SC 5	ISO 15265：2004	Ergonomics of the thermal environment – Risk assessment strategy for the prevention of stress or discomfort in thermal working conditions	热环境工效学 在工作热环境预防压力或不适的风险评估策略	IS	2004.08
30	ISO/TC 159 SC 5	ISO 28802：2012	Ergonomics of the physical environment – Assessment of environments by means of an environmental survey involving physical measurements of the environment and subjective responses of people	物理环境工效学 通过环境调查法进行环境评估，包括环境物理测量和人的主观反应	IS	2012.03
31	ISO/TC 163	ISO 7345：2018	Thermal performance of buildings and building components – Physical quantities and definitions	建筑和建筑构件的热物性 物理量和定义	IS	2018.03
32	ISO/TC 163	＊ISO 12655：2013	Energy performance of buildings – Presentation of measured energy use of buildings	建筑能效 建筑真实能耗表述	IS	2013.03
33	ISO/TC 163	ISO 17772-1：2017	Energy performance of buildings – Indoor environmental quality – Part 1: Indoor environmental input parameters for the design and assessment of energy performance of buildings	建筑能效 用于建筑能效设计和评估的室内环境输入参数	IS	2017.06
34	TC 163	ISO/TR 17772-2：2018	Energy performance of buildings – Overall energy performance assessment procedures – Part 2: Guideline for using indoor environmental input parameters for the design and assessment of energy performance of buildings	建筑能效 能效评估规程综述 第2部分：用于建筑能效设计和评估的室内环境输入参数应用指南	TR	2018.04
35	ISO/TC 163	ISO 18523-1：2016	Energy performance of buildings – Schedule and condition of building, zone and space usage for energy calculation – Part 1: Non. residential buildings	建筑能效 用于能源计算的建筑、区域和空间利用进度和条件 第1部分：非居住建筑	IS	2016.11
36	ISO/TC 163	ISO 18523-2：2018	Energy performance of buildings – Schedule and condition of building, zone and space usage for energy calculation – Part 2: Residential buildings	建筑能效 用于能源计算的建筑、区域和空间利用进度和条件 第2部分：居住建筑	IS	2018.02

续表

序号	技术机构	国际标准号	标准名称（英文）	标准名称（中文）	出版物类型	发布日期
37	ISO/TC 163	ISO 52003-1：2017	Energy performance of buildings – Indicators, requirements, ratings and certificates – Part 1: General aspects and application to the overall energy performance	建筑能效 指标、要求、等级和证书 第1部分：总体能效的一般要求与应用	IS	2017.06
38	ISO/TC 163/SC2	ISO 6946：2017	Building components and building elements – Thermal resistance and thermal transmittance – Calculation methods	建筑构件和建筑元素 热阻和传热系数 计算方法	IS	2017.06
39	ISO/TC 163/SC2	ISO 10077-1：2017	Thermal performance of windows, doors and shutters – Calculation of thermal transmittance – Part 1: General	窗、门和百叶的传热性能 传热系数的计算 第1部分：一般要求	IS	2017.06
40	ISO/TC 163/SC2	ISO 10077-2：2017	Thermal performance of windows, doors and shutters – Calculation of thermal transmittance – Part 2: Numerical method for frames	窗、门和百叶的热物性 传热系数的计算 第2部分：框架数值方法	IS	2017.06
41	ISO/TC 163/SC2	ISO 10211：2017	Thermal bridges in building construction – Heat flows and surface temperatures – Detailed calculations	建筑结构中的热桥 热流和表面温度 详细计算	IS	2017.06
42	ISO/TC 163/SC2	ISO 12631：2017	Thermal performance of curtain walling – Calculation of thermal transmittance	幕墙的热物性 传热计算	IS	2017.06
43	ISO/TC 163/SC2	ISO 13370：2017	Thermal performance of buildings – Heat transfer via the ground – Calculation methods	建筑物的热物性 地面传热 计算方法	IS	2017.06
44	ISO/TC 163/SC2	ISO 13786：2017	Thermal performance of building components – Dynamic thermal characteristics – Calculation methods	建筑构件的热物性 动态热特性 计算方法	IS	2017.06
45	ISO/TC 163/SC2	ISO 13788：2012	Hygrothermal performance of building components and building elements – Internal surface temperature to avoid critical surface humidity and interstitial condensation – Calculation methods	建筑构件和建筑元素的热湿性能 避免表面结露和缝隙结露的表面温度 计算方法	IS	2012.12
46	ISO/TC 163/SC2	ISO 13789：2017	Thermal performance of buildings – Transmission and ventilation heat transfer coefficients – Calculation method	建筑物的热物性 传递和通风传热系数 计算方法	IS	2017.06
47	ISO/TC 163/SC2	ISO 52017-1：2017	Energy performance of buildings – Sensible and latent heat loads and internal temperatures – Part 1: Generic calculation procedures	建筑能效 显热、潜热和室内温度 第一部分：通用计算程序	IS	2017.06

续表

序号	技术机构	国际标准号	标准名称（英文）	标准名称（中文）	出版物类型	发布日期
48	ISO/TC 274	ISO 8995-1：2002	Lighting of work places – Part 1：Indoor	工作场所照明　第1部分：室内	IS	2002.05
49	ISO/TC 274	ISO/CIE 8995-3：2018	Lighting of work places – Part 3：Lighting requirements for safety and security of outdoor work places	工作场所照明　第3部分：室外工作场所照明安全要求	IS	2018.03
50	ISO/TC 274	ISO 10916：2014	Calculation of the impact of daylight utilization on the net and final energy demand for lighting	天然光利用对照明能耗影响的计算	IS	2014.06
51	ISO/TC 274	ISO/CIE 20086：2019	Light and lighting – Energy performance of lighting in buildings	光与照明　建筑照明能效	IS	2019.01
52	ISO/TC 274	ISO/CIE TS 22012：2019	Light and lighting – Maintenance factor determination – Way of working	光与照明　维护系数的确定　工作方法	TS	2019.02
53	ISO/TC 274	ISO 30061：2007	Emergency lighting	应急照明	IS	2007.11
54	ISO/TC 274	＊ISO TS 21274：2020	Light and lighting – Commissioning process of lighting systems in buildings	光与照明　建筑照明系统调试	TS	2020.08

注：＊表示该标准由中国提案。

ISO/TC 205 国际标准转化为中国标准目录　　　　表 13-5

序号	国际标准信息			中国标准信息				备注
	技术机构	标准名称（英文）	发布日期	标准号	标准名称（中文）	采标程度	状态	
1	TC 205	Building automation and control systems (BACS)-Part 1：Project specification and implementation	2010.10	GB/T 28847.1-2012	建筑自动化和控制系统　第1部：概述	NEQ	现行	
2	TC 205	Building automation and control systems (BACS)-Part 2：Hardware	2004.01	GB/T 28847.2-2012	建筑自动化和控制系统　第2部:硬件	NEQ	现行	
3	TC 205	Building automation and control systems (BACS)-Part 3：Functions	2005.01	GB/T 28847.3-2012	建筑自动化和控制系统　第3部:功能	NEQ	现行	
4	TC 205	Building automation and control systems (BACS)-Part 5：Data communication protocol	2012.08	GB/T 28847.5-2021	建筑自动化和控制系统　第5部分：数据通信协议	NEQ	现行	
5	TC 205	Building automation and control systems (BACS)-Part 6：Data communication conformance testing	2020.04	—	建筑自动化和控制系统　第6部分：数据通信协议一致性测试	—	编制中	

注：采标程度包括等同采用（IDT）、修改采用（MOD）、非等效采用（NEQ）。

ISO/TC 205 拟制定国际标准目录 表 13-6

序号	技术机构	拟制定标准名称（英文）	拟制定标准名称（中文）	备注
1	TC 205	Design Procedure for dynamic lighting environment	动态照明光环境设计方法	无

14 升降工作平台（TC 214）

升降工作平台技术委员会主要开展用于提升和安置人员（及相关工作工具和材料）到执行任务的工作位置的工作平台的术语、分级、一般原则（技术性能要求和风险评估）、安全要求、试验方法、维护和操作的标准化工作。

14.0.1 基本情况

技术委员会名称：升降工作平台（Elevating work platforms）
技术委员会编号：ISO/TC 214
成立时间：1996 年
秘书处：美国国家标准协会（ANSI）
主席：Mr Jason C. Berry（任期至 2023 年）
委员会经理：Mrs Michelle Deane
国内技术对口单位：北京建筑机械化研究院有限公司
网址：https：//www. iso. org/committee/54954. html

14.0.2 工作范围

TC 214 主要开展用于提升和安置人员（及相关工作工具和材料）到执行任务的工作位置的工作平台的术语、分级、一般原则（技术性能要求和风险评估）、安全要求、试验方法、维护和操作的标准化工作。

14.0.3 组织架构

TC 214 目前由 1 个工作组组成，组织架构如图 14.1 所示：

图 14.1 TC 214 组织架构

14.0.4 相关技术机构

TC 214 相关技术机构信息如表 14-1 所示。

ISO/TC 214 相关技术机构 表 14-1

序号	技术机构	技术机构名称	工作范围
1	ISO/TC 96	起重机 （Cranes）	主要开展通过负载处理装置悬挂负载的起重机和相关设备领域的标准化
2	ISO/TC 195	建筑施工机械与设备 （Building construction machinery and equipment）	见第 12 章

14.0.5 工作开展情况

ISO/TC 214 重新恢复工作不久，目前只有 1 个工作组在活动，负责移动式升降工作平台领域的工作。国内技术对口单位为北京建筑机械化研究院有限公司。

14.0.6 ISO/TC 214 国际标准目录

ISO/TC 214 目前已发布国际标准 9 项，在编国际标准 1 项，相关技术机构国际标准 1 项，已有 8 项国际标准转化为中国标准，标准详细信息如表 14-2～表 14-5 所示。

ISO/TC 214 已发布国际标准目录 表 14-2

序号	技术机构	国际标准号	标准名称（英文）	标准名称（中文）	出版物类型	发布日期
1	ISO/TC 214	ISO 16368：2010	Mobile elevating work platforms - Design, calculations, safety requirements and test methods	移动式升降工作平台 设计计算、安全要求和测试方法	IS	2010.05
2	ISO/TC 214	ISO 16369：2007	Elevating work platforms - Mast-climbing work platforms	升降工作平台 导架爬升式工作平台	IS	2007.10
3	ISO/TC 214	ISO 16653-1：2008	Mobile elevating work platforms - Design, calculations, safety requirements and test methods relative to special features - Part 1：MEWPs with retractable guardrail systems	移动式升降工作平台 带有特殊部件的设计、计算、安全要求和试验方法 第1部分：装有伸缩式护栏系统的移动式升降工作平台	IS	2008.06
4	ISO/TC 214	ISO 16653-2：2009	Mobile elevating work platforms - Design, calculations, safety requirements and test methods relative to special features - Part 2：MEWPs with non-conductive (insulating) components	移动式升降工作平台 带有特殊部件的设计、计算、安全要求和试验方法 第2部分：装有非导电（绝缘）部件的移动式升降工作平台	IS	2009.02
5	ISO/TC 214	ISO 16653-3：2011	Mobile elevating work platforms - Design, calculations, safety requirements and test methods relative to special features - Part 3：MEWPs for orchard operations	移动式升降工作平台 带有特殊部件的设计、计算、安全要求和试验方法 第3部分：果园用移动式升降工作平台	IS	2011.02

续表

序号	技术机构	国际标准号	标准名称（英文）	标准名称（中文）	出版物类型	发布日期
6	ISO/TC 214	ISO 18878：2013	Mobile elevating work platforms – Operator（driver）training	移动式升降工作平台 操作人员培训	IS	2013.08
7	ISO/TC 214	ISO 18893：2014	Mobile elevating work platforms – Safety principles, inspection, maintenance and operation	移动式升降工作平台 安全规则、检查、维护和操作	IS	2014.04
8	ISO/TC 214	ISO 20381：2009	Mobile elevating work platforms – Symbols for operator controls and other displays	移动式升降工作平台 操作者控制符号和其他标记	IS	2009.07
9	ISO/TC 214	ISO 21455：2020	Mobile elevating work platforms – Operator's controls – Actuation, displacement, location and method of operation	移动式升降工作平台 操作者控制 致动、位移、位置和操作方法	IS	2020.04

ISO/TC 214 在编国际标准目录　　　　　　　　　　　　表 14-3

序号	技术机构	国际标准号	标准名称（英文）	标准名称（中文）	出版物类型
1	TC 214	ISO/DIS 16653-2	Mobile elevating work platforms – Design, calculations, safety requirements and test methods relative to special features – Part 2：MEWPs with non-conductive（insulating）components	移动式升降工作平台 特殊功能的设计、计算，安全要求和测试方法 第 2 部分：具有非导电（绝缘）组件的 MEWP	IS

ISO/TC 214 相关技术机构国际标准目录　　　　　　　　表 14-4

序号	技术机构	国际标准号	标准名称（英文）	标准名称（中文）	出版物类型	发布日期
1	ISO/TC 96	ISO 7363：1986	Cranes and lifting appliances – Technical characteristics and acceptance documents	起重机和起重机械 技术性能和验收文件	IS	1986.03

ISO/TC 214 国际标准转化为中国标准目录　　　　　　　表 14-5

序号	国际标准信息			中国标准信息				备注
	技术机构	标准名称（英文）	发布日期	标准号	标准名称	采标程度	状态	
1	TC 214	Mobile elevating work platforms – Design, calculations, safety requirements and test methods	2008.06	GB 25849-2010	移动式升降工作平台 设计计算、安全要求和测试方法	MOD	现行	
2	TC 214	Elevating work platforms – Mast-climbing work platforms	2009.02	GB/T 27547-2011	升降工作平台 导架爬升式工作平台	MOD	现行	

序号	国际标准信息			中国标准信息				备注
	技术机构	标准名称（英文）	发布日期	标准号	标准名称	采标程度	状态	
3	TC 214	Mobile elevating work platforms – Design, calculations, safety requirements and test methods relative to special features – Part 1: MEWPs with retractable guardrail systems	2011. 02	GB/T 30032. 1-2015	移动式升降工作平台 带有特殊部件的设计、计算、安全要求和试验方法 第1部分：装有伸缩式护栏系统的移动式升降工作平台	MOD	现行	
4	TC 214	Mobile elevating work platforms – Design, calculations, safety requirements and test methods relative to special features – Part 2: MEWPs with non-conductive (insulating) components	2013. 08	GB/T 30032. 2-2013	移动式升降工作平台 带有特殊部件的设计、计算、安全要求和试验方法 第2部分：装有非导电（绝缘）部件的移动式升降工作平台	IDT	现行	
5	TC 214	Mobile elevating work platforms – Design, calculations, safety requirements and test methods relative to special features – Part 3: MEWPs for orchard operations	2014. 04	GB/T 30032. 3-2017	移动式升降工作平台 带有特殊部件的设计、计算、安全要求和试验方法 第3部分：果园用移动式升降工作平台	IDT	现行	
6	TC 214	Mobile elevating work platforms – Operator (driver) training	2009. 07	GB/T 27549-2011	移动式升降工作平台 操作人员培训	IDT	现行	
7	TC 214	Mobile elevating work platforms – Safety principles, inspection, maintenance and operation	2008. 06	GB/T 27548-2011	移动式升降工作平台 安全规则、检查、维护和操作	MOD	现行	
8	TC 214	Mobile elevating work platforms – Symbols for operator controls and other displays	2009. 02	GB/T 33081-2016	移动式升降工作平台 操作者控制符号和其他标记	MOD	现行	

注：采标程度包括等同采用（IDT）、修改采用（MOD）、非等效采用（NEQ）。

15　饮用水、污水和雨水系统及服务（TC 224）

饮用水、污水和雨水系统及服务技术委员会主要开展涉及饮用水供应、废水污水和雨水系统的水及相关水务服务领域的国际标准化工作，行业主管部门为住房和城乡建设部。

15.0.1　基本情况

技术委员会名称：饮用水、污水和雨水系统及服务涉及饮用水供应及废水和雨水系统的服务活动（Drinking water，wastewater and stormwater systems and servicesService activities relating to drinking water supply，wastewater and stormwater systems）

技术委员会编号：ISO/TC 224

成立时间：2001 年

秘书处：法国（AFNOR）

主席：Ms Isabelle Vendeuvre（任期至 2025 年）

委员会经理：Mr. Lucas Colombo

国内技术对口单位：深圳市海川实业股份有限公司

网址：https：//www. iso. org/committee/299764. html

　　　https：//committee. iso. org/home/tc224

15.0.2　工作范围

TC 224 主要开展涉及饮用水供应、污水和雨水系统的服务活动管理理念的标准化。包括实现供水、污水和雨水系统目标所需的各项活动。管理概念结构中还包括除饮用水之外的其他目的的供水。

该范围不包括：

- 服务质量标准的规范目标或阈值；
- 饮用水质量标准或废水污水和雨水排放到环境的可接纳标准；
- 供水，废水和雨水系统及其组件的设计，规范或构造；
- 饮用水和污水处理中的化学和生物试剂产品规范；
- 污泥回收，再循环，处理和处置方面的标准化（涵盖于 ISO/TC 275 范围内）；
- 水回用方面的标准化（涵盖于 ISO/TC 282 范围内）；
- 水质测量方法检测方法的标准化（涵盖于 ISO/TC 147 范围内）。

15.0.3　组织架构

ISO/TC 224 目前由 11 个工作组组成，组织架构如图 15.1 所示。

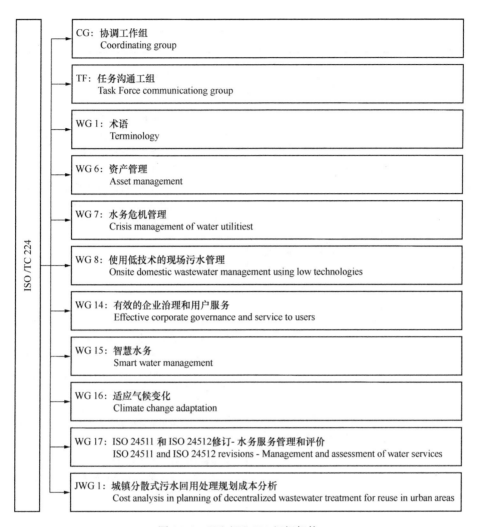

图 15.1　ISO/TC 224 组织架构

15.0.4　相关技术机构

TC 224 相关技术机构信息如表 15-1 所示。

ISO/TC 224 相关技术机构　　　　　　　　　　　　表 15-1

序号	技术机构	技术机构名称	工作范围
1	ISO/TC 207	环境管理 （Environmental management）	主要开展环境管理领域的标准化，以处理环境和气候影响，包括有关的社会和经济方面，以支持可持续发展。不包括污染物的测试方法，设定环境性能限值和等级，以及产品的标准化
2	ISO/TC 207/SC 1	环境管理系统 （Environmental management systems）	主要开展环境管理系统领域的标准化，以支持实现可持续性

序号	技术机构	技术机构名称	工作范围
3	ISO/TC 251	资产管理 （Asset management）	主要开展资产管理领域的标准化
4	ISO/TC 268	城市可持续发展 （Sustainable cities and communities）	主要开展可持续城市和社区领域的标准化，将包括制定与实现可持续发展有关的要求、框架、指导和支持技术和工具，同时考虑到智能性和韧性，以帮助所有城市和社区及其在农村和城镇地区的相关利益团体变得更加可持续。 注：TC 268 将通过其标准化工作为联合国可持续发展目标做出贡献。拟定的一系列国际标准将鼓励开发和实施可持续发展和可持续性的整体和综合方法
5	ISO/TC 268 /SC 1	智慧城市基础设施计量 （Smart community infrastructures）	见第 16 章
6	ISO/TC 275	污泥回收、循环、处理和处置 （Sludge recovery, recycling, treatment and disposal）	主要开展污泥及污泥产物的表征、分类、制备、处理、回收和管理方法的标准化。污泥产物包含城市污水收集系统，粪便，雨水处理系统，供水处理厂，城市和类似工业用水的污水处理厂中的污泥和产物。它包括可能对环境和/或健康有类似影响的所有污泥。 用于表征和分类的测量方法的标准化包括：采样方法，物理、化学和微生物参数分析，污泥的制备，污泥的物理特性，所有对污泥进行表征所需的条件，以便决定污泥处理工艺步骤的选择以及污泥的使用和处置。 不包括：来自工业的有害污泥和疏浚污泥，已经被 ISO/TC 190 污土壤质量涵盖
7	ISO/TC 282	水回用 （Water reuse）	主要开展各种形式和用途的水回用的标准化。它涵盖了集中式和分散式或现场的水回用以及直接和间接水回用应用，同时考虑了无意的暴露或摄入的可能性。它包括水回用的技术、经济、环境和社会等方面。中水回用包括污水、处理后污水（包括以重复，级联和循环方式再利用的水）的收集、输送、处理、存储、分配、消耗、排水和其他处理的一系列阶段和操作。ISO/PC 253（经处理废水回用于灌溉）的范围在此合并。 不包括：中水回用的允许水质限制，应由政府、世卫组织和其他相关主管组织确定。 ISO/TC 224 范围的所有方面（饮用水、污水和雨水系统及服务） ISO/TC 147 涵盖的水质测量方法
8	ISO/TC 282 /SC 1	再生水灌溉利用 （Treated wastewater reuse for irrigation）	暂无

序号	技术机构	技术机构名称	工作范围
9	ISO/TC 282 /SC 2	城镇水回用 (Water reuse in urban areas)	主要开展城镇水回用领域的标准化。解决了城镇地区污水回收和再利用。它包括中水回用系统的设计和管理指南并同时考虑了考虑安全性、可靠性和高效性等因素。它涵盖了集中式（社区范围）和分散式（现场）中水回用系统。标准化过程涵盖城镇中水回用系统的收集、存储和分配部分
10	ISO/TC 282 /SC 3	水回用系统风险与性能评价 (Risk and performance evaluation of water reuse systems)	暂无
11	ISO/TC 292	安全与韧性 (Security and resilience)	主要开展安全领域的标准化，可增强社会的安全性和韧性。 不包括：在其他相关 ISO 委员会中开发的特定行业的安全项目以及在 ISO/TC 262 和 ISO/PC 278 中开发的项目
12	ISO/PC 316	节水产品—等级 (Water efficient products-Rating)	主要开展节水产品领域的标准化
13	ISO/PC 318	社区规模的资源型卫生处理系统 (Community scale resource oriented sanitation treatment systems)	见第 19 章
14	EUREAU	欧洲供水联合会 (European Federation of national associations of water & wastewater services)	—
15	IWA	国际水协 (International Water Association)	—
16	The World Bank	世界银行 (The World Bank Group)	—
17	AfWA	非洲水协 (African Water Association)	—

15.0.5 工作开展情况

水是万物之源,是一国的生命命脉,水务设施作为国家基础设施,在国家经济发展、社会稳定、人民安居乐业过程中发挥着举足轻重的作用。ISO/TC 224 技术委员会创立的主要任务是通过标准化为饮用水、污水和雨水系统及公用服务提供良好的实践指南和指导建议,这包括:帮助利益相关方了解供水服务的基本概念和术语;促进利益相关者之间的对话;促进供水服务提升改善;帮助水务公用事业达到或超过用户和其他利益相关者的合理期望的服务质量水平;在改善水务服务的同时遵守联合国制定的可持续发展目标(SDG)的原则。截至 2022 年 1 月,ISO/TC 224 技术委员会已经发布 15 项国际标准、技术报告 3 项、技术规范 3 项,正在制定中的国际标准 18 项,其中由我国主导的国际标准项目 3 项。

经过多年努力,水务服务领域国际标准体系的不断完善,已发布的标准涵盖了水务服务、资产管理、危机管理、雨水管理、节水管理、水务标杆指南、水务企业治理、智慧水务、适应气候变化等水务管理领域。随着联合国可持续发展目标的发布,全球智慧城市建设不断加速,水务行业从信息化向智慧化方向过渡,ISO/TC 224 的工作重点也逐渐向全球关注的水务热点话题聚焦,例如水务服务应对全球气候变化要求,智慧水务等都将是 ISO/TC 224 工作未来关注的重要领域。

深圳市海川实业股份有限公司自 2012 年起承担 ISO/TC 224 国内技术对口单位,代表我国不间断的积极参与 ISO/TC 224 各项国际标准化活动,定期参加 ISO/TC 224 工作会议,有效的组织国内专家深度参与 ISO/TC 224 各项标准制定的同时,努力争取由我国主导的国际标准立项,助力我国水务企业深度参与全球水务行业规则制定一直是国内技术对口单位工作的重点。近两年已先后向 ISO/TC 224 提交由我国主导的国际标准提案 4 项,涵盖了有效的水务企业治理原则、智慧水务通用导则、智慧水务数据管理、突发公共卫生事件下流动厕所管理指南等。除此之外,我国还承担 ISO/TC 224/WG14 和 ISO/TC 224/WG 15 2 个工作组召集人工作,使我国在水务服务国际标准化领域的话语权不断提升。在长期参与 ISO/TC 224 国际标准化工作的同时,我们发现,我国在水务服务领域可执行的相关标准数量有限,因此 ISO/TC 224 国际标准转化工作是国内技术对口单位是另一工作重点。通过将 ISO/TC 224 已发布国际标准有序的转化为国家标准,将可以帮助我国引进先进的水务管理办法、服务手段,有效提升我国水务企业服务水平和践行良好企业行为的能力,降低水务危机发生率,改善我国水务服务不规范的现象,并将整体提升我国的水务服务水平和我国的水资源紧缺的现状,促进我国经济快速发展,从而促进人与自然和谐发展。

15.0.6 ISO/TC 224 国际标准目录

ISO/TC 224 目前已发布国际标准 21 项,在编国际标准 18 项,相关技术机构国际标准 33 项,拟制定国际标准 2 项,标准详细信息如表 15-2~表 15-5 所示。

ISO/TC 224 已发布国际标准目录　　　　　表 15-2

序号	技术机构	国际标准号	标准名称（英文）	标准名称（中文）	出版物类型	发布日期
1	TC 224	ISO 24510：2007	Activities relating to drinking water and wastewater services – Guidelines for the assessment and for the improvement of the service to users	涉及饮用水和污水的服务活动　用户服务评估和提升的指南	IS	2007.11
2	TC 224	ISO 24511：2007	Activities relating to drinking water and wastewater services – Guidelines for the management of wastewater utilities and for the assessment of wastewater services	涉及饮用水和污水的服务活动　污水水务管理和污水服务评估指南	IS	2007.11
3	TC 224	ISO 24512：2007	Activities relating to drinking water and wastewater services – Guidelines for the management of drinking water utilities and for the assessment of drinking water services	涉及饮用水和污水的服务活动　饮用水水务管理和饮用水服务评估指南	IS	2007.11
4	TC 224	ISO 24513：2019	Service activities relating to drinking water supply，wastewater and stormwater systems – Vocabulary	涉及饮用水供应及污水和雨水系统的服务活动　词汇	IS	2019.03
5	TC 224	ISO/TR 24514：2018	Activities relating to drinking water and wastewater services – Examples of the use of performance indicators using ISO 24510, ISO 24511 and ISO 24512 and related methodologies	涉及饮用水和污水的服务活动-ISO 24510，ISO 24511和ISO 24512系列标准绩效指标及相关方法的应用示例	TR	2018.05
6	TC 224	ISO 24516-1：2016	Guidelines for the management of assets of water supply and wastewater systems – Part 1：Drinking water distribution networks	供水和污水系统资产管理指南　第一部分：饮用水供水管网	IS	2017.03
7	TC 224	ISO 24516-2：2019	Guidelines for the management of assets of water supply and wastewater systems – Part 2：Waterworks	供水和污水系统资产管理指南　第二部分：自来水厂	IS	2019.05
8	TC 224	ISO 24516-3：2017	Guidelines for the management of assets of water supply and wastewater systems – Part 3：Wastewater collection networks	供水和污水系统资产管理指南　第三部分：污水收集管网	IS	2017.09
9	TC 224	ISO 24516-4：2019	Guidelines for the management of assets of water supply and wastewater systems – Part 4：Wastewater treatment plants, sludge treatment facilities, pumping stations, retention and detention facilities	供水和污水系统资产管理指南　第4部分：污水处理厂，污泥处理设施，泵站，保存和滞留设施	IS	2019.04

序号	技术机构	国际标准号	标准名称（英文）	标准名称（中文）	出版物类型	发布日期
10	TC 224	ISO 24518：2015	Activities relating to drinking water and wastewater services – Crisis management of water utilities	涉及饮用水和污水的服务活动 水务危机管理	IS	2015.08
11	TC 224	ISO/TS 24520：2017	Service activities relating to drinking water supply systems and wastewater systems – Crisis management – Good practice for technical aspects	涉及饮用水和污水的服务活动 危机管理 技术方面的良好实践	TS	2017.09
12	TC 224	ISO 24521：2016	Activities relating to drinking water and wastewater services – Guidelines for the management of basic on-site domestic wastewater services	涉及饮用水和污水的服务活动 基础现场生活污水服务管理指南	IS	2016.08
13	TC 224	ISO/TS 24522：2019	Event detection process: Guidelines for water and wastewater utilities	事件检测过程指南：供水和污水处理设施	TS	2019.02
14	TC 224	ISO 24523：2017	Service activities relating to drinking water supply systems and wastewater systems – Guidelines for benchmarking of water utilities	涉及饮用水和污水的服务活动 水务标杆指南	IS	2017.03
15	TC 224	ISO/TR 24524：2019	Service activities relating to drinking water supply, wastewater and stormwater systems – Hydraulic, mechanical and environmental conditions in wastewater transport systems	涉及饮用水供应及污水和雨水系统的服务活动 废水输送系统中的水力，机械和环境条件	TR	2019.02
16	TC 224	ISO 24536：2019	Service activities relating to drinking water supply, wastewater and stormwater systems – Stormwater management – Guidelines for stormwater management in urban areas	涉及饮用水供应及污水和雨水系统的服务活动 城镇地区雨水管理指南	IS	2019.10
17	TC 224	ISO 46001：2019	Water efficiency management systems – Requirements with guidance for use	节水管理系统 要求和使用指南	IS	2019.07
18	TC 224	ISO 24527：2020	Service activities relating to drinking water supply, wastewater and stormwater systems – Guidelines on alternative drinking water service provision during a crisis	涉及饮用水供应及污水和雨水系统的服务活动 危机时期提供可替代饮用水供水服务的指南	IS	2020.04
19	TC 224	ISO 24528：2021	Service activities relating to drinking water supply, wastewater and stormwater systems – Guideline for a water loss investigation of drinking water distribution networks	涉及饮用水供应及污水和雨水系统的服务活动 供水管网漏损调查指南	IS	2021.03

续表

序号	技术机构	国际标准号	标准名称（英文）	标准名称（中文）	出版物类型	发布日期
20	TC 224	ISO/TR 24539：2021	Service activities relating to drinking water supply, wastewater and stormwater systems – Examples of good practices for stormwater management	涉及饮用水供应及污水和雨水系统的服务活动 雨水管理优秀实践范例	TR	2021.04
21	TC 224	ISO/TS 24541：2020	Service activities relating to drinking water supply, wastewater and stormwater systems – Guidelines for the implementation of continuous monitoring systems for drinking water quality and operational parameters in drinking water distribution networks	涉及饮用水供应和污水系统的服务活动 饮用水管网中水质和运行参数连续监测系统实施指南	TS	2020.11

ISO/TC 224 在编国际标准目录　　　　　　　　　　表 15-3

序号	技术机构	国际标准号	标准名称（英文）	标准名称（中文）	出版物类型
1	TC 224	＊ISO 24540	Principles for effective corporate governance of water utilities	有效的水务企业治理原则	IS
2	TC 224	＊ISO 24591-1	Smart water management – Part 1 General guidelines and governance	智慧水务管理 第一部分：通用导则	IS
3	TC 224	＊ISO 24591-2	Smart water management – Part 2 data management guidelines	智慧水务管理 第二部分：数据管理	IS
4	TC 224	ISO 24525	Activities relating to drinking water and wastewater services – Guidelines for the management of basic onsite domestic wastewater services – Operations and maintenance activities	涉及饮用水和污水的服务活动 基本的现场生活污水处理服务管理指南 运行和维护活动	IS
5	TC 224	ISO 24566-1	Service activities relating to drinking water supply, wastewater and stormwater systems-Adaptation of water services to climate change impacts – Part 1: Assessment principles	涉及饮用水供应、污水和雨水系统的服务活动 水务服务应对气候变化 第 1 部分：评估原则	IS
6	TC 224	ISO 24566-2	Service activities relating to drinking water supply, wastewater and stormwater systems-Adaptation of water services to climate change impacts – Part 2: Stormwater services	涉及饮用水供应、污水和雨水系统的服务活动 水务服务应对气候变化 第 2 部分：雨水服务	IS
7	TC 224	ISO 24566-3	Service activities relating to drinking water supply, wastewater and stormwater systems – Adaptation of water services to climate change impacts – Part 3: Drinking Water services	涉及饮用水供应、污水和雨水系统的服务活动 水务服务应对气候变化 第 3 部分：供水服务	IS

序号	技术机构	国际标准号	标准名称（英文）	标准名称（中文）	出版物类型
8	TC 224	ISO 24566-4	Service activities relating to drinking water supply, wastewater and stormwater systems – Adaptation of water services to climate change impacts – Part 4: Wastewater services	涉及饮用水供应、污水和雨水系统的服务活动 水务服务应对气候变化 第4部分：污水服务	IS
9	TC 224	ISO TR 24593	Establishment of a master plan for water supply	供水总体规划制定	TR
10	TC 224	ISO TR 24594	Service activities relating to drinking water supply, wastewater and stormwater systems – Water loss management good practice	涉及饮用水供应、污水和雨水系统的服务活动 供水管网漏损控制与管理优秀实践	TR
11	TC 224	ISO 24595	Guidelines on alternative water supply service (AWS) provision during a crisis for essential services, key establishments and facilities, and farms (animals)	危机期间为基本服务、关键机构和设施以及农场（动物）提供替代供水服务（AWS）的指南	IS
12	TC 224	ISO 24596	Guidelines for the planning and implementation of water and wastewater systems'infrastructure hardening.	水和污水系统基础设施硬化加固规划和实施指南	IS
13	TC 224	ISO/DTS 24519.2	Water services for temporary settlements for displaced persons	流离失所者临时安置点的水务服务	TS
14	TC 224	ISO TR 24589-1	Guidelines for the management of assets of water supply and wastewater systems – Examples of good practice of management – Part 1: Water supply	供水和污水系统资产管理指南 管理的优秀实践案例 第1部分：供水	TR
15	TC 224	ISO TR 24589-2	Guidelines for the management of assets of water supply and wastewater systems – Examples of good practice of management – Part 2: Wastewater systems	供水和污水系统资产管理指南 管理的优秀实践案例 第2部分:污水系统	
16	TC 224	ISO 24510	Activities relating to drinking water and wastewater services – Guidelines for the assessment and for the improvement of the service to users	涉及饮用水和污水的服务活动 用户服务评估和提升的指南	IS
17	TC 224	ISO 24511	Activities relating to drinking water and wastewater services – Guidelines for the management of wastewater utilities and for the assessment of wastewater services	涉及饮用水和污水的服务活动 污水水务管理和污水服务评估指南	IS

续表

序号	技术机构	国际标准号	标准名称（英文）	标准名称（中文）	出版物类型
18	TC 224	ISO 24512	Activities relating to drinking water and wastewater services – Guidelines for the management of drinking water utilities and for the assessment of drinking water services	涉及饮用水和污水的服务活动 饮用水水务管理和饮用水服务评估指南	IS

注：＊表示该标准由中国提案。

ISO/TC 224 相关技术机构国际标准目录　　　　　表 15-4

序号	技术机构	国际标准号	标准名称（英文）	标准名称（中文）	出版物类型	发布日期
1	TC 207	ISO 14046：2014	Environmental management – Water footprint – Principles, requirements and guidelines	环境管理 水足迹 原则，要求和导则	IS	2014.08
2	TC 207	ISO/TR 14073：2017	Environmental management – Water footprint – Illustrative examples on how to apply ISO 14046	环境管理 水足迹 如何应用 ISO 14046 的说明性示例	TR	2017.05
3	TC 275	ISO 19698：2020	Sludge recovery, recycling, treatment and disposal – Beneficial use of biosolids – Land application	污泥回收、循环、处理和处置 有机污泥的有益利用 土地利用	IS	2020.09
4	TC 275	ISO/TR 20736：2021	Sludge recovery, recycling, treatment and disposal – Guidance on thermal treatment of sludge	污泥回收、循环、处理和处置 污泥热法处理指南	TR	2021.07
5	TC 282	ISO 20670：2018	Water reuse – Vocabulary	水回用 词汇	IS	2018.12
6	TC 282	ISO 22519：2019	Purified water and water for injection pretreatment and production systems	净化水和注射用水预处理和生产系统	IS	2019.06
7	TC 282/SC 1	ISO 16075-1：2015	Guidelines for treated wastewater use for irrigation projects – Part 1：The basis of a reuse project for irrigation	灌溉水回用项目指南 第一部分：项目基础	IS	2015.08
8	TC 282/SC 1	ISO 16075-2：2015	Guidelines for treated wastewater use for irrigation projects – Part 2：Development of the project	灌溉水回用项目指南 第二部分：项目开发	IS	2015.08
9	TC 282/SC 1	ISO 16075-3：2015	Guidelines for treated wastewater use for irrigation projects – Part 3：Components of a reuse project for irrigation	灌溉水回用项目指南 第三部分：项目组成部分	IS	2015.08
10	TC 282/SC 1	ISO 16075-4：2015	Guidelines for treated wastewater use for irrigation projects – Part 4：Monitoring	灌溉水回用项目指南 第四部分：监测	IS	2016.12

序号	技术机构	国际标准号	标准名称（英文）	标准名称（中文）	出版物类型	发布日期
11	TC 282/SC 1	ISO 16075-5：2021	Guidelines for treated wastewater use for irrigation projects – Part 5：Treated wastewater disinfection and equivalent treatments	灌溉水回用项目指南 第五部分：消毒和等效处理	IS	2021.06
12	TC 282/SC 1	ISO 20419：2018	Treated wastewater reuse for irrigation – Guidelines for the adaptation of irrigation systems and practices to treated wastewater	灌溉水回用 灌溉系统适应性和处理废水实践指南	IS	2018.10
13	TC 282/SC 2	ISO 20760-1：2018	Water reuse in urban areas – Guidelines for centralized water reuse system – Part1：Design principle of a centralized water reuse system	城镇水回用 第一部分：集中式水回用系统设计指南	IS	2018.02
14	TC 282/SC 2	ISO 20760-2：2017	Water reuse in urban areas – Guidelines for centralized water reuse system – Part 2：Management of a centralized water reuse system	城镇水回用 第二部分：集中式水回用系统管理指南	IS	2017.11
15	TC 282/SC 2	ISO 20761：2018	Water reuse in urban areas – Guidelines for water reuse safety evaluation – Assessment parameters and methods	城镇水回用 水回用安全评估指南 评估参数和方法	IS	2018.06
16	TC 282/SC 2	ISO 23056：2020	Water reuse in urban areas – Guidelines for decentralized/onsite water reuse system – Design principles of a decentralized/onsite system	城镇水回用 分散式/现场水回用系统设计指南	IS	2020.09
17	TC 282/SC 2	ISO 23070：2020	Water Reuse in Urban Areas – Guidelines for reclaimed water treatment：Design principles of a RO treatment system of municipal wastewater	城镇水回用 再生水处理导则：城镇污水反渗透脱盐系统的设计	IS	2020.12
18	TC 282/SC 3	ISO 20426：2018	Guidelines for health risk assessment and management for non-potable water reuse	非饮用水回用的健康风险评估和管理指南	IS	2018.05
19	TC 282/SC 3	ISO 20468-1：2018	Guidelines for performance evaluation of treatment technologies for water reuse systems – Part 1：General	水回用系统处理技术性能评价导则 第一部分：概述	IS	2018.11
20	TC 282/SC 3	ISO 20469：2018	Guidelines for water quality grade classification for water reuse	水回用水质等级划分指南	IS	2018.11
21	TC 282/SC 3	ISO 20468-2：2019	Guidelines for performance evaluation of treatment technologies for water reuse systems – Part 2：Methodology to evaluate performance of treatment systems on the basis of greenhouse gas emissions	水回用系统处理技术性能评价导则 第二部分：基于温室气体排放的处理系统性能评价方法	IS	2019.07

序号	技术机构	国际标准号	标准名称（英文）	标准名称（中文）	出版物类型	发布日期
22	TC 282/SC 3	ISO 20468-3：2020	Guidelines for performance evaluation of treatment technologies for water reusesystems – Part 3：Ozone treatment technology	水回用系统处理技术性能评价导则 第三部分：臭氧处理技术	IS	2020.06
23	TC 282/SC 3	ISO 20468-4：2021	Guidelines for performance evaluation of treatment technologies for water reuse systems – Part 4：UV Disinfection	水回用系统处理技术性能评价导则 第四部分：UV 消毒	IS	2021.05
24	TC 282/SC 3	ISO 20468-5：2021	Guidelines for performance evaluation of treatment technologies for water reuse systems – Part 5：Membrane filtration	水回用系统处理技术性能评价导则 第五部分：膜分离	IS	2021.06
25	TC 282/SC 3	ISO 20468-6：2021	Guidelines for performance evaluation of treatment technologies for water reuse systems – Part 6：Ion exchange and electrodialysis	水回用系统处理技术性能评价导则 第六部分：离子交换和电渗析	IS	2021.06
26	TC 282/SC 3	ISO 20468-7：2021	Guidelines for performance evaluation of treatment technologies for water reuse systems – Part 7：Advanced oxidation processes technology	水回用系统处理技术性能评价导则 第七部分：高级氧化技术	IS	2021.06
27	TC 282/SC 4	ISO 2193-1：2019	A method to calculate and express energy consumption of industrial wastewater treatment for the purpose of water reuse – Part 1：Biological processes	以回用为目的的工业废水处理能耗的计算和表达方法 第一部分：生物工艺	IS	2019.05
28	TC 282/SC 4	ISO 22447：2019	Industrial wastewater classification	工业废水分类	IS	2019.11
29	TC 282/SC 4	ISO 22449-1：2020	Use of reclaimed water in industrial cooling systems – Part 1：Technical guidelines	再生水在工业冷却系统中的应用 第一部分：技术指南	IS	2020-01
30	TC 282/SC 4	ISO 22449-2：2020	Use of reclaimed water in industrial cooling systems – Part 2：Guidelines for cost analysis	再生水在工业冷却系统中的应用 第二部分：成本分析导则	IS	2020.05
31	TC 282/SC 4	ISO 23044：2020	Guidelines for softening and desalination of industrial wastewater for reuse	以回用为目的的工业废水软化除盐指南	IS	2020.07
32	TC 282/SC 4	ISO 22524：2020	Pilot plan for industrial wastewater treatment facilities in the objective of water reuse	以回用为目的的工业废水处理设施试点计划	IS	2020.05
33	TC 282/SC 4	ISO 23043：2021	Evaluation methods for industrial wastewater treatment reuse processes	工业废水处理与回用技术评价方法	IS	2021.03

ISO/TC 224 拟制定国际标准目录　　　　　表 15-5

序号	技术机构	拟制定标准名称（英文）	拟制定标准名称（中文）	备注
1	TC 224	Guidelines for the management of mobile toilets under Public Health Emergencies	突发公共卫生事件下流动厕所管理指南	
2	TC 224	Smart water management: Examples and best practices	智慧水务管理　最佳实践案例	

16 智慧城市基础设施计量 (TC 268 / SC 1)

智慧城市基础设施计量分技术委员会主要开展智慧城市基础设施领域的标准化工作，其行业主管部门为住房和城乡建设部。目前包括 7 个工作组，本章将对 SC 1 的相关工作情况进行介绍。

16.0.1 基本情况

分技术委员会名称：智慧城市基础设施计量（Smart community infrastructures）
分技术委员会编号：ISO/TC 268/SC 1
成立时间：2012 年
秘书处：日本工业标准委员会（JISC）
主席：Mr Takahiro Kihara（任期至 2026 年）
委员会经理：Ms Ritsu Hamaoka
国内技术对口单位：中国城市科学研究会
网址：https://www.iso.org/committee/656967.html

16.0.2 工作范围

TC 268/SC 1 主要开展智慧城市基础设施领域的标准化，包括定义和描述城市基础设施的智能性的基本概念，可扩展的和可积的系统，用于基准的协调度量，应用于不同类型社区的度量，以及测量、报告和验证的规范的使用，确保避免与 ISO/TC 268 交付品的重叠和矛盾。

16.0.3 组织架构

TC 268/SC 1 目前由 9 个工作组组成，组织架构如图 16.1 所示。

16.0.4 相关技术机构

TC 268/SC 1 相关技术机构信息如表 16-1 所示。

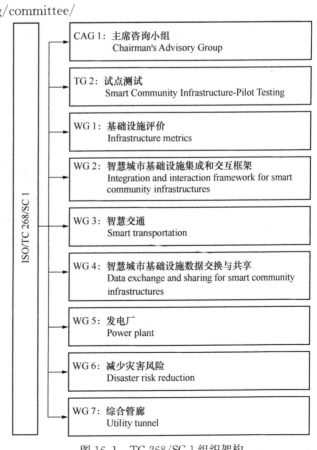

图 16.1 TC 268/SC 1 组织架构

ISO/TC 268/SC 1 相关技术机构   表 16-1

序号	技术机构	技术机构名称	工作范围
1	ISO/TC 20/SC 16	无人飞机系统 (Unmanned aircraft systems)	主要开展无人机系统（UAS）领域的标准化，包括但不限于 UAS 作业的分类、设计、制造、操作（包括维护）和安全管理
2	ISO/TC 22	道路车辆 (Road vehicles)	主要开展有关兼容性、互换性和安全性的所有标准化工作，特别是参考术语和测试程序（包括仪器的特性）来评估以下第 1 条第 1 款相关条款中定义的以下类型的道路车辆及其设备的性能在联合国主持下于 1968 年缔结的《维也纳道路交通公约》： 轻便摩托车（项目 m）； 电单车（项目 n）； 机动车（项目 p）； 拖车（项目 q）； 半挂车（项目 r）； 轻型拖车（项目 s）； 组合车（项目 t）； 铰接式车辆（项目 u）
3	ISO/TC 59/SC 17	建筑和土木工程的可持续性（Sustainability in buildings and civil engineering works）	见 3.7 节
4	ISO/TC 211	地理信息/测绘 (Geographic information/Geomatics)	主要开展数字地理信息领域的标准化。注意：这项工作旨在建立一套结构化的标准，以获取与地球某个位置直接或间接相关的物体或现象有关的信息。 这些标准可以为地理信息规定用于数据管理（包括定义和描述），在不同用户、系统和位置之间以数字/电子形式获取、处理、分析、访问、呈现和传输此类数据的方法、工具和服务。 该工作应尽可能与信息技术和数据的适当标准链接，并为使用地理数据开发特定行业的应用程序提供框架
5	ISO/TC 224	涉及饮用水供应及废水和雨水系统的服务活动 (Service activities relating to drinking water supply, wastewater and stormwater systems)	见 15 章
6	ISO/TC 269	铁路应用 (Railway applications)	主要开展专门与铁路部门相关的所有系统、产品和服务的标准化，包括零件、设备、方法和技术的设计、制造、建造、运营和维护，基础设施，车辆与环境之间的接口，但不包括电气和电子产品 IEC/TC 9 范围内的铁路服务和服务务

序号	技术机构	技术机构名称	工作范围
7	ISO/IEC JTC 1	信息技术 （Information technology）	主要开展信息技术领域的标准化

16.0.5 工作开展情况

TC 268/SC 1 成立 10 年来已有标准 36 项，已发布标准 22 项，在研标准 14 项，其中数据交换与共享有关标准 5 项，由此可见这 2 个领域为分技术委员会核心研究领域，也是后续委员会工作的重点领域。

中国城市科学研究会为此分技术委员会国内对口单位，目前为止中国以发起的标准 13 项，已正式发布标准 2 项，在研标准 11 项，在研技术报告 2 项，参与多项标准编制。

通过与国际专家交流，我国已有标准、成熟技术与国际接轨，已部分实现我国标准的输出，《智慧城市基础设施：智慧城市规划数据融合框架》（ISO 37166：2022 Smart community infrastructures-Specification of multi-source urban data integration for smart city planning (SCP)）于 2022 年 3 月发布。该标准引入了我国智慧城市背景下的城市规划、"多规合一"、顶层设计等核心理念，为 ISO 37156：2020 （Guidelines on data exchange and sharing for smart community infrastructures 即智慧城市基础设施数据交换与共享指南）的延续课题，旨在协调城市发展资源配置，优化城市空间功能布局，促进城市科学发展，通过智能城市基础设施空间规划数据集成，协助政府智慧决策，为智慧城市规划、建设提供重要的指导。

此外，ISO 37170 城市治理与服务数字化管理框架与数据（Smart Community Infrastructure：Common Framework of Governance and Service for Digitization City）是基于数字化城市管理 8 项国家标准的提案，数字化城管模式已在我国 400 多个城市进行了应用，目前正在向社区领域延伸，经过多年实践已非常成熟，很好地解决了城市管理中出现的问题。2012 年随着住房城乡建设部率先在全国提出智慧城市建设，目前已经有 277 个城市（区）列为试点。这 2 项标准也将成为分技术委员会重点编制和试点标准。

16.0.6 ISO/TC 268/SC 1 国际标准目录

ISO/TC 268/SC 1 目前已发布国际标准 22 项，在编国际标准 14 项，相关技术机构国际标准 11 项，已有 1 项国际标准转化为中国标准，拟制定国际标准 2 项，标准详细信息如表 16-2～表 16-6 所示。

ISO/TC 268/SC 1 已发布国际标准目录　　　　　　　　表 16-2

序号	技术机构	国际标准号	标准名称（英文）	标准名称（中文）	出版物类型	发布日期
1	TC 268/SC 1	ISO/TR 37150：2014	Smart community infrastructures – Review of existing activities relevant to metrics	智慧城市基础设施与计量有关现有活动的回顾	TR	2014.02

续表

序号	技术机构	国际标准号	标准名称（英文）	标准名称（中文）	出版物类型	发布日期
2	TC 268/SC 1	ISO/TS 37151：2015	Smart community infrastructures-Principles and requirements for performance metrics	智慧城市基础设施绩效评价的原则和要求	TS	2015.10
3	TC 268/SC 1	ISO/TR 37152：2016	Smart community infrastructures – Common framework for development and operation	智慧城市基础设施开发与运营通用框架	TR	2016.07
4	TC 268/SC 1	ISO 37153：2017	Smart community infrastructures – Maturity model for assessment and improvement	智慧城市基础设施性能和集成成熟度模型	IS	2017.12
5	TC 268/SC 1	ISO 37154：2017	Smart community infrastructures – Best practice guidelines for transportation	智慧城市基础设施最佳交通实践指南	IS	2017.08
6	TC 268/SC 1	ISO 37155-1：2020	Framework for integration and operation of smart community infrastructures – Part 1：Opportunities and challenges from interactions in smart community infrastructures from all aspects through the life-cycle	智慧城市基础设施整合和运营框架	IS	2020.01
7	TC 268/SC 1	ISO 37155-2：2020	Framework for integration and operation of smart community infrastructures – Part 2：Holistic approach and the strategy for development，operation and maintenance of smart community infrastructures	智慧城市基础设施整合与运营框架　第2部分：智慧城市基础设施的发展、运营和维护的整体方法和战略	IS	2020.01
8	TC 268/SC 1	＊ISO 37156：2020	Smart community infrastructures – Guidelines on data exchange and sharing for smart community infrastructures	智慧城市基础设施数据交换与共享指南	IS	2020.02
9	TC 268/SC 1	ISO 37157：2018	Smart community infrastructures – Smart transportation for compact cities	智慧城市基础设施紧凑型城市的智慧交通	IS	2018.04
10	TC 268/SC 1	ISO 37158：2019	Smart community infrastructures – Smart transportation using battery-powered buses for public transportation systems to realize the city centers with zero-emission of greenhouse gases and small particles，the quiet environment and safe bus rides	智慧城市基础设施电池驱动公交系统	IS	2019.08
11	TC 268/SC 1	ISO 37159：2019	Smart community infrastructures – Smart transportation for rapid transit in and between large city zones and their surrounding areas	智慧城市基础设施大城市（周边）城中或城际间快速运输的智慧交通工具	IS	2019.05

续表

序号	技术机构	国际标准号	标准名称（英文）	标准名称（中文）	出版物类型	发布日期
12	TC 268/SC 1	ISO 37160：2020	Smart community infrastructure – Electric power infrastructure – Measurement methods for the quality of thermal power infrastructure and requirements for plant operations and management	智慧城市基础设施火电站基础设施质量测量方法和工厂运行和维护要求	IS	2020.03
13	TC 268/SC 1	ISO 37161：2020	Smart community infrastructures – Guidance on smart transportation for energy saving in transportation services	城市交通服务节能智慧交通指南	IS	2020.02
14	TC 268/SC 1	ISO 37162：2020	Smart community infrastructures – Smart transportation for newly developing areas	智慧城市基础设施新城智慧交通	IS	2020.02
15	TC 268/SC 1	＊ISO 37163：2020	Smart community infrastructures – Guidance on smart transportation for allocation of parking lots in cities	智慧城市基础设施城市停车场智慧交通的引导	IS	2020.09
16	TC 268/SC 1	＊ISO 37164：2021	Smart community infrastructures – Smart transportation using fuel cell LRT	智慧社区基础设施使用燃料电池轻轨的智慧交通	IS	2021.05
17	TC 268/SC 1	＊ISO 37165：2020	Smart community infrastructures – Guidance on smart transportation by non-cash payment for fare/fees in transportation and its related or additional services	智慧城市基础设施智慧交通之数字支付指南	IS	2020.09
18	TC 268/SC 1	＊ISO 37166：2022	Smart community infrastructures – Specification of multi-source urban data integration for smart city planning (SCP)	智慧城市顶层设计多源数据集成规范	IS	2022.02
19	TC 268/SC 1	ISO 37167：2021	Smart transportation for energy saving operation by slowly driving intentionally	智慧城市基础设施通过缓慢驾驶实现节能的智慧交通	IS	2021.07
20	TC 268/SC 1	ISO 37169：2021	Smart community infrastructures – Smart transportation by run-through train/bus operation in/between cities	智慧城市基础设施城市内/城市间直达列车/公共汽车运营的智慧交通	IS	2021.08
21	TC 268/SC 1	ISO 37171：2020	Smart Community Infrastructures – Report of Pilot Project on the Application of SC1 Deliverables	智慧城市基础设施国际标准测试报告	TR	2020.08
22	TC 268/SC 1	＊ISO 37180：2021	Smart community infrastructures – Guidance on smart transportation with QR code identification/authentification in transportation and its related/additional services	二维码及其附件服务在智慧交通中的应用	IS	2021.08

注：＊表示该标准由中国提案。

ISO/TC 268/SC 1 在编国际标准目录 表 16-3

序号	技术机构	国际标准号	标准名称（英文）	标准名称（中文）	出版物类型
1	TC 268/SC 1	ISO FDIS 37168	Smart community infrastructures – Guidance on smart transportation for autonomous shuttle services using Connected Autonomous electric Vehicles (eCAVs)	智慧城市基础设施 使用自动电动汽车（ECAV）的自动穿梭服务智能交通指南	IS
2	TC 268/SC 1	* ISO DIS 37170	Smart community infrastructures – Data framework of infrastructure governance base on digital technology	城市治理与服务数字化管理框架与数据	IS
3	TC 268/SC 1	* ISO DTS 37172	Data exchange and sharing for community infrastructure based on Geo-information	基于地理信息的智慧城市基础设施数据交换与共享	TR
4	TC 268/SC 1	* ISO CD 37173	Development Guidelines for Information-based Systems of Smart Buildings	智慧建筑信息化系统建造指南	IS
5	TC 268/SC 1	ISO WD 37174	Smart community infrastructures – Disaster risk reduction – Guidelines for implementing seismometer systems	智慧城市基础设施 少灾害风险 地震计系统实施指南	IS
6	TC 268/SC 1	* ISO WD 37175	Smart community infrastructures – General requirements for operation and maintenance of utilityTunnel	智慧城市基础设施 综合管廊运维总体要求	IS
7	TC 268/SC 1	* ISO NP 37176	Smart Community Infrastructure-Maturity Assessment Model for Agile Community	智慧城市基础设施 敏捷社区的成熟度评估模型	IS
8	TC 268/SC 1	ISO WD 37177	Guidance for practical implementation of ISO 37155 series for supervising at each life cycle phase of smart community infrastructures	ISO 37155 系列的实际实施指南，用于智慧城市基础设施的各生命周期阶段监督	IS
9	TC 268/SC 1	ISO NP 37178	Smart community infrastructures – Data exchange and sharing for lamp-post network in smart community	智慧城市基础设施 智慧灯杆网络的数据交换和共享	IS
10	TC 268/SC 1	ISO FDIS 37181	Smart community infrastructures – Guidance on smart transportation by autonomous vehicle on public roads	关于在公共道路上使用自动驾驶车辆进行智能交通的指南	IS
11	TC 268/SC 1	ISO FDIS 37182	Smart community infrastructures – Smart transportation for energy saving in bus transportation services as regional and inter-city transportation	智慧城市基础设施 智慧交通在公交运输服务（区域和城际交通）中节省能源	IS
12	TC 268/SC 1	* ISO NP 37183	Smart community infrastructures – Guidance on smart transportation using face recognition	智慧城市基础设施 使用面部识别的智能交通指南	IS

续表

序号	技术机构	国际标准号	标准名称（英文）	标准名称（中文）	出版物类型
13	TC 268/SC 1	* ISO CD 37184	Smart community infrastructures – Guidance on smart transportation for networking 5G communication	智慧城市基础设施　5G通信的智慧交通指南	IS
14	TC 268/SC 1	ISO PWI 37185	Smart community infrastructures – Requirements for credible supply and use of renewable energy	智慧城市基础设施　可再生能源的可靠供应和使用要求	IS

注：* 表示该标准由中国提案。

ISO/TC 268/SC 1 相关技术机构国际标准目录　　表 16-4

序号	技术机构	国际标准号	标准名称（英文）	标准名称（中文）	出版物类型	发布日期
1	TC 268	ISO 37106：2018	Sustainable cities and communities – Guidance on establishing smart city operating models for sustainable communities – Amendment 1	可持续城市和社区建立可持续社区智能城市运营模式的指南修订案1	IS	2018.07
2	TC 268	ISO 37123：2019	Sustainable cities and communities – Indicators for resilient cities	可持续城市和社区韧性城市的指标	IS	2019.12
3	TC 268	ISO 37122：2019	Sustainable cities and communities – Indicators for smart cities	可持续城市和社区智慧城市的指标	IS	2019.05
4	TC 268	ISO/TR 37121：2017	Sustainable development in communities – Inventory of existing guidelines and approaches on sustainable development and resilience in cities	社区的可持续发展有关城市可持续发展和弹性的现有准则和方法的目录	TR	2017.01
5	TC 268	ISO 37120：2018	Sustainable cities and communities – Indicators for city services and quality of life	可持续城市和社区城市服务和生活质量指标	IS	2018.07
6	TC 268	ISO/TS 37107：2019	Sustainable cities and communities – Maturity model for smart sustainable communities	可持续城市和社区智能可持续社区的成熟度模型	TS	2019.12
7	TC 268	ISO 37106：2018	Sustainable cities and communities – Guidance on establishing smart city operating models for sustainable communities	可持续城市和社区建立可持续社区智能城市运营模式的指南	IS	2018.07
8	TC 268	ISO 37105：2019	Sustainable cities and communities – Descriptive framework for cities and communities	可持续城市和社区城市和社区的描述性框架	IS	2019.11
9	TC 268	ISO 37104：2019	Sustainable cities and communities – Transforming our cities – Guidance for practical local implementation of ISO 37101	可持续城市和社区改造城市　在本地实际实施 ISO 37101 的指南	IS	2019.04

序号	技术机构	国际标准号	标准名称（英文）	标准名称（中文）	出版物类型	发布日期
10	TC 268	ISO 37101：2016	Sustainable development in communities – Management system for sustainable development – Requirements with guidance for use	社区的可持续发展 可持续发展的管理体系 要求和使用指导	IS	2016.07
11	TC 268	ISO 37100：2016	Sustainable cities and communities – Vocabulary	可持续城市和社区词汇	IS	2016.11

ISO/TC 268/SC 1 国际标准转化为中国标准目录　　　　表 16-5

序号	国际标准信息			中国标准信息				备注
	技术机构	标准名称（英文）	发布日期	标准号	标准名称	采标程度	状态	
1	TC 268/SC 1	ISO/37151 Smart community Infrastructures – Principes and requirements for performance metrics	2015	—	智慧城市基础设施绩效评价的原则和要求	IDT	征求意见	

注：采标程度包括：等同采用（IDT）、修改采用（MOD）、非等效采用（NEQ）。

ISO/TC 268/SC 1 拟制定国际标准（ISO）目录　　　　表 16-6

序号	技术机构	拟制定标准名称（英文）	拟制定标准名称（中文）	备注
1	TC 268/SC 1	Smart community infrastructures – Indicators for effective public health emergency data use	智慧城市基础设施 突发公共卫生事件数据高效利用指标	
2	TC 268/SC 1	Smart community infrastructure – Guidelines for continuity management of residential community in case of public health emergency	智慧城市基础设施 突发公共卫生事件下居住社区基础设施连续性管理规范	

17 固体回收燃料（TC 300）

固体回收材料含固体回收燃料技术委员会主要开展将非危险废物制备成以能源、资源为目的标准化工作，固体回收材料（SRM）包括固体回收燃料（SRF）是一种来源于非危险废物的固体材料，其经过采样分析，满足给定应用目的的相关规格分类标准。ISO/TC 300技术委员会成员国包括中国、英国、瑞典、芬兰、意大利、荷兰、日本、韩国等全球 37 个国家。其中，积极成员国（P）20 个，观察员国（O）17 个，中国是积极成员。目前技术委员会下没有分技术委员会，下设 6 个工作组开展相关标准制定。

17.0.1 基本情况

技术委员会名称：固体回收材料含固体回收燃料（Solid Recovered Materials，including Solid Recovered Fuels）

技术委员会编号：ISO/TC 300

成立时间：2015 年

秘书处：芬兰标准化协会（SFS）

主席：Mr Mika Horttanainen（任期至 2027 年）

委员会经理：Ms Suvi Pasanen

国内技术对口单位：中国恩菲工程技术有限公司

网址：https：//www.iso.org/committee/5960430.html

17.0.2 工作范围

TC 300 围绕固体回收材料含固体回收燃料的产品角度开展标准化活动，标准化范畴涵盖从非危险废物的接收点到产品的交付点，将非危险废弃物制备成可以作为能源、资源利用的产品，不涵盖废弃物的重复利用（reuse）。

不包括 ISO/TC 238 固体生物燃料（Solid biofuels）和 ISO/TC 28 石油及相关的产品、天然及合成的燃料和润滑剂（Petroleum and related products，fuels and lubricants from natural or synthetic sources）的标准工作。

17.0.3 组织架构

TC 300 目前由 6 个工作组和 1 个主席咨询小组组成，组织架构如图 17.1 所示。

17.0.4 相关技术机构

TC 300 相关技术机构信息如表 17-1 所示。

图 17.1 ISO/TC 300 组织架构

ISO/TC 300 相关技术机构 表 17-1

序号	技术机构	技术机构名称	工作范围
1	ISO/TC 238	固体生物燃料 (Solid biofuels)	主要开展用来自树木栽培、农业、水产养殖、园艺和林业的物料作为原材及加工材生产固体生物燃料,在术语、规范和分类、质量保证、取样和样品制备及试验方法方面的标准化。不包括:ISO/TC 28/SC 7 液体生物燃料、ISO/TC 193 天然气所涵盖的领域
2	ISO/TC 61 /SC 14	塑料/环境因素 (Plastic/environmental aspects)	主要开展与环境和可持续性有关的塑料领域的所有标准化活动。关注重点包括但不限于生物基塑料,生物降解性,环境足迹(包括碳足迹),资源效率(包括循环经济),环境泄漏的塑料表征(包括微塑料),废物管理(包括有机、机械和化学回收)

17.0.5 工作开展情况

ISO/TC 300 成立于 2015 年,成立之初 ISO/TC 300 的工作主要围绕固体回收燃料 SRF 开展,将来自工业、商业、市政等产生和日常生活产生的非危险废物转化成高热值、环境友好型的可替代传统化石产品的燃料。技术委员会通过提升 SRF 产品质量标准体系来促进 SRF 产业发展,主要开展包括 SRF 术语定义、产品分类、物理化学成分的检测分析、采样方法等相关标准的编制。在欧洲持续推行其国际标准化战略的背景下,德国、荷兰、意大利等 SRF 利用较为成熟的欧洲国家积极将欧洲标准委员会 CEN 发布的标准在 TC 300 技术委员会内推广转化,目前在研 16 项标准文件全部以欧洲标准为蓝本,用低位发热量(NCV)作为经济参数,氯含量作为技术参数,汞含量作为环境参数建立 SRF 产品质量的分类系统,通过促进能源需求方对 SRF 的接受和使用,实现其在燃料市场上的商用价值。近年来，全球广泛认识到气候变化影响、循环经济的重要性，进一步推动非危险废物的利用有助于资源循环利用和温室气体减排，降低垃圾填埋率。为此，技术委员会内部研讨了标准化工作范畴扩大到固体回收材料，新工作范畴最终通过成员国投票表决并报送 TMB 批准，2021 年技术委员会正式更名为固体回收材料含固体回收燃料。

我国加入 TC 300 时间较晚，与英国、芬兰、德国、瑞典等在该领域具有国际标准话语权的国家相比，我国对口领域国际标准化进程尚处于起步阶段。面对欧洲掌控话语权的现状，机遇与挑战并存，在积极跟踪分析技术委员会发展动态的同时，亟须不断深化和加强与欧洲、日本、韩国等重点 P 成员国的技术和产业交流，努力推动中国固废能源化发展与国际接轨，为我国在该领域开展工作创造良好氛围。为增强我国参与 TC 300 国际标准化工作的能力，缩短我国在科技成果转化方面与欧洲国家的差距，凝聚行业力量，于 2019 年成功召开"固体回收燃料技术与产业发展国际论坛"，邀请来自中国城市环境卫生协会、中国城市建设研究院、中国环境保护集团、上海环境工程设计研究院、云南水务集团、中冶长天、中南市政设计院、中国五洲工程设计集团、中科实业、锦江环保、天津泰达环保、浙江大学、天津大学、东北大学等 40 余家单位参加大会并开展研讨，会上成立国内对口专家工作组，以期为深度参与固体回收燃料领域国际标准化活动奠定良好基础。在组织参加国际标准化会议方面，我对口积极组织中方专家参与国际标准交流，从 2017 年起至今已经组织超 50 人次中国专家参加技术委员会全体会议及工作组会议，跟踪对接国际标准化动态，加深对 ISO/TC 300 工作的理解。在国际标准研制方面，我对口组织专家提出固体回收燃料生产制备方法方向的新国际标准提案，目前已经与国际专家进行了 2 轮交流研讨，并结合各方意见推进下一步工作。

虽然国内部分高校、企业对固体回收燃料开展了一定研究和实践，但产业发展并不成熟，从 SRF 到 SRM（Solid recovered material）的标准化范围扩展，为我国在 ISO/TC 300 寻找发力点提供了机会。我国开展 TC 300 国际标准化活动应该同时推进 SRF 和 SRM 的标准布局，一方面，扎实开展垃圾焚烧发电、水泥窑协同处置等 SRF 需求端对 SRF 产品体系研究，为全球 SRF 生产商、设备商、固废管理机构等产业利益相关方贡献中国经验和中国方案；另一方面，结合我国正在推进的"垃圾分类""无废城市建设"等政策措施的推进，从固废资源化领域国家重大课题的研究成果、工程产业发展的成熟案例中挖掘有国际市场需求的 SRM 相关标准提案，尽早实现我国在 TC 300 领域国际标准研制"零的"突破。

17.0.6 ISO/TC 300 国际标准目录

TC 300 目前已发布国际标准 12 项，在编国际标准 4 项，相关技术机构国际标准 79 项，标准详细信息如表 17-2～表 17-4 所示。

ISO/TC 300 已发布国际标准目录　　　　　表 17-2

序号	技术机构	国际标准号	标准名称（英文）	标准名称（中文）	出版物类型	发布日期
1	ISO/TC 300	ISO 21637：2020	Solid recovered fuels - Vocabulary	固体回收燃料　词汇	IS	2020.12

序号	技术机构	国际标准号	标准名称（英文）	标准名称（中文）	出版物类型	发布日期
2	ISO/TC 300	ISO 21640：2021	Solid recovered fuels - Specifications and classes	固体回收燃料　规范与分类	IS	2021.5
3	ISO/TC 300	ISO/TR 21916：2021	Solid recovered fuels - Guidance for specification of solid recovered fuels (SRF) for selected uses	固体回收燃料　选定用途固体回收燃料（SRF）规范指南	TR	2021.7
4	ISO/TC 300	ISO 21645：2021	Solid recovered fuels - Methods for sampling	固体回收燃料　采样方法	IS	2021.3
5	ISO/TC 300	ISO 22167：2021	Solid recovered fuels - Determination of content of volatile matter	固体回收燃料　挥发性物质的测定	IS	2021.3
6	ISO/TC 300	ISO 21660-3：2021	Solid recovered fuels - Determination of moisture content using the oven dry method-Part 3：Moisture in general analysis sample	固体回收燃料　用炉干法测定水分含量第三部分：一般分析样中的水分	IS	2021.3
7	ISO/TC 300	ISO 21656：2021	Solid recovered fuels - Determination of ash content	固体回收燃料　灰分的测定	IS	2021.2
8	ISO/TC 300	ISO 21654：2021	Solid recovered fuels - Determination of calorific value	固体回收燃料　热值的测定	IS	2021.6
9	ISO/TC 300	ISO 21663：2020	Solid recovered fuels - Methods for the determination of carbon (C), hydrogen (H), nitrogen (N) and sulphur (S) by the instrumental method	固体回收燃料　仪器法测定碳、氢、氮、硫	IS	2020.11
10	ISO/TC 300	ISO 21644：2021	Solid recovered fuels - Method for the determination of biomass content	固体回收燃料　生物质含量检测方法	IS	2021.1
11	ISO/TC 300	ISO 22940：2021	Solid recovered fuels - Determination of elemental composition by X-ray fluorescence	X射线荧光法测定元素组成	IS	2021.8
12	ISO/TC 300	ISO 21912：2021	Solid recovered fuels - Safe handling and storage of solid recovered fuels	固体生物燃料　SRF的安全处置和储存	IS	2021.2

ISO/TC 300 在编国际标准目录　　　　表 17-3

序号	技术机构	国际标准号	标准名称（英文）	标准名称（中文）	出版物类型
1	ISO/TC 300	ISO 21646	Solid recovered fuels - Sample preparation	固体回收燃料　样品制备	IS
2	ISO/TC 300	ISO/AWI 4349	Solid recovered fuels - Method for the determination of the Recycling-Index	固体回收燃料　回收指标的测定方法	IS
3	ISO/TC 300	ISO/DIS 21911-1	Solid recovered fuels - Determination of self-heating - Part 1：Isothermal calorimetry	固体生物燃料　自热的测定　第 1 部分：等温量热法	IS

序号	技术机构	国际标准号	标准名称（英文）	标准名称（中文）	出版物类型
4	ISO/TC 300	ISO/PRF TS 21911-2	Solid recovered fuels – Determination of self-heating – Part 2：Basket heating tests	固体回收燃料　自热的测定　第2部分：篮式加热试验	TS

ISO/TC 300 相关技术机构国际标准目录　　　　表 17-4

序号	技术机构	国际标准号	标准名称（英文）	标准名称（中文）	出版物类型	发布日期
1	ISO/TC 238	ISO 14780：2017	Solid biofuels – Sample preparation	固体生物燃料　样品制备	IS	2017.04
2	ISO/TC 238	ISO 14780：2017/Amd 1：2019	Solid biofuels – Sample preparation – Amendment 1	固体生物燃料　样品制备. 修改1	IS	2019.09
3	ISO/TC 238	ISO 16559：2022	Solid biofuels – VOCABULARY	固体生物燃料　词汇	IS	2022.01
4	ISO/TC 238	ISO 16948：2015	Solid biofuels – Determination of total content of carbon, hydrogen and nitrogen	固体生物燃料　碳氢氮总含量的测定	IS	2015.05
5	ISO/TC 238	ISO 16967：2015	Solid biofuels – Determination of major elements – Al, Ca, Fe, Mg, P, K, Si, Na and Ti	固体生物燃料　主要元素的测定　铝钙铁镁磷钾硅钠钛	IS	2015.04
6	ISO/TC 238	ISO 16968：2015	Solid biofuels – Determination of minor elements	固体生物燃料　微量元素的测定	IS	2015.05
7	ISO/TC 238	ISO 16993：2016	Solid biofuels – Conversion of analytical results from one basis to another	固体生物燃料　分析结果的转换	IS	2016.07
8	ISO/TC 238	ISO 16994：2016	Solid biofuels – Determination of total content of sulfur and chlorine	固体生物燃料硫和氯总含量的测定	IS	2016.07
9	ISO/TC 238	ISO 16995：2015	Solid biofuels – Determination of the water soluble chloride, sodium and potassium content	固体生物燃料水溶性氯化物钠钾含量的测定	IS	2015.02
10	ISO/TC 238	ISO/TS 16996：2015	Solid biofuels – Determination of elemental composition by X-ray fluorescence	固体生物燃料 X 射线荧光法测定元素组成	TS	2015.12
11	ISO/TC 238	ISO 17225-1：2021	Solid biofuels – Fuel specifications and classes – Part 1：General requirements	固体生物燃料　燃料规范和等级　第1部分：一般要求	IS	2021.06
12	ISO/TC 238	ISO 17225-2：2021	Solid biofuels – Fuel specifications and classes – Part 2：Graded wood pellets	固体生物燃料　燃料规范和等级　第2部分：分级木质颗粒	IS	2021.05
13	ISO/TC 238	ISO 17225-3：2021	Solid biofuels – Fuel specifications and classes – Part 3：Graded wood briquettes	固体生物燃料　燃料规范和等级　第3部分：分级木块	IS	2021.02

续表

序号	技术机构	国际标准号	标准名称（英文）	标准名称（中文）	出版物类型	发布日期
14	ISO/TC 238	ISO 17225-4：2021	Solid biofuels – Fuel specifications and classes – Part 4：Graded wood chips	固体生物燃料 燃料规范和等级 第4部分：分级木屑	IS	2021.02
15	ISO/TC 238	ISO 17225-5：2021	Solid biofuels – Fuel specifications and classes – Part 5：Graded firewood	固体生物燃料 燃料规范和等级 第5部分：分级木柴	IS	2021.07
16	ISO/TC 238	ISO 17225-6：2021	Solid biofuels – Fuel specifications and classes – Part 6：Graded non-woody pellets	固体生物燃料 燃料规范和等级 第6部分：分级非木质颗粒	IS	2021.07
17	ISO/TC 238	ISO 17225-7：2021	Solid biofuels – Fuel specifications and classes – Part 7：Graded non-woody briquettes	固体生物燃料 燃料规范和等级 第7部分：分级非木质型煤	IS	2021.07
18	ISO/TC 238	ISO/TS 17225-8：2016	Solid biofuels – Fuel specifications and classes – Part 8：Graded thermally treated and densified biomass fuels	固体生物燃料 燃料规范和等级 第8部分：分级热处理和致密的生物燃料	TS	2016.12
19	ISO/TC 238	ISO/TS 17225-9：2021	Solid biofuels – Fuel specifications and classes – Part 9：Graded hog fuel and wood chips for industrial use	固体生物燃料 燃料规范和等级 第9部分：工业用分级燃料和木屑	TS	2021.07
20	ISO/TC 238	ISO 17827-1：2016	Solid biofuels – Determination of particle size distribution for uncompressed fuels – Part 1：Oscillating screen method using sieves with apertures of 3，15 mm and above	固体生物燃料 未压缩燃料粒度分布的测定 第1部分：3.15mm及以上网筛振动筛法	IS	2016.03
21	ISO/TC 238	ISO 17827-2：2016	Solid biofuels – Determination of particle size distribution for uncompressed fuels – Part 2：Vibrating screen method using sieves with aperture of 3，15 mm andbelow	固体生物燃料 未压缩燃料粒度分布的测定 第2部分：3.15mm及以下筛网振动筛法	IS	2016.05
22	ISO/TC 238	ISO 17828：2015	Solid biofuels – Determination of bulk density	固体生物燃料 容积密度的测定	IS	2015.12
23	ISO/TC 238	ISO 17829：2015	Solid Biofuels – Determination of length and diameter of pellets	固体生物燃料 颗粒长度和直径的测定	IS	2015.10
24	ISO/TC 238	ISO 17830：2016	Solid biofuels – Particle size distribution of disintegrated pellets	固体生物燃料 分解颗粒的粒度分布	IS	2016.03
25	ISO/TC 238	ISO 17831-1：2015	Solid biofuels – Determination of mechanical durability of pellets and briquettes – Part 1：Pellets	固体生物燃料 颗粒和型煤机械耐久性的测定 第1部分：颗粒	IS	2015.12

序号	技术机构	国际标准号	标准名称（英文）	标准名称（中文）	出版物类型	发布日期
26	ISO/TC 238	ISO 17831-2：2015	Solid biofuels - Determination of mechanical durability of pellets and briquettes - Part 2：Briquettes	固体生物燃料 球团和型煤机械耐久性的测定 第2部分：型煤	IS	2015.12
27	ISO/TC 238	ISO 18122：2015	Solid biofuels - Determination of ash content	固体生物燃料灰分含量的测定	IS	2015.10
28	ISO/TC 238	ISO 18123：2015	Solid biofuels - Determination of the content of volatile matter	固体生物燃料挥发性物质含量的测定	IS	2015.10
29	ISO/TC 238	ISO 18125：2017	Solid biofuels - Determination of calorific value	固体生物燃料热值的测定	IS	2017.04
30	ISO/TC 238	ISO 18134-1：2015	Solid biofuels - Determination of moisture content - Oven dry method - Part 1：Total moisture - Reference method	固体生物燃料 水分含量的测定 烘箱干燥法 第1部分：总水分 参考法	IS	2015.09
31	ISO/TC 238	ISO 18134-2：2017	Solid biofuels - Determination of moisture content - Oven dry method - Part 2：Total moisture - Simplified method	固体生物燃料 水分含量的测定 烘箱干燥法 第2部分：总水分 简化法	IS	2017.01
32	ISO/TC 238	ISO 18134-3：2015	Solid biofuels - Determination of moisture content - Oven dry method - Part 3：Moisture in general analysis sample	固体生物燃料 水分含量的测定 烘箱干燥法 第3部分：一般分析样品中的水分	IS	2015.09
33	ISO/TC 238	ISO 18135：2017	Solid Biofuels - Sampling	固体生物燃料 取样	IS	2017.04
34	ISO/TC 238	ISO 18846：2016	Solid biofuels - Determination of fines content in quantities of pellets	固体生物燃料 颗粒数量中细粒含量的测定	IS	2016.09
35	ISO/TC 238	ISO 18847：2016	Solid biofuels - Determination of particle density of pellets and briquettes	固体生物燃料 颗粒和型煤颗粒密度的测定	IS	2016.09
36	ISO/TC 238	ISO 19743：2017	Solid biofuels - Determination of content of heavy extraneous materials larger than 3，15 mm	固体生物燃料 大于3.15mm的重杂质含量的测定	IS	2017.04
37	ISO/TC 238	ISO 20023：2018	Solid biofuels - Safety of solid biofuel pellets - Safe handling and storage of wood pellets in residential and other small-scale applications	固体生物燃料 固体生物燃料颗粒的安全性 住宅和其他小规模应用中木质颗粒的安全处理和储存	IS	2018.10

序号	技术机构	国际标准号	标准名称（英文）	标准名称（中文）	出版物类型	发布日期
38	ISO/TC 238	ISO 20024：2020	Solid biofuels – Safe handling and storage of solid biofuel pellets in commercial and industrial applications	固体生物燃料 商业和工业用固体生物燃料颗粒的安全处理和储存	IS	2020.02
39	ISO/TC 238	ISO/TS 20048-1：2020	Solid biofuels – Determination of off-gassing and oxygen depletion characteristics – Part 1：Laboratory method for the determination of off-gassing and oxygen depletion using closed containers	固体生物燃料 排气和耗氧特性的测定 第1部分：用封闭容器测定排气和耗氧的实验室方法	IS	2020.03
40	ISO/TC 238	ISO 20049-1：2020	Solid biofuels – Determination of self-heating of pelletized biofuels – Part 1：Isothermal calorimetry	固体生物燃料 颗粒生物燃料自加热的测定 第1部分：等温量热法	IS	2020.05
41	ISO/TC 238	ISO/TS 20049-2：2020	Solid biofuels – Determination of self-heating of pelletized biofuels – Part 2：Basket heating tests	固体生物燃料 粒状生物燃料自热的测定 第2部分：篮式加热试验	TS	2020.12
42	ISO/TC 238	ISO 21404：2020	Solid biofuels – Determination of ash melting behaviour	固体生物燃料 灰分熔化特性的测定	IS	2020.01
43	ISO/TC 238	ISO/TS 21596：2021	Solid biofuels – Determination of grindability – Hardgrove type method for thermally treated biomass fuels	固体生物燃料 可研磨性的测定 热处理生物质燃料的Hardgrove型方法	TS	2021.10
44	ISO/TC 238	ISO 21945：2020	Solid biofuels – Simplified sampling method for small scale applications	固体生物燃料 小规模应用的简化取样方法	IS	2020.02
45	ISO/TC 238	ISO 23343-1：2021	Solid biofuels – Determination of water sorption and its effect on durability of thermally treated biomass fuels – Part 1：Pellets	固体生物燃料 热处理生物质燃料吸水性及其对耐久性影响的测定 第1部分：颗粒	IS	2021.04
46	ISO/TC 238	ISO/TR 23437：2020	Solid biofuels – Bridging behaviour of bulk biofuels	固体生物燃料 散装生物燃料的桥接行为	TR	2020.08
47	ISO/TC61/SC14	ISO 10210：2012	Plastics – Methods for the preparation of samples for biodegradation testing of plastic materials	塑料 塑料材料生物降解试验用样品制备方法	IS	2012.08

序号	技术机构	国际标准号	标准名称（英文）	标准名称（中文）	出版物类型	发布日期
48	ISO/TC61/SC14	ISO 13975：2019	Plastics – Determination of the ultimate anaerobic biodegradation of plastic materials in controlled slurry digestion systems – Method by measurement of biogas production	塑料 受控泥浆消化系统中塑料材料最终厌氧生物降解的测定 沼气产生量的测量方法	IS	2019.04
49	ISO/TC61/SC14	ISO 14851：2019	Determination of the ultimate aerobic biodegradability of plastic materials in an aqueous medium – Method by measuring the oxygen demand in a closed respirometer	水介质中塑料材料最终需氧生物降解性的测定 用密闭呼吸计测量需氧量的方法	IS	2019.03
50	ISO/TC61/SC14	ISO 14852：2021	Determination of the ultimate aerobic biodegradability ofplastic materials in an aqueous medium – Method by analysis of evolved carbon dioxide	水介质中塑料材料最终需氧生物降解性的测定 二氧化碳析出分析法	IS	2021.06
51	ISO/TC61/SC14	ISO 14853：2016	Plastics – Determination of the ultimate anaerobic biodegradation of plastic materials in an aqueous system – Method by measurement of biogas production	塑料 水系统中塑料材料最终厌氧生物降解的测定 沼气产量的测量方法	IS	2016.07
52	ISO/TC61/SC14	ISO 14855-1：2012	Determination of the ultimate aerobic biodegradability of plastic materials under controlled composting conditions – Method by analysis of evolved carbon dioxide – Part 1：General method	塑料材料在受控堆肥条件下最终需氧生物降解性的测定 二氧化碳释放分析法 第1部分：一般方法	IS	2012.12
53	ISO/TC61/SC14	ISO 14855-2：2018	Determination of the ultimate aerobic biodegradability of plastic materials under controlled composting conditions – Method by analysis of evolved carbon dioxide – Part 2：Gravimetric measurement of carbon dioxide evolved in a laboratory-scale test	控制堆肥条件下塑料材料最终需氧生物降解性的测定 析出二氧化碳的分析方法 第2部分：实验室规模试验中析出二氧化碳的重量测量	IS	2018.07
54	ISO/TC61/SC14	ISO 15270：2008	Plastics – Guidelines for the recovery and recycling of plastics waste	塑料 塑料废料的回收和再循环指南	IS	2008.06
55	ISO/TC61/SC14	ISO 15985：2014	Plastics – Determination of the ultimate anaerobic biodegradation under high-solids anaerobic-digestion conditions – Method by analysis of released biogas	塑料 高固体厌氧消化条件下最终厌氧生物降解的测定 释放沼气分析法	IS	2014.05

序号	技术机构	国际标准号	标准名称（英文）	标准名称（中文）	出版物类型	发布日期
56	ISO/TC61/SC14	ISO 16620-1：2015	Plastics - Biobased content - Part 1: General principles	塑料 生物基含量 第1部分：一般原则	IS	2015.04
57	ISO/TC61/SC14	ISO 16620-2：2019	Plastics - Biobased content - Part 2: Determination of biobased carbon content	塑料 生物基含量 第2部分：生物基碳含量的测定	IS	2019.10
58	ISO/TC61/SC14	ISO 16620-3：2015	Plastics - Biobased content - Part 3: Determination of biobased synthetic polymer content	塑料 生物基含量 第3部分：生物基合成聚合物含量的测定	IS	2015.04
59	ISO/TC61/SC14	ISO 16620-4：2016	Plastics - Biobased content - Part 4: Determination of biobased mass content	塑料 生物基含量 第4部分：生物基质量含量的测定	IS	2016.12
60	ISO/TC61/SC14	ISO 16620-5：2017	Plastics - Biobased content - Part 5: Declaration of biobased carbon content, biobased synthetic polymer content and biobased mass content	塑料 生物基含量 第5部分：生物基碳含量，生物基合成聚合物含量和生物基质量含量的声明	IS	2017.01
61	ISO/TC61/SC14	ISO 16929：2021	Plastics - Determination of the degree of disintegration of plastic materials under defined composting conditions in a pilot-scale test	塑料 在中试规模试验中在规定的堆肥条件下塑料材料分解程度的测定	IS	2021.03
62	ISO/TC61/SC14	ISO 17088：2021	Plastics - Organic recycling - Specifications for compostable plastics	塑料 有机回收 可堆肥塑料规范	IS	2021.04
63	ISO/TC61/SC14	ISO 17422：2018	Plastics - Environmental aspects - General guidelines for their inclusion in standards	塑料 环境因素 标准中包含塑料的一般指南	IS	2018.06
64	ISO/TC61/SC14	ISO 17556：2019	Plastics - Determination of the ultimate aerobic biodegradability of plastic materials in soil by measuring the oxygen demand in a respirometer or the amount of carbon dioxide evolved	塑料 通过测量呼吸计中的需氧量或释放的二氧化碳量测定土壤中塑料材料的最终需氧生物降解性	IS	2019.05
65	ISO/TC61/SC14	ISO 18830：2016	Plastics - Determination of aerobic biodegradation of non-floating plastic materials in a seawater/sandy sediment interface - Method by measuring the oxygen demand in closed respirometer	塑料 海水/砂质沉积物界面中非漂浮塑料材料需氧生物降解的测定 在封闭式呼吸计中测量需氧量的方法	IS	2016.08

序号	技术机构	国际标准号	标准名称（英文）	标准名称（中文）	出版物类型	发布日期
66	ISO/TC61/SC14	ISO 19679：2020	Plastics – Determination of aerobic biodegradation of non-floating plastic materials in a seawater/sediment interface – Method by analysis of evolved carbon dioxide	塑料 海水/沉积物界面中非漂浮塑料材料需氧生物降解的测定 析出二氧化碳分析法	IS	2020.06
67	ISO/TC61/SC14	ISO 20200：2015	Plastics – Determination of the degree of disintegration of plastic materials under simulated composting conditions in a laboratory-scale test	塑料 在实验室规模试验中模拟堆肥条件下塑料材料崩解程度的测定	IS	2015.11
68	ISO/TC61/SC14	ISO/TR 21960：2020	Plastics – Environmental aspects – State of knowledge and methodologies	塑料 环境因素 知识和方法状态	TR	2020.02
69	ISO/TC61/SC14	ISO 22403：2020	Plastics – Assessment of the intrinsic biodegradability of materials exposed to marine inocula under mesophilic aerobic laboratory conditions – Test methods and requirements	塑料 在中温好氧实验室条件下暴露于海洋接种物的材料的固有生物降解性的评定 试验方法和要求	IS	2020.04
70	ISO/TC61/SC14	ISO 22404：2019	Plastics – Determination of the aerobic biodegradation of non-floating materials exposed to marine sediment – Method by analysis of evolved carbon dioxide	塑料 暴露在海洋沉积物中的非浮性材料需氧生物降解的测定 析出二氧化碳分析法	IS	2019.09
71	ISO/TC61/SC14	ISO 22526-1：2020	Plastics – Carbon and environmental footprint of biobased plastics – Part 1: General principles	塑料 生物基塑料的碳和环境足迹 第1部分：一般原则	IS	2020.01
72	ISO/TC61/SC14	ISO 22526-2：2020	Plastics – Carbon and environmental footprint of biobased plastics – Part 2: Material carbon footprint, amount (mass) of CO_2 removed from the air and incorporated into polymer molecule	塑料 生物基塑料的碳和环境足迹 第2部分：材料碳足迹，从空气中去除并并入聚合物分子的二氧化碳量（质量）	IS	2020.03
73	ISO/TC61/SC14	ISO 22526-3：2020	Plastics – Carbon and environmental footprint of biobased plastics – Part 3: Process carbon footprint, requirements and guidelines for quantification	塑料 生物塑料的碳足迹和环境足迹 第3部分：工艺碳足迹，量化要求和指南	IS	2020.08
74	ISO/TC61/SC14	ISO 22766：2020	Plastics – Determination of the degree of disintegration of plastic materials in marine habitats under real field conditions	塑料 在实际现场条件下海洋生境中塑料材料分解程度的测定	IS	2020.03

续表

序号	技术机构	国际标准号	标准名称（英文）	标准名称（中文）	出版物类型	发布日期
75	ISO/TC61/SC14	ISO 23517：2021	Plastics – Soil biodegradable materials for mulch films for use in agriculture and horticulture – Requirements and test methods regarding biodegradation, ecotoxicity and control of constituents	塑料 用于农业和园艺地膜的土壤可生物降解材料 关于生物降解、生态毒性和成分控制的要求和测试方法	IS	2021.07
76	ISO/TC61/SC14	ISO 23832：2021	Plastics – Test methods for determination of degradation rate and disintegration degree of plastic materials exposed to marine environmental matrices under laboratory conditions	塑料 在实验室条件下测定暴露于海洋环境基质的塑料材料的降解速率和崩解程度的试验方法	IS	2021.06
77	ISO/TC61/SC14	ISO/TR 23891：2020	Plastics – Recycling and recovery – Necessity of standards	塑料 回收和再利用标准的必要性	TR	2020.09
78	ISO/TC61/SC14	ISO 23977-1：2020	Plastics – Determination of the aerobic biodegradation of plastic materials exposed to seawater – Part 1：Method by analysis of evolved carbon dioxide	塑料 暴露于海水中的塑料材料需氧生物降解的测定 第1部分：二氧化碳释放分析法	IS	2020.11
79	ISO/TC61/SC14	ISO 23977-2：2020	Plastics – Determination of the aerobic biodegradation of plastic materials exposed to seawater – Part 2：Method by measuring the oxygen demand in closed respirometer	塑料 暴露于海水中的塑料材料需氧生物降解的测定 第2部分：在封闭式呼吸计中测量需氧量的方法	IS	2020.11

18 可持续无排水管道环境卫生系统 (PC 305)

可持续无排水管道环境卫生系统项目委员会主要开展可持续无排水管道环境卫生系统领域内的标准制定。行业主管部门为住房和城乡建设部。

18.0.1 基本情况

项目委员会名称：可持续无排水管道环境卫生系统（Sustainable Non-sewered Sanitation Systems）

项目委员会编号：ISO/PC 305

成立时间：2016 年

秘书处：美国国家标准学会（ANSI）和塞内加尔标准化协会（ASN）（联合秘书处）

主席：Dolaye Kone（2018 年已卸任）

委员会经理：Rachel Hawthorne

国内技术对口单位：上海市环境工程设计科学研究院有限公司

18.0.2 工作范围

PC 305 组织协调《无下水管道厕所卫生处理系统-预制集成式污水处理装置-有关设计和测试的通用安全和性能要求》的起草，开展标准相关专题讨论，推进标准制定工作。

18.0.3 相关技术机构

PC 305 相关技术机构信息如表 18-1 所示。

ISO/PC 305 相关技术机构 表 18-1

序号	技术机构	技术机构名称	工作范围
1	ISO/TC 224	涉及饮用水供应及废水和雨水系统的服务活动（Service activities relating to drinking water supply, wastewater and storm water systems）	见第 15 章
2	ISO/TC 300	固体回收燃料技术委员会（Solid Recovered Fuels）	见第 17 章

18.0.4 工作开展情况

为了满足全球对清洁安全厕所的需要，2016 年，国际标准化组织（ISO）首先签订了《国际专题组协议》（IWA 24），明确了无下水道厕所系统设计、运行和测试的安全和性能要求。随后，以该协议为基础，ISO 组织成立 ISO/PC 305 项目委员会，负责 ISO 30500《无排水管道卫生系统-预制组合式处理单元设计和测试安全运行标准》国际标准的制定，这项标准旨在扶持无排水管道厕所系统的开发，鼓励技术创新。标准并未涉及某一具体技术的产品，而是规定了此种类别产品的安全要求、性能要求、测试方法和可持续性管理。2017 年，上海市环境工程设计科学研究院有限公司（简称上海环境院）申请承担 ISO/PC

305 国内技术对口单位，参与了国际标准 ISO 30500 的制定，切实履行积极成员国义务，具体有以下几个方面：

组织和征集国内相关领域专家，包括全国城镇环境卫生标准化技术委员会、住建部市容环境卫生标准化技术委员会等专家，分别于 2017 年和 2018 年组织国内专家团参加了标准 DIS 和 FDIS 阶段的讨论会并进行了投票。2018 年 3 月、7 月和 11 月多次召开该标准的国际研讨会。

2018 年 10 月，ISO 30500 标准正式发布。随着"厕所革命"在我国全面展开全国各地对厕所革命的认识和工作积极性上升至新的高度。ISO 30500 既是为满足全球对清洁安全厕所的需要，同时也是满足我国公众对安全、洁净、环保和舒适的厕所的需求应运而生的系列标准，充分借鉴并转化这项技术标准成为中国国家标准对引领我国厕所革命推进具有重要意义。2018 年 11 月，上海环境院着手开展 ISO 30500 国际标准采标申请工作，并已于 2019 年 12 月正式获批承担市容环卫行业首个国际标准采标项目——国家标准《无下水道卫生厕所 预制集成处理装置 安全和性能通用技术要求》主编工作，2022 年 1 月已完成该标准的报批工作。

18.0.5　ISO/PC 305 国际标准目录

ISO/PC 305 目前已发布国际标准 1 项，已有 1 项国际标准转化为中国标准，标准详细信息如表 18-2、表 18-3 所示。

ISO/PC 305 已发布国际标准目录

表 18-2

序号	技术机构	国际标准号	标准名称（英文）	标准名称（中文）	出版物类型	发布日期
1	PC 305	ISO 30500-2018	Non-sewered sanitation systems – Prefabricated integrated treatment units – General safety and performance requirements for design and testing	无下水管道厕所卫生处理系统 预制集成式污水处理装置 有关设计和测试的通用安全和性能要求	IS	2018.10

ISO/PC 305 国际标准转化为中国标准目录

表 18-3

序号	国际标准信息			中国标准信息				备注
	技术机构	标准名称（英文）	发布日期	标准号	标准名称	采标程度	状态	
1	PC 305	Non-sewered sanitation systems – Prefabricated integrated treatment units – General safety and performance requirements for design and testing	2018.10	—	无下水道卫生厕所预制集成处理装置安全和性能通用技术要求	修改采用	已报批	

注：采标程度包括等同采用（IDT）、修改采用（MOD）、非等效采用（NEQ）。

19 社区规模的资源型卫生处理系统（PC 318）

ISO/PC 318 主要开展社区规模的资源型卫生处理系统领域内的标准制定。行业主管部门为住房和城乡建设部。

19.0.1 基本情况

项目委员会名称：社区规模的资源型卫生处理系统（Community scale oriented sanitation treatment systems）

项目委员会编号：ISO/PC 318

成立时间：2018 年

秘书处：美国国家标准学会（ANSI）和塞内加尔标准化协会（ASN）（联合秘书处）

主席：SUM KIM

委员会经理：Sally Seitz

国内技术对口单位：上海市环境工程设计科学研究院有限公司

网址：https：//www.iso.org/committee/6939753.html

19.0.2 工作范围

PC 318 组织协调《粪便污泥处理装置—能量独立、预制式、社区范围、资源回收装置—安全和性能要求》的起草，开展标准相关专题讨论，推进标准制定工作。

19.0.3 相关技术机构

PC 318 相关技术机构信息如表 19-1 所示。

ISO/PC 318 相关技术机构　　　　　　　　　　　　表 19-1

序号	技术机构	技术机构名称	工作范围
1	ISO/TC 224	涉及饮用水供应及废水和雨水系统的服务活动（Service activities relating to drinking water supply, wastewater and stormwater systcms）	见第 15 章
2	ISO/TC 300	固体回收燃料技术委员会（Solid Recovered Fuels）	见第 17 章

19.0.4 工作开展情况

2018 年，国际标准化组织（ISO）签订了《国际专题组协议》（IWA 28），明确了安全、可靠、高效和可持续处理粪便设备的技术要求和检测方法。在该协议的基础上，成立 ISO/PC 318 项目委员会，负责 ISO 31800《粪便污泥处理装置-能源独立、预制式、社区范围、资源回收单元—安全和性能要求》国际标准的制定，这项标准规定了社区规模的（服务范围为 1000 至 100000 人）粪便污泥处理装置的性能和安全要求，可以和 ISO 30500 标准配合使用。上海市环境工程设计科学研究院申请承担了 ISO/PC 318 国内技术对口单位，2020 年 8 月，ISO 31800 标准正式发布。

ISO/PC 318 国内技术对口单位切实履行积极成员国义务，组织和征集国内相关领域专家，包括全国城镇环境卫生标准化技术委员会、住建部市容环境卫生标准化技术委员会等专家，做好各项投票工作和标准技术研讨。

2021 年 7 月，北京科技大学牵头开展 ISO 31800 国际标准转化中国标准的申请工作，目前正在等待立项结果。

19.0.5 ISO/PC 318 国际标准目录

ISO/PC 318 目前已发布国际标准 1 项，标准详细信息如表 19-2 所示。

ISO/PC 318 已发布国际标准目录　　　　　　　表 19-2

序号	技术机构	国际标准号	标准名称（英文）	标准名称（中文）	出版物类型	发布日期
1	PC 318	ISO 31800-2020	Faecal sludge treatment units – Energy independent, prefabricated, community-scale, resource recovery units – Safety and performance requirements	粪便污泥处理装置　能量独立、预制式、社区范围、资源回收装置　安全和性能要求	IS	2020.8

附录　ISO 标准文件

ISO 主要出版物有：国际标准（IS）、可公开获取的规范（PAS，Public Available Specification）、技术规范（TS，Technical Specification）、技术报告（TR，Technical Report）等。各类出版物详细介绍如下：

（1）ISO 标准：按照协商一致的原则规定，国际标准草案（DIS）或最终国际标准草案（FDIS），经 75％ISO 成员团体和技术委员会 P 成员依照 ISO/IEC 导则第一部分：技术工作程序予以通过，批准为国际标准，由 ISO 中央秘书处出版。

（2）ISO/PAS：是在工作组内达成一致的标准文件，具有和 ISO 国际标准同样的权威性。ISO 技术委员会（TC）和分委员会（SC）决定，将一个特定的工作项目制定为 ISO/PAS，并且往往是同时批准其新的工作项目（NP）。IS0/PAS 必须得到 TC 和 SC 中大多数 P 成员的赞成，并与现行国际标准不得有抵触。

（3）ISO/TS：即 ISO 技术规范，是在 ISO 技术委员会内达成一致的标准文件。TC 和 SC 决定将一个特定工作项目制定为技术规范，并且往往同时批准其为新工作项目。但 TC 和 SC 须得到 2/3 成员的支持。当委员会决定制定一项国际标准的支持票不够多时，可启动上述程序批准其作为技术规范出版。委员会的任何 P 成员或 A 级和 D 级联络机构可以建议，将现有的文件采纳为 ISO/TS。

ISO/TS 代替了现有的第 1 类和第 2 类技术报告，只使用一种文字。只要不与现行国际标准相抵触，它可以提出不同的解决方案。ISO/TS 每 3 年复审一次，以便确认在接下来的 3 年内继续有效，或修订成国际标准，或予作废。6 年后，技术规范必须转成国际标准，或予以作废。

（4）ISO/TR：ISO 技术报告，它只是提供信息的文件，它包含了通常与标准文件不同类型的信息。当委员会收集信息以支持某项工作项目时，可以通过大多数 P 成员投票决定是否以技术报告的形式出版该信息。如有必要，ISO 秘书长在与技术管理机构商议后，决定是否将该文件作为技术报告出版。

技术报告主要有 3 类：

第 1 类：原定作为标准但未获通过的文件；

第 2 类：用来表述特定领域的标准化方向，或者在某些情况下作为试行标准；

第 3 类：仅用于提供信息。

将来的 ISO/TR 仅指提供信息的文件（即第 3 类）。第 1 类和第 2 类技术报告，则作为 ISO/TS 出版。

（5）IWA：国际研讨会协议，是在 ISO 技术组织以外，由指定的 ISO 成员团体管理支持的专题组制定的技术文件。IWA 是通过研讨会会议而不是通过完整的 ISO 技术委员会过程制定的 ISO 文件。市场参与者和其他利益相关者直接参与开发 IWA，而不必经过国家代表团。

（6）ITA：即行业技术协议，是 ISO 机构以外的一个组织在指定成员的行政支持下制定出来的标准文件。ISO 理事会决定增加这种不依靠技术委员会的新的标准制定机制，是由于它的开放性，有关各方能够就特定的标准化问题标准实行商议，并达成 ITA。ITA 还列出了参加制定单位的名单。这种机制能够使 ISO 在目前尚无技术机构或专家的领域，对标准化需要做出快速的反应。

ISO 标准文件编号方式如下：

（1）ISO 标准编号规则为：ISO ＋数字顺序号＋出版年代/如 ISO 9000：2005；

（2）ISO 技术报告编号规则为：ISO/TR ＋数字顺序号＋出版年代，如 ISO/TR 15377：2007；

（3）ISO 公共规范编号规则为：ISO/PAS ＋数字顺序号＋出版年代，如 ISO/PAS 21308-1：2007；

（4）ISO 技术规范编号规则为：ISO/TS ＋数字顺序号＋出版年代，如 ISO/TS 21274：2020。